高等院校计算机教育系列教材

# 计算机硬件技术基础

柳秀梅　主　编

徐　彬　张　昱　张恩德
李　封　焦明海　副主编

U0360056

清华大学出版社

北京

## 内 容 简 介

本书共分为 8 章，以冯·诺依曼计算机模型作为教学起点。第 1 章介绍计算机的系统组成，包括物理组成和逻辑组成。第 2 章介绍计算机系统的运算功能，包括算术运算与逻辑运算。第 3 章介绍 CPU 的功能及组成，剖析了 Intel 80x86、Pentium 系列及 Core 系列微处理器的体系结构与关键技术，解析了 8086/8088 的编程结构、引脚信号与功能、系统工作模式、存储器与 I/O 组织以及系统的时序操作。第 4 章介绍处理器的指令系统及汇编程序，讲解了 RISC 和 CISC 两大指令集的派系、常用汇编指令及基本汇编程序设计方法。第 5 章介绍计算机系统中的存储器，按存储器的分级管理模式分别介绍半导体主存储器、高速缓冲存储器、虚拟存储器，并介绍了新的内存技术及外存技术的发展。第 6 章介绍计算机系统中的数据传送，包括输入/输出接口、数据传送方式，并详细介绍了计算机系统中的中断技术及中断控制器 8259A。第 7 章介绍计算机系统中的定时计数装置 8253，以及其内部结构、工作模式和其在计算机系统中的应用。第 8 章介绍接口芯片，讲解了各种接口技术及常用接口芯片。

通过对本书的学习，可以使学生从计算机的组成原理和系统结构角度，完整分析和说明计算机的工作过程，并编写出更加高效的程序，为分析、设计、开发和使用计算机系统奠定基础。

**图书在版编目(CIP)数据**

计算机硬件技术基础/柳秀梅主编. —北京：清华大学出版社，2019(2024.2 重印)
(高等院校计算机教育系列教材)
ISBN 978-7-302-53649-9

Ⅰ. ①计… Ⅱ. ①柳… Ⅲ. ①硬件—高等学校—教材 Ⅳ. ①TP303

中国版本图书馆 CIP 数据核字(2019)第 186639 号

责任编辑：陈冬梅
装帧设计：刘孝琼
责任校对：李玉茹
责任印制：刘海龙

出版发行：清华大学出版社
      网      址：https://www.tup.com.cn, https://www.wqxuetang.com
      地      址：北京清华大学学研大厦 A 座      邮      编：100084
      社 总 机：010-83470000      邮      购：010-62786544
      投稿与读者服务：010-62776969, c-service@tup.tsinghua.edu.cn
      质量反馈：010-62772015, zhiliang@tup.tsinghua.edu.cn
      课件下载：https://www.tup.com.cn, 010-62791865
印 装 者：三河市龙大印装有限公司
经      销：全国新华书店
开      本：185mm×260mm      印      张：19.25      字      数：468 千字
版      次：2019 年 10 月第 1 版      印      次：2024 年 2 月第 5 次印刷
定      价：49.80 元

产品编号：084341-01

# 前　　言

习近平总书记在中国共产党第二十次全国代表大会上的报告中明确指出，要办好人民满意的教育，全面贯彻党的教育方针，落实立德树人根本任务，培养德智体美劳全面发展的社会主义建设者和接班人，加快建设高质量教育体系，发展素质教育，促进教育公平。本书在编写过程中力求深刻领会党对高校教育工作的指导意见，认真执行党对高校人才培养的具体要求。

《计算机硬件技术基础》是面向理工科非电专业开设的一门计算机公共基础课程的配套教材，也是中国大学 MOOC 平台上国家级精品在线开放课程"计算机硬件技术基础"的配套教材，主要讨论单机系统范围内计算机各部件的组成及其内部工作机制。通过学习，学生将了解计算机各大部件的工作原理、组成方法以及相互关系，掌握计算机系统的层次化结构概念，熟悉典型的计算机结构，理解硬件与软件直接的接口界面，最终建立起计算机系统的整机概念，为后续的学习提供硬件方面的基础知识。

本书定位准确、内容先进，结构严谨、特色突出，条理清晰、实用性强，选材精练、篇幅适中。

本书由柳秀梅副教授担任主编，徐彬、张昱、张恩德、李封、焦明海担任副主编。其中，第 1、2 章由李封编写，第 3 章由徐彬编写，第 4 章由张昱编写，第 5、7 章由柳秀梅编写，第 6 章由焦明海编写，第 8 章由张恩德编写。柳秀梅、张恩德负责全书的统稿。在此对参与编写及出版的各位老师表示深切谢意。

本书为立体化教材，提供配套教学视频、PPT、教学实验案例及习题，请在中国大学MOOC 平台"计算机硬件技术基础"(https://www.icourse163.org/course/NEU-1002125002)课程网站查看下载。由于编者水平有限，书中难免存在疏漏之处，恳请读者给予指正。

编　者

# 目　　录

# 第 1 章　计算机系统组成

**案例导学**

### 计算机的基本工作原理

在冯·诺依曼体系的计算机中，由输入设备接收外界信息(程序和数据)，由控制器发出指令将数据输入内存储器，并向内存储器发出取指令。在取指令作用下，程序中的指令被逐条送入控制器。控制器对指令进行译码，并根据指令的操作要求，向存储器和运算器发出存数、取数和运算命令，经过运算器计算并把计算结果存入存储器内。最后在控制器发出的取数和输出命令的作用下，通过输出设备输出计算结果。

这其中所涉及的计算机逻辑组成包括硬件系统和软件系统，硬件系统即物理组成部件，主要包括输入/输出设备、存储器、运算器、控制器及各级总线。

基于冯·诺依曼体系结构的计算机基本工作原理是基于所存储的程序和指令自动执行的过程，其存储程序的工作原理决定了计算机的使用方式为：编写程序和运行程序。

## 1.1　计算机的发展概况及应用领域

### 1.1.1　计算机的发展历史

在现代计算机问世之前，计算机的发展经历了机械式计算机、机电式计算机和萌芽期的电子计算机三个阶段。1946 年 2 月，美国宾夕法尼亚大学莫尔学院研制成功了世界上第一台电子计算机 ENIAC(Electronic Numerical Integrator And Calculator)。它体积庞大，被专门用于火炮弹道计算，后经多次改进而成为能进行各种科学计算的通用计算机，运算速度比继电器计算机快 1000 倍。它的

计算机的发展概况及应用领域.mp4

问世具有划时代的意义。但是，这种计算机不具备存储功能，所以它的程序是外加式的，在结构上和现代计算机相差很多。

## ENIAC

ENIAC 是世界上第一台电子多用途计算机，于 1946 年 2 月 14 日诞生于美国宾夕法尼亚大学，并于次日正式对外公布。

ENIAC 长 30.48 米，宽 6 米，高 2.4 米，占地面积约 170 平方米，有 30 个操作台，重达 27 吨，耗电量 150 千瓦，造价 48 万美元。它包含了 17 468 只真空管(电子管)，7200 只晶体二极管，1500 个中转，70 000 个电阻器，10 000 个电容器，1500 个继电器，6000 多个开关，计算速度为每秒 5000 次加法或 400 次乘法，是使用继电器运转的机电式计算机的 1000 倍、手工计算的 20 万倍。

数学家冯·诺伊曼针对 ENIAC 应用中的问题，于 1946 年提出了"存储程序"的思想。第一台冯·诺伊曼机 EDSAC 在英国剑桥大学研制成功，并于 1949 年投入运行。

从第一台计算机诞生起，在短短的不到 70 年间，计算机技术的发展速度之快是其他技术无法比肩的，其经历了五代的发展演变。

### 1. 第一代(1946—1958 年)

第一代计算机是电子管计算机，这个时代的计算机逻辑元件采用了电子管；以磁芯、磁鼓等作为主存储器，磁带、磁鼓等作为辅助存储器；体积庞大，运算速度慢(每秒 5000 次到 40 000 次运算)，没有系统软件；使用机器语言和汇编语言编写程序，主要用于军事和科学计算，代表机种有 ENIAC、EDVAC 及 IBM 705 等。

### 2. 第二代(1958—1964 年)

第二代计算机是晶体管计算机，计算机的逻辑元件用晶体管替代了电子管，晶体管相对于电子管具有体积小、耗电少、开关速度快的优点；采用磁芯作为主存储器，磁鼓和磁盘作为辅助存储器；这个时期提出了操作系统的概念；由于其存储容量增大，可靠性提高，使得汇编语言日益取代了机器语言，并促进了一批高级语言的产生，如 FORTRAN 和 COBOL 等。运算速度可达到每秒几万次到几十万次的加法运算，因此被应用到了除科学计算以外的领域，典型机型为 IBM 7090 和 CDC 6600。

### 3. 第三代(1965—1970 年)

第三代计算机以中小规模集成电路取代了晶体管，也就是将很多个晶体管和电子元件集中在一块几平方毫米的硅片上，这样相比晶体管计算机，这个时期的计算机体积更小，耗电更少，但运算速度大大提高了。

随着计算机硬件技术的更新，系统软件和应用软件也有了很大发展，操作系统逐渐完善，具备了多道程序、并行处理技术、多处理机、虚拟存储系统等；结构化、模块化程序设计方法被逐渐应用。运算速度可达 200 万次每秒，典型机型有 IBM 360 系统、PDP11 系列等。

### 4. 第四代(1971 年开始)

20 世纪 70 年代以后,计算机集成电路的集成度迅速从中小规模发展到大规模、超大规模,逻辑元件采用大规模集成电路(LSI)和超大规模集成电路(VLSI)。这些技术降低了计算机的成本,缩小了计算机体积,增强和提高了计算机的功能性和可靠性。微处理器和微型计算机应运而生。

伴随硬件技术的不断提高,操作系统更加完善,各种应用软件成为现代社会不可或缺的一部分,数据库系统及分布式操作系统在此阶段出现,计算机的发展进入了网络时代。

### 5. 第五代

第五代计算机是正在研制中的新型电子计算机。它由超大规模集成电路和其他新型物理元件组成,体积更小、速度更快、功能更强大。新一代计算机将具有推论、联想、智能会话等功能,并可直接处理声音、文字、图像等信息。

第五代计算机是人工智能计算机。它能理解人的语言、声音、文字和图形,无须编写程序,用自然语言就可与其直接对话。它具有"学习"的能力,可以将一种知识信息与不断学习而得到的新的知识信息连贯起来,成为在某一领域具有渊博知识的专家系统。它具有逻辑思维能力,能进行推理、判断。

## 1.1.2 CPU 的发展与制造简介

世界上第一块 4 位微处理器芯片 Intel 4004 于 1971 年由 Intel 公司的霍夫研制成功,标志着第一代微处理器问世,微处理器和微机时代从此开始。微处理器的突出特点是将运算器和控制器做在一块集成电路芯片上。微型计算机的产生是计算机发展史中重要的转折点,开辟了计算机的新纪元。微型机的集成规模和功能,又形成了微机的不同发展阶段,微机的换代通常是以中央处理器 CPU 的字长位数和功能来划分的。

20 世纪 70 年代早期、中期(1977 年以前),以 8 位 CPU 为主。集成度达到 5000~9000 管/片,平均指令执行时间为 1~2μs,运算速度加快,具有多种寻址方式,具有中断、DMA 等控制功能,以它为核心的微型计算机及其外围设备都有了迅速发展。该时期处理器已经处于成熟阶段。操作系统的概念被提出,采用汇编语言、高级语言等作为编程语言;1978 年,Intel 公司生产了 8086 CPU,宣告了 16 位 CPU 时代的到来,它采用 H-MOS 新工艺,集成度为 29 000 管/片,时钟频率为 5~8MHz,数据总线宽度为 16 位,地址总线为 20 位,可寻址内存空间达 1MB,性能上比 Intel 8085 提高了近 10 倍,具有丰富的指令系统和功能较强的硬件电路,弥补了 8 位机在字长和运算速度上的不足。

第四代微处理器出现于 20 世纪 80 年代早期,CPU 普遍采用 32 位技术,集成度有了很大提高,内部采用流水线控制,平均指令执行时间缩小,此时的微处理器具有 32 位数据总线和 32 位地址总线,直接寻址能力高达 4GB,具有存储保护和虚拟存储功能,虚拟空间可达 $64TB(2^{64})$。1985 年 Intel 公司推出的 80386 采用 6 级流水线,实现了取指令、译码、内存管理、执行指令和总线访问并行操作。

第五代微处理器出现于 20 世纪 90 年代早期,1993 年 Intel 公司正式推出第五代微处理器 Pentium, 俗称 586 或 P5。作为 Intel 微处理器的新产品, 它不但继承了前几代产品的优点, 与 80486 二进制完全兼容, 而且在许多方面又有了新的突破, 使微处理器技术达到当时的最高水平。它采用 0.8μm 的双极性互补金属氧化半导体(BiCMOS)工艺, 集成度高达 310 万管/片, 采用 36 位地址总线, 使可寻址空间达 64GB, 64 位外部数据总线, 使经总线访问内存数据的速度高达 528MB/s, 是主频 66MHz 的 80486-DX2 最高速度(105MB/s)的 5 倍, Pentium 是 32 位微处理器, 采用了全新的体系结构, 内部运用超标量流水线设计, 有两个定点流水线和一个浮点流水线, 这样其在单个时钟周期内可执行两条整数指令, 即实现指令并行; Pentium 芯片内采用双 Cache 结构, 即指令 Cache 和数据 Cache, 每个 Cache 为 8KB, 数据宽度为 32 位, 避免了预取指令和数据可能发生的冲突。数据 Cache 采用回写技术, 大大节省了 CPU 的处理时间, 并采用分支指令预测技术, 实现动态地预测分支程序的指令流向, 节约了 CPU 用于判别分支程序的时间。

1995 年 2 月 Intel 公司正式宣布其新一代微处理器 P6, 进入第六代微处理器时代, P6 采用 0.6μm 工艺, 集成度为 550 万管/片, 具有两个一级高速缓存(即 8KB 的指令 Cache 和 8KB 的数据 Cache), 256KB 的二级 Cache, 电源电压仅为 2.9V, 主频为 133MHz, 内部采用 12 级超标量流水线结构, 一个时钟周期可以执行 3 条指令。其性能是经典 Pentium 的 2 倍。1996 年改进后的 P6 正式命名为 Pentium Pro, 该处理器的集成电路线径仅为 0.35μm, 最高时钟频率为 200MHz, 运算速度达 200MIPS。

CPU 是一台计算机的大脑, 是由硅材料制成的, 硅元素在地壳中的丰度很大, 常见的沙子的主要成分就是二氧化硅, 所以也有人称, 昂贵的集成电路由不值钱的沙子制成, 那么从沙子到芯片, 中间经历了什么过程? 下面以 CPU 为例, 介绍芯片从沙子到用户手中的流程。

(1) 硅提纯。生产 CPU 的材料是半导体硅, 但必须是纯净的单晶硅才可以制造各种微小的晶体管。首先把含硅元素的原材料放进一个巨大的石英熔炉熔化。然后向熔炉里放入一颗晶种, 硅晶体围着这颗晶种生长, 直到形成圆柱体的单晶硅锭。此操作被称为硅提纯。

(2) 切割硅锭。圆柱体硅锭被切割成类似光盘状的片状硅晶片, 被称为晶圆。晶圆被用于 CPU 的制造, 将其划分成数十或数百个细小的区域, 每个区域都将成为 CPU 的内核, 切割出来的晶圆越薄, 每个圆柱体硅锭形成的晶圆就会越多, 每个硅锭制造的 CPU 内核就会越多(见图 1-1)。

图 1-1  硅锭与切割好的晶圆

(3) 影印。紫外线通过印制着 CPU 复杂电路结构图样的模板照射涂敷晶圆硅基片, 被紫外线照射的硅氧化物溶解，从而在晶圆表面形成 CPU 复杂的电路结构图。为避免不需要曝光的区域受到光的干扰，通常用石英遮罩来遮蔽这些区域。

(4) 蚀刻。蚀刻是 CPU 制造过程中最重要的技术。首先利用波长很短的紫外光并配合很大的镜头，透过石英遮罩的孔照在光敏抗蚀膜上，使之曝光。然后停止光照，移除遮罩，使用特定的化学溶液清洗掉被曝光的光敏抗蚀膜和紧贴着抗蚀膜的一层硅。最后用原子轰击曝光的硅基片实现掺杂，进而改变这些区域的导电状态，制造出 N 井或 P 井，再结合影印阶段制造的基片，形成以晶体管为主体的 CPU 门电路。

(5) 重复、分层。为了在硅基片上形成新的一层电路，需再次生长硅氧化物，然后沉积一层多晶硅，涂敷硅氧化物，重复影印、蚀刻过程，得到含多晶硅和硅氧化物的沟槽结构。重复数十遍，最终形成一个 3D 结构的晶体管及附属电路，这是最终的核心 CPU。依据 CPU 的晶体管及线路布局，以及通过 CPU 的电流大小决定 CPU 层数。层与层之间用金属铜或铝填充，著名的 AMD 的 Athlon 64 CPU 达到 9 层结构。

(6) 封装。前面步骤形成的一块块准 CPU 是光盘状晶圆，不能直接被使用，必须切割成几十或数百块单独的 CPU 内核，并被封入陶瓷的或塑料的封壳中，此过程称为 CPU 的封装。封装后的 CPU 内核，既可以防止外界灰尘对内部的影响，又能提升 CPU 芯片的电气性能，还能间接地提升 CPU 主频稳定性。也只有封装后的 CPU 才能安装在计算机主板上。可以想象层数越多、集成度越高的 CPU，其封装就越复杂。

(7) 测试。测试是 CPU 出厂前最重要的环节。测试内容主要是 CPU 的电气性能，每个 CPU 核心都将被分开测试。CPU 中的缓存结构最复杂、密度高，故对 CPU 缓存的测试会是重点。然后是对整块 CPU 进行完全测试，以检验其全部性能指标。Intel 的酷睿 i7 能够在较高的频率下运行，故称为高端产品(见图 1-2)；Intel 的奔腾因为运行频率较低故被称为中端产品；Intel 的 Celeron 存在缓存上的功能缺陷，厂商通过屏蔽掉 CPU 的部分缓存后使其运行，故称为低端产品。

图 1-2　一款酷睿 i7 CPU 产品图

## 1.1.3　计算机的应用领域

计算机的应用领域已渗透到社会的各行各业，改变着传统的工作、学习和生活方式，推动着社会的发展。计算机的主要应用领域如下。

### 1. 科学计算

科学计算也称为数值计算应用，指利用计算机来完成科学研究和实际工程领域中遇到的数学问题的计算。计算机有着远超人类的计算速度、计算准确率和存储能力，能够帮助解决人工无法解决的各种复杂的数学计算问题。例如：公交线路、公交车次的安排等。

### 2. 数据处理

数据处理也称为信息处理，是指对各种数据进行收集、存储、整理、分类、统计、加工、利用、传播等一系列活动的统称。目前，数据处理已广泛地应用于办公自动化、企事业计算机辅助管理与决策、信息检索、图书管理、电影电视动画设计、电子商务等各行各业。

### 3. 计算机辅助设计与制造

计算机辅助技术主要包括：计算机辅助设计、计算机辅助制造和计算机辅助教学。计算机辅助设计(CAD)是利用计算机系统辅助设计人员进行工程或产品设计，以实现最佳设计效果的一种技术，广泛应用于飞机、汽车、机械、电子、建筑和轻工等领域；计算机辅助制造(CAM)是利用计算机系统进行生产设备的管理、控制和操作的过程；计算机辅助教学(CAI)是利用计算机系统使用课件来进行教学，包括现在流行的 MOOC 教学。

### 4. 过程控制

过程控制是利用计算机及时采集检测数据，按最优值迅速地对控制对象进行自动调节或控制。计算机过程控制广泛应用于机械、冶金、化工、纺织、水电、航天等领域。

### 5. 人工智能

人工智能(Artificial Intelligence)是计算机模拟人类的智能活动，诸如感知、判断、理解、学习、问题求解和图像识别等。如今人工智能已开始走向实用阶段。例如，用于疾病诊疗的专家系统和自动的照片位置识别系统等。

### 6. 网络应用

计算机技术与现代通信技术的结合构成了计算机网络。计算机网络的建立，不仅解决了一个单位、一个地区、一个国家中计算机与计算机之间的通信，各种软、硬件资源的共享，也大大促进了国际的文字、图像、视频和声音等各类数据的传输与处理。

### 7. 电子商务

计算机给电子商务提供了一个可行性的平台，可以说，没有计算机技术，没有互联网这个虚拟网络世界的存在，电子商务就不可能出现并发展。若计算机技术退步或停滞不前，电子商务也将寸步难行。

### 8. 娱乐休闲

计算机在人类生活娱乐中的作用与日俱增，主要包括网络游戏和影音作品制作。计算机游戏已经不再是早期的简单的下棋游戏，而发展为多媒体网络游戏。远隔千山万水的玩家可以通过互联网相互博弈。游戏通过特殊装备为玩家营造身临其境的感受。计算机在电影中的主要应用是电影特技，通过巧妙的计算机合成和剪辑可制作出在现实世界无法拍摄的场景，营造令人震撼的视觉效果。

相信未来计算机会涉足更多的领域，彻底地和人们的生活密不可分。

# 1.2 计算机系统的物理组成及特点

从物理结构上讲，计算机系统由主机和外部设备两部分组成。主机包括 CPU、内存等；外部设备包括外存及各种输入/输出设备等，如图 1-3 所示。

计算机系统的物理
组成及特点.mp4

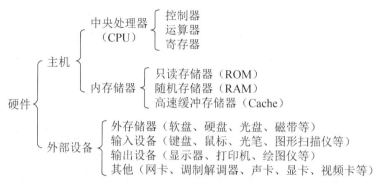

**图 1-3 微型计算机的典型硬件组成**

### 1. CPU

CPU(Central Processing Unit)，即中央处理器，是一块超大规模的集成电路，是一台计算机的运算核心和控制核心。CPU 包括运算逻辑部件、寄存器部件和控制部件等，主要实现包括处理指令、执行操作、控制时间和处理数据等基本功能。从外观上看，不同的 CPU 引脚的数目不同，主流 CPU 采用的都是针脚式接口。

### 2. 内存

内存(Memory)也被称为内存储器，其作用是用于暂时存放 CPU 中的运算数据，以及与硬盘等外部存储器交换的数据，主要分为只读存储器、随机存储器、高速缓冲存储器。计算机在工作过程中，CPU 会把所需数据调入内存进行运算，运算完成后再将结果传送出来，内存的运行决定了计算机能否稳定运行。内存又称主存，是 CPU 能直接寻址的存储空间，由半导体器件制成。内存的特点是存取速率快。

### 3. 主板

主板(Mainboard)，又称主机板、系统板、逻辑板、母板、底板等，可构成复杂的电子系统。典型的主板能提供一系列接合点，将处理器、显卡、声卡、硬盘、存储器等设备接合。它们通常直接插入相关插槽，或用线路连接。主板上最重要的构成组件是芯片组(Chipset)，芯片组通常由北桥和南桥组成。主板提供一系列接口，包括 IDE 接口、SATA 接口、串口、PS/2 接口、USB 接口等。

### 4. 硬盘

硬盘是计算机主要的存储媒介之一，由一个或多个铝制或者玻璃制的碟片组成。碟片外覆盖有铁磁性材料。硬盘有固态硬盘(SSD)、机械硬盘(HDD)、混合硬盘(HHD)。SSD 采用闪存颗粒来存储，HDD 采用磁性碟片来存储，HHD 是把磁性硬盘和闪存集成到一起的一种硬盘。绝大多数硬盘都是固定硬盘，被永久性地密封固定在硬盘驱动器中。作为计算机系统的数据存储器，容量是硬盘最主要的参数。硬盘的主要生产厂商包括希捷、西部数据、日立等。

### 5. 显示器

显示器(Display)也被称为监视器。显示器属于计算机的 I/O 设备，即输入输出设备。它是一种将一定的电子文件通过特定的传输设备显示到屏幕上再反射到人眼的显示工具。根据制造材料的不同，可分为阴极射线管显示器(CRT)、等离子显示器(PDP)、液晶显示器(LCD)等。液晶显示器是现在的主流显示器，其背光光源主要分为冷阴极荧光灯管和发光二极管两种类型。

### 6. 鼠标

鼠标是计算机的一种输入设备，也是计算机显示系统纵横坐标定位的指示器，因形似老鼠而得名"鼠标"。"鼠标"的标准称呼是"鼠标器"，英文名 Mouse，鼠标的使用是为了使计算机的操作更加简便快捷，以取代键盘烦琐的指令。按照其工作原理，鼠标可以分为三类。滚球鼠标：是橡胶球传动至光栅轮带发光二极管及光敏三极管之晶元脉冲信号传感器。光电鼠标：是红外线散射的光斑照射粒子带发光半导体及光电感应器的光源脉冲信号传感器。无线鼠标：利用数字无线电频率(DRF)技术把鼠标在 X 或 Y 轴上的移动、按键按下或抬起的信息转换成无线信号并发送给主机。

### 7. 键盘

键盘是最常用也是最主要的输入设备，通过键盘可以将英文字母、数字、标点符号等输入到计算机中，从而向计算机发出命令、输入数据等。从键盘外壳来说，多数键盘采用塑料暗钩的技术实现无金属螺丝化的设计。无论键盘形式如何变化，按键排列基本不变，分为主键盘区、数字辅助键盘区、F 键功能键盘区、控制键区，对于多功能键盘还增添了快捷键区。

# 1.3　计算机系统的逻辑组成及特点

## 1.3.1　计算机系统的层次结构

计算机系统由硬件和软件两大部分构成，从层次上讲可进一步细分为七个层次：逻辑硬件层、微程序层、传统机器层、操作系统层、汇编语言层、高级语言层、应用程序层。

(1) 逻辑硬件层：是计算机的内核，由与门、或门、非门等门电路和 D 触发器、JK 触发器等逻辑电路组成。

(2) 微程序层：这层的机器语言是微指令集，程序员用微指令编写的微程序一般直接由硬件执行。

(3) 传统机器层：这层的机器语言是该机的指令集，程序员用机器指令编写的程序可

计算机系统的逻辑
组成及特点.mp4

以由微程序进行解释。

(4) 操作系统层：从操作系统的基本功能来看，一方面它要直接管理传统机器中的软硬件资源，另一方面它又是传统机器的延伸。

(5) 汇编语言层：这层的机器语言是汇编语言，完成汇编语言翻译的程序叫作汇编程序。

(6) 高级语言层：这层的机器语言就是各种高级语言，通常用编译程序来完成高级语言翻译的工作。

(7) 应用程序层：这一层是为了满足计算机某种用途而专门设计的，这一层的语言就是各种面向问题的应用语言。

## 1.3.2　冯·诺依曼体系结构

1946 年美籍匈牙利数学家冯·诺依曼提出了存储程序原理，把程序本身当作数据来对待，程序和该程序处理的数据用同样的方式储存。冯·诺依曼理论的要点是：数字计算机的数制采用二进制；计算机应该按照程序顺序执行。人们把冯·诺依曼的这个理论称为冯·诺依曼体系结构。

在冯·诺依曼体系结构下计算机硬件由运算器、控制器、存储器、输入/输出(I/O)接口四大部分组成，如图 1-4 所示。

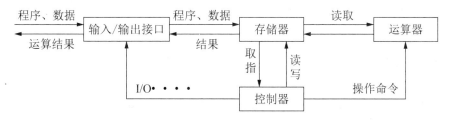

图 1-4　一般计算机结构框图

(1) 运算器：又称算术逻辑单元，是计算机对数据进行加工处理的部件，包括算术运算和逻辑运算。

(2) 控制器：负责从存储器中取出指令、控制信号等。

(3) 存储器：存储程序、数据、中间结果和运算结果。

(4) I/O 接口：原始数据、程序等通过输入接口送到存储器，而计算结果、控制信号等通过输出接口送出。

在冯·诺依曼体系结构下，微型计算机通常由微处理器(CPU)、存储器(ROM、RAM)、I/O 接口电路及系统总线(包括地址总线 AB、数据总线 DB、控制总线 CB)组成。就微型机的基本组成原理而言，它与其他各类计算机并无本质上的区别，但由于微型机广泛使用了大规模和超大规模集成电路，这便决定了微型机在组成上又有其自身的特点。

在微型计算机中，各功能部件之间通过系统总线(AB、DB、CB)相连，如图 1-5 所示，这使得各功能部件之间的相互关系就转化为各部件面向系统总线的单一关系，这是微型计算机在体系结构上最突出的特点。它不仅为微型机的生产和系统功能的扩充或更新提供了方便，而且为微型计算机产品的标准化、系列化及通用性打下了良好的基础。

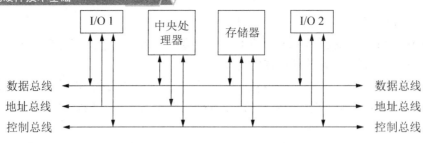

图 1-5　微型计算机总线化硬件结构

其具体结构如下。

### 1. 微处理器

微处理器就是大规模集成电路形式的中央处理单元，即 CPU，是微型计算机的核心部件，它的功能就是进行运算并按照程序指令的要求控制计算机各功能部件协调工作。因此，它的性能决定了微型机各项关键技术指标。

微处理器主要由运算器和控制器组成。运算器由算术逻辑单元、累加器和通用寄存器组、暂存寄存器等部件构成，主要功能是完成各种算术运算和逻辑运算。控制器由程序计数器(也叫指令指标器)、指令寄存器、指令译码器、时序和控制逻辑部件等构成，主要负责读取并分析指令，协调控制微型计算机各部分的工作。

### 2. 存储器

存储器是微机很重要的组成部分，按照存储器在微机中的位置和功能的不同，可分为主存储器和辅助存储器。

主存储器也称为内存，用来存放当前正在使用的或经常使用的程序和数据。有了存储器记录，计算机才可以脱离人的操作自动工作。由于存储器直接与处理器打交道，所以存储器的大小、存取速度直接影响到整个计算机的运行速度。内存的作用，如图1-6所示。

图 1-6　内存的作用

从物理结构上，主存储器分为单极型和双极型两种。单极型存储器集成度高、功耗小，但是读写速度低。双极型存储器读写速度高、集成度低，但是功耗大。按照功能及读/写方式分为随机存储器和只读存储器。

(1) 随机存储器。

随机存储器(Random Access Memory，RAM)，也称为读/写存储器，CPU 可根据需要随时对其内容进行读或写操作。RAM 是易失性存储器，即其内容在断电后会全部丢失，因而只能存放暂时性的程序和数据。

(2) 只读存储器。

只读存储器(Read only Memory，ROM)是一种固定存储器，存储的信息是在制造时就存储进去的。使用时只能读出其中的信息，而不能写入新的信息。

辅助存储器也称为外存储器，和内存相比，容量更大、价格更低，而且断电后信息也不会丢失，但是外存的存取速度慢，主要用于存放暂时不用的程序和数据。外存也属于输入输出设备，它只能与内存储器交换信息。外存主要有磁盘存储器、磁带存储器、光盘存储器和闪存等。

### 3. 输入/输出设备

输入/输出设备是微处理器与外界通信的工具，常用的外部设备包括键盘、鼠标、扫描仪、显示器、打印机、软硬磁盘等。由于外设的结构、工作速度、信号形式和数据格式等各不相同，因此它们不能直接挂接到系统总线上，必须用输入/输出接口电路来做中间转换，才能实现与 CPU 间的信息交换。I/O 接口也称 I/O 适配器，不同的外设需配备不同的 I/O 适配器。I/O 接口电路是微机应用系统必不可少的重要组成部分。任何一个微机硬件应用系统的研制和设计，实际上主要是 I/O 接口的研制和设计。以上内容在后面章节将详细讲述。

## 1.3.3　计算机系统的两大功能——控制与运算

控制器和运算器是微处理器的核心，也是微机的大脑。计算机系统最重要的两大功能就是控制和运算。

### 1. 控制器

控制器(Control Unit，CU)是对输入的指令进行分析，并统一控制计算机完成一定任务的部件。它一般由指令寄存器、状态寄存器、指令译码器、时序电路和控制电路组成。

控制器是整个计算机系统的控制中心，它指挥计算机各部分协调工作，保证计算机按照预先规定的目标和步骤有条不紊地进行操作及处理。控制器从存储器中逐条取出指令，分析每条指令规定的是什么操作以及所需数据的存放位置等，然后根据分析结果向其他部件发出控制信号，统一指挥整个计算机完成指令所规定的操作。计算机自动工作的过程，实际上是自动执行程序的过程，而程序中的每条指令都是由控制器来分析执行的，它是计算机实现"程序控制"的主要设备。

### 2. 运算器

运算器又称算术逻辑单元(Arithmetic Logic Unit，ALU)，其主要作用是执行各种算术运算和逻辑运算，对数据进行加工处理。

从结构上讲，运算器包括寄存器、执行部件和控制电路三个部分。在典型的运算器中有三个寄存器：接收并保存一个操作数的接收寄存器；保存另一个操作数和运算结果的累加寄存器；在进行乘、除运算时保存乘数或商的乘商寄存器。执行部件包括一个加法器和各种类型的输入输出门电路。控制电路按照一定的时间顺序发出不同的控制信号，使数据经过相应的门电路进入寄存器或加法器，完成规定的操作。

从操作方法上讲，运算器能执行的操作种类以及执行操作的速度，标志着运算器能力的强弱。运算器最基本的操作是加法，某个数与零相加，等于简单地传送这个数；两个数相减相当于一个数加上另一个数的负数；比较两个数的大小可以让它们进行减法运算。

左右移位也是运算器的基本操作。在有符号数中，如果符号位不动只移动数据位，称为算术移位；如果连同符号位的所有位一起移动，称为逻辑移位；若将数据的最高位与最低位链接在一起进行逻辑移位，称为循环移位。

从逻辑运算的角度，运算器的逻辑操作可将两个数按位进行与、或、异或，以及将一个数的各位取非。

相对来说，乘、除法操作较为复杂。很多计算机的运算器能直接完成这些操作。乘法操作是以加法操作为基础，由乘数的一位或几位译码控制逐次产生部分积，部分积相加得到乘积。除法则又以乘法为基础，即选定若干因子乘以除数，使它近似为 1，这些因子乘被除数得到商。

### 1.3.4 计算机程序的执行过程

在计算机中，指令就是计算机执行某种操作的命令，是硬件能理解并执行的语言，是机器语言的一个语句，是程序员进行程序设计的最小语言单位。程序是为实现特定目标或者解决特定问题用计算机语言编写的、可以连续执行并能够完成一定任务的指令序列的集合。

计算机的工作过程就是执行程序的过程，可以归结为：取指令→分析指令→执行指令→再取下一条指令，重复上述过程直到程序结束。

具体来说，计算机执行一条指令的步骤如下。

(1) 把指令指针寄存器 IP 中的指令地址送存储器，从该地址取出指令送指令寄存器 IR。

(2) 根据指令寄存器 IR 中的地址码形成操作数地址送存储器，从该地址取出数据，送到运算器中的寄存器(或寄存器组)。

(3) 将指令寄存器 IR 中的操作码送指令译码器 ID 进行译码。

(4) 在控制器发出的操作信号的控制下，计算机的相关部件执行操作码规定的操作。

(5) 指令指针寄存器 IP 加 1，形成下一条指令地址。如遇到转移指令，则按转移指令对状态标志寄存器进行测试，根据测试结果，决定是否将转移指令中指出的指令地址送指令指针寄存器 IP。

# 1.4　计算机系统的主要性能指标

一台计算机的性能优劣，要由多项技术指标来综合评价，不同用途的计算机强调的侧重面也不同。微型计算机通常用下面几项指标来衡量其基本性能。

### 1.4.1 计算机的主要性能指标

#### 1. 字长

字长指 CPU 进行运算和数据处理时最基本的信息位长度，也就是一次可以处理的二进制数码的位数。字长决定着计算机内部寄存器、ALU 和数据总线的位数，字长越长，在其他指标相同时，数据处理的速度也越快，一个字所能表示的数据精度就越高。大多数计算机均支持变长运算，即机内可实现半字长、全字长和双倍字长。计算机的字长已经由 8位、16 位、32 位发展到现在的 64 位。

### 2．运算速度

运算速度是指计算机每秒钟所能执行的指令条数，单位为每秒百万条指令或者每秒百万条浮点指令，例如某微处理器在某一时钟频率下每秒执行 100 万条指令，则它的运算速度就为1MIPS。目前主流微机的运算速度已达 1000MIPS。

### 3．主存容量

主存容量是指主存储器所能存储二进制信息的总量。内存容量越大，微型计算机的存储单元数越多，其"记忆"的功能就越强。现代微机的主存容量一般以字节(Byte)数来表示，每 8 位(Bit)二进制为一个字节，每 1024 个字节称为 1KB($2^{10}$=1024=1K)，即千字节；每 1024KB 为 1MB($1024×1024=2^{20}$=1M)，即兆字节；每 1024MB 为 1GB，即千兆字节。目前，微机的主存容量通常为 512MB、1GB、2GB、4GB、8GB、16GB，甚至 32GB。主存容量越大，软件开发和大型软件的运行效率就越高，系统的处理能力也越强。

### 4．存取周期

存储器进行一次"读"或"写"操作所需的时间称为存储器的访问时间(或读写时间)，而连续启动两次独立的"读"或"写"操作(如连续的两次"读"操作)所需的最短时间，称为存取周期(或存储周期)。

(1) 把信息代码写入存储器，称为"写"，把信息代码从存储器中读出，称为"读"。

(2) 微型机的内存储器由大规模集成电路制成，其存取周期很短，约为几十到一百纳秒(ns)左右。

### 5．外围设备配置

外围设备配置及扩展能力主要指计算机系统连接各种外部设备的可能性、灵活性和适应性。

如果仅仅有性能良好的硬件而没有相应的外部设备，计算机的性能也会大打折扣，传输率高的计算机配以高速的外围设备才可能更大程度地发挥各个部件的功能。但是外设的配置也要考虑其他硬件的性能及兼容性。

### 6．系统软件配置

系统软件配置也是衡量微机性能的主要指标，主要考察其操作系统是否简单，功能是否强大，是否能够满足用户要求，常用的高级语言是否配备齐全，应用软件是否丰富等。

## 1.4.2　CPU 的主要性能指标

### 1．主频

主频是 CPU 内部的时钟频率，是 CPU 进行运算时的工作频率。一般来说，主频越高，一个时钟周期里完成的指令数越多，CPU 的运算速度也就越快。但由于内部结构不同，时钟频率相同的CPU 其性能也有所区别。

### 2．外频

系统总线，CPU 与周边设备传输数据的频率，具体是指 CPU 到芯片组之间的总线速度。

### 3. 倍频

原先并没有倍频这一概念，CPU 的主频和系统总线的速度是一样的，但 CPU 的速度越来越快，倍频技术随之应运而生。它可使系统总线工作在相对较低的频率上，而 CPU 速度可以通过倍频来无限提升。那么 CPU 主频的计算方式变为：主频=外频×倍频，倍频是指 CPU 和系统总线之间相差的倍数，当外频不变时，提高倍频，CPU 主频随之提高。

### 4. 高速缓冲存储器(Cache)

CPU 进行处理的数据信息多是从内存中调取的，但 CPU 的运算速度要比内存快得多，为此在传输过程中放置一个高速缓冲存储器，存储 CPU 经常使用的数据和指令，高速缓冲存储器的容量小，但处理速度与 CPU 的速度相当。高速缓冲存储器可分一级缓存和二级缓存。

一级缓存：即 L1 Cache。集成在 CPU 内部，用于 CPU 在处理数据过程中数据的暂时保存。由于缓存指令和数据与 CPU 同频工作，一级缓存的容量越大，存储信息越多，越能减少 CPU 与内存之间的数据交换次数，提高 CPU 的运算效率。但因高速缓冲存储器均由静态 RAM 组成，结构较复杂，在有限的 CPU 芯片面积上，L1 级高速缓存的容量不可能做得太大。

二级缓存：即 L2 Cache。由于一级缓存容量的限制，为了再次提高 CPU 的运算速度，在 CPU 外部放置一个高速缓冲存储器，即二级缓存。工作主频比较灵活，可与 CPU 同频，也可不同。CPU 在读取数据时，先在 L1 中寻找，再从 L2 中寻找，然后是内存，再往后是外存储器。所以 L2 对系统的影响也不容忽视。

### 5. 地址总线宽度

简单地说，是 CPU 能使用多大容量的内存进行读取数据的物理地址空间。

### 6. 数据总线宽度

数据总线负责整个系统数据流量的大小，而数据总线宽度则决定了 CPU 与二级缓存、内存以及输入/输出设备之间进行一次数据传输的信息量。

### 7. 生产工艺

在生产 CPU 的过程中，要加工各种电路和电子元件，制造导线连接各个元器件。其生产的精度以微米(μm)和纳米(nm)来表示，精度越高，生产工艺越先进。0.25μm 的生产工艺可使 CPU 最高达到 600MHz 的工作频率。而 0.18μm 的生产工艺可使 CPU 达到 GHz 的水平。现在的主流生产工艺可以达到 7nm。

### 8. 工作电压

工作电压指 CPU 正常工作所需的电压。提高工作电压，可以加强 CPU 内部信号，并增强其稳定性能，但会导致 CPU 发热，改变 CPU 的化学介质，降低其寿命。早期 CPU 工作电压为 5V，随着制造工艺与主频的提高，工作电压有了很大变化，PIII CPU 的电压为 1.7V，解决了 CPU 发热的问题。现在主流的 CPU，比如 Intel 的 i7，其工作电压可达到

0.7~1.1V，显著提高了CPU的性能。

### 9. 指令集

指令集是存储在 CPU 内部，对 CPU 运算进行指导和优化的硬程序。拥有这些指令集，CPU 就可以更高效地运行。Intel 有 x86、EM64T、MMX、SSE、SSE2、SSE3、SSSE3（Super SSE3）、SSE4.1、SSE4.2、AVX 等指令集。AMD 主要是 x86、x86-64、3D-Now!指令集。随着CPU技术的发展，各种CPU产品的指令集也在不断扩充与变化。

# 本 章 小 结

(1) 计算机系统的物理组成与逻辑组成：计算机的物理组成主要指硬件组成；逻辑组成则包含硬件系统和软件系统。在硬件系统和软件系统的共同协作下，才能保证计算机的基本运行。

(2) 计算机系统具有运算和控制两大功能：运算功能包括算术运算和逻辑运算；控制功能是计算机的指挥中心，负责完成协调和指挥整个计算机系统的操作。

# 复习思考题

### 一、单项选择题

1. _____被称为计算机之父，他的贡献是将计算机设计成由 5 个模块组成并实现自动运算；_____被称为计算机之父，他的贡献是将采用存储程序的思想来实现通用计算机；_____提出了现代计算机的理论模型。每 18 个月，微处理器的集成度将翻一番，速度将提高一倍，而其价格将降低一半。这个规律被称为_____定律。

    Ⅰ.巴贝奇　Ⅱ.冯·诺依曼　Ⅲ.图灵　Ⅳ.摩尔　Ⅴ.布尔

    A．Ⅰ、Ⅱ、Ⅲ、Ⅳ　　　　　　　B．Ⅰ、Ⅱ、Ⅳ、Ⅴ

    C．Ⅰ、Ⅱ、Ⅲ、Ⅴ　　　　　　　D．Ⅱ、Ⅲ、Ⅳ、Ⅴ

2. 下列关于"固件"的说法，正确的是_____。

    A．固件是一种基于时序逻辑的硬件　　B．固件具有易失性

    C．固件是一种基于存储逻辑的硬件　　D．固件是将软件的功能用硬件来实现

3. 到目前为止，计算机中所有的信息仍以二进制方式表示的理由是_____。

    A．节约原件　　　　　　　　　　　B．运算速度快

    C．由物理器件的性能决定　　　　　　D．信息处理方便

4. 计算机系统的组成包括_____。

    A．CPU 和主机　　　　　　　　　　B．CPU、内存、主机和外设

    C．硬件系统和软件系统　　　　　　　D．操作系统和硬件

5. 计算机的外围设备是指_____。

    A．输入/输出设备　　　　　　　　　B．外存储器

    C．远程通信设备　　　　　　　　　　D．除了CPU和内存以外的其他设备

6. 20 世纪六七十年代，在美国的_____州，出现了一个地名叫硅谷，该地主要工业是_____，它也是_____的发源地。

    A. 马萨诸塞，硅矿产地，通用计算机

    B. 加利福尼亚，微电子工业，通用计算机

    C. 加利福尼亚，硅生产基地，小型计算机和微处理器

    D. 加利福尼亚，微电子工业，微处理器

7. 在 CPU 的寄存器中，_____对用户是完全透明的。

    A. 程序计数器    B. 指令寄存器    C. 状态寄存器    D. 通用寄存器

8. 从用户观点看，评价计算机系统性能的综合参数是_____。

    A. 指令系统    B. 吞吐率    C. 主存容量    D. 主频

9. 对汇编语言程序员而言，下列选项中不透明的是_____。

    Ⅰ. 主存储器的模 m 交叉存取    Ⅱ. 指令寄存器

    Ⅲ. Cache 存储器    Ⅳ. 通用寄存器的个数

    Ⅴ. 存储器的最小编址单位    Ⅵ. I/O 系统是否采用通道方式

    Ⅶ. 采用流水技术来加速指令的解释    Ⅷ. 流水线中的相关专用通路的设计

    A. Ⅰ、Ⅱ、Ⅲ    B. Ⅳ、Ⅴ、Ⅵ

    C. Ⅶ、Ⅷ    D. Ⅱ、Ⅲ、Ⅳ

10. 在计算机的层次结构中，位于硬件以上的所有层次统称为_____。

    A. 应用软件    B. 系统软件    C. 程序    D. 虚拟机

11. 计算机在现代教育中的主要应用有计算机辅助教学、计算机模拟、多媒体教室和_____。

    A. 网上教学和电子大学    B. 家庭娱乐

    C. 电子试卷    D. 以上都不是

12. CPU 主要包括_____。

    A. 控制器    B. 控制器、运算器、Cache

    C. 运算器和主存    D. 控制器、ALU 和主存

13. _____属于应用软件。

    A. 操作系统    B. 编译系统    C. 连接程序    D. 文本处理

14. 在微型计算机中，微处理器的主要功能是进行_____。

    A. 逻辑运算    B. 算术逻辑运算

    C. 算术运算    D. 算术逻辑运算及全机的控制

15. _____是程序运行时的存储位置，包括所需的数据。

    A. 数据通路    B. 主存储器    C. 硬盘    D. 操作系统

16. 冯·诺依曼体系结构的基本思想之一是_____。

    A. 计算精度高    B. 存储程序控制    C. 处理速度快    D. 可靠性高

17. 冯·诺依曼机工作方式的基本特点是_____。

    A. 按地址访问并顺序执行指令    B. 多指令流单数据流

    C. 堆栈操作    D. 存储器按内容选择地址

18. 运算器的核心部分是_____。

　　A. 数据总线　　　　　　　　　　　B. 多路开关

　　C. 算术逻辑运算单元　　　　　　　D. 累加寄存器

19. _____用于保存当前正在执行的一条指令。

　　A. 缓冲寄存器　　　B. 地址寄存器　　　C. 程序计数器　　　D. 指令寄存器

20. 在计算机硬件技术指标中，度量存储器空间大小的基本单位是_____。

　　A. 字节(Byte)　　　　B. 比特(bit)　　　　C. 字(Word)　　　D. 双字(Double Word)

二、简答题

1. 简述微型计算机系统的组成。

2. CPU 是什么？写出 Intel 微处理器的家族成员。

3. 说明高级语言程序变为可执行程序的过程。

4. 机器语言、汇编语言与高级语言各有哪些特点？

计算机系统组成概述——物理组成与逻辑组成.pptx

# 第2章 计算机系统的运算功能

## 学习要点

1. 掌握计算机中基本信息的表示方法。
2. 二进制、八进制、十六进制以及十进制之间的转换。
3. 熟悉算术运算与逻辑运算法则及运算方法。
4. 掌握各种运算所对应的累加器、乘法器、基本逻辑门等电路。

## 核心概念

数制　数值运算　溢出　逻辑运算　门电路

 案例导学

### 计算机中的数值运算

在用户界面或程序中，所输入的数据通常都是十进制或十六进制数，而在计算机的存储器或运算器中实际存储和参与运算的都是二进制数。因此，从输入到存储运算再到输出都需要进行进制转换。

例如，求 125-57，在实际计算时，会被转换为 125+(-57)，参与计算的两个数 125 和-57 将分别被转换为对应的二进制形式：0111 1101 和 1100 0111，其中二进制的最高位为符号位，0 代表正，1 代表负。1100 0111 为-57 的补码表示形式，用补码表示负数可以方便计算及获取结果。两个二进制数在运算器中进行加运算后可得二进制结果 0100 0100，再转换为十进制数 68 用于显示或输出。

## 2.1　数值信息与文本信息的表示

### 2.1.1　计算机中常用的计数制

计算机内部是以二进制形式表示数据，应用二进制规则进行数值运算。计算机内部地址信息常用十六进制来表示。而人们日常习惯用十进制来表示数据。这样要表示一个数就要选择适当的数字符号来规定其组合规律，也就是要确定所选用的进位计数制。不同的进位制都有各自的基本特征数，被称为进位制的"基数"。基数表示了进位制所具有的数字符号个数及进位规律。下面以常用的十进制、二进制、八进制和十六进制为例，分别进行介绍。

计算机中信息
表示.mp4

### 1．进位计数制

(1) 十进制。

① 有 10 个不同的数码(或称数字符号)：0、1、2、3、4、5、6、7、8、9；

② 其基数为 10，所以这种计数制称为十进制；

③ 按"逢十进一"的规则计数。

同一个数码在不同的数位，所代表的数值大小不同。例如 666.66 这个数，小数点左边第一位"6"代表个位，其值为 $6 \times 10^0$，以此类推：

$$666.66 = 6 \times 10^2 + 6 \times 10^1 + 6 \times 10^0 + 6 \times 10^{-1} + 6 \times 10^{-2}$$

(2) 二进制。

① 有 2 个不同的数码：0、1；

② 其基数为 2，所以这种计数制称为二进制；

③ 按"逢二进一"的规则计数。

例如，对十进制数来说，1+1=2；而对二进制数，按逢二进一的规则，则 $1+1=(10)_2$。

同一个数，不同位置的数码代表不同的数值。例如，把一个二进制数 $(1111.11)_2$ 转换成十进制数时，可以写成：

$$(1111.11)_2 = 1 \times 2^3 + 1 \times 2^2 + 1 \times 2^1 + 1 \times 2^0 + 1 \times 2^{-1} + 1 \times 2^{-2} = (15.75)_{10}$$

(3) 八进制。

① 有 8 个不同的数码：0、1、2、3，4、5、6、7；

② 其基数为 8，所以这种计数制称为八进制；

③ 按"逢八进一"的规则计数。

不同的数位，数码所表示的值是不同的。例如，八进制 $(474)_8$ 转换成十进制数时，可以写成：

$$(474)_8 = 4 \times 8^2 + 7 \times 8^1 + 4 \times 8^0 = 256 + 56 + 4 = (316)_{10}$$

由于数 8 与数 2 之间存在关系 $8^1 = 2^3$，因此，1 位八进制数与 3 位二进制数之间存在一一对应的关系。

根据这种对应关系，二进制与八进制之间的转换十分简单。例如，有一个二进制数 $(10100101.01111111)_2$，若将它转换为八进制数，只需将它从小数点开始，分别向左和向右每 3 位分为一组，每组用对应的 1 位八进制数表示即可。例如：

$$(10100101.01111111)_2 = (\underline{010}\ \underline{100}\ \underline{101}.\underline{011}\ \underline{111}\ \underline{110})_2 = (245.376)_8$$

其中，小数点左边不足 3 位的，应在其左边加 0；小数点右边不足 3 位的，应在其右边加 0，以凑成 3 位一组。

将八进制数转换为二进制数的过程恰好与上述过程相反，只需将每 1 位八进制数转换成相应的 3 位二进制数。例如：

$$(175.206)_8 = (\underline{001}\ \underline{111}\ \underline{101}.\underline{010}\ \underline{000}\ \underline{110})_2 = (1\ 111\ 101.010\ 000\ 11)_2$$

(4) 十六进制。

① 有 16 个不同的数码：0、1、2、3、4、5、6、7、8、9、A、B、C、D、E、F；

② 其基数是 16，所以这种计数制称为十六进制；

③ 按"逢十六进一"的规则计数。

不同的数位、数码所表示的值不同。例如，十六进制数$(9B4.4)_{16}$转换成十进制数，可以写成：

$$(9B4.4)_{16} = 9×16^2+11×16^1+4×16^0+4×16^{-1} = (2484.25)_{10}$$

由于数 16 与数 2 之间存在关系 $16^1=2^4$，因此，1 位十六进制数与 4 位二进制数存在一一对应的关系。

根据这种对应关系，二进制与十六进制之间的转换类似于二进制与八进制之间转换的实现方法。例如，有一个二进制数$(1111011011.100101011)_2$，若将它转换为十六进制数，只需将它从小数点开始，分别向左和向右每 4 位分为一组，每组用对应的 1 位十六进制数表示即可。例如：

$$(1111011011.100101011)_2 = (\underline{0011}\ \underline{1101}\ \underline{1011}.\underline{1001}\ \underline{0101}\ \underline{1000})_2 = (3DB.958)_{16}$$

其中，小数点左边不足 4 位的，应在其左边加 0；小数点右边不足 4 位的，应在其右边加 0，以组合成 4 位一组。

将十六进制数转换为二进制数的过程恰好与上述过程相反，只需将每 1 位十六进制数转换成相应的 4 位二进制数。

十六进制数在计算机数的表示中比较常用，其原因在于：十六进制数与二进制之间的转换比较方便；计算机的字长一般都是 8 的倍数；另外，字长为 16 位或 32 位时，可用 4 位或 8 位十六进制数表示，书写简短，便于阅读。

为区别各种进位计数制，可在数的右下角注明进位计数制，或者在数字后面加一字母。B(Binary)表示二进制，如 1100B；O(Octal)表示八进制，如 235O；D(Decimal)或省略字母表示十进制，如 256D 或 256；H(Hexadecimal)表示十六进制，如 2AC5H。

另外，如果十六进制数是以字母数符开头，例如，A7C9H，通常都在数据最高位加一个 0，变为 0A7C9H，以表示这是一个十六进制的数值，而不是变量名或符号等。

**2. 不同计数制之间的转换**

二进制数与八进制数、十六进制数之间的转换方法十分简单，在前面已经做了介绍，下面仅介绍二进制数与十进制数之间的转换方法。用类似的方法也可以实现八进制数与十进制数之间、十六进制数与十进制数之间的转换。

(1) 将十进制转换为二进制。

① 十进制整数转换为二进制整数。

通常采用"除 2 取余法"。这种方法是由于 $D_{10}=N_2=d_{n-1}×2^{n-1}+\cdots+d_1×2^1+d_0×2^0$，所以具体方法是把给定的十进制整数除以 2，取其余数作为二进制整数最低位的系数 $d_0$，然后继续将商除以 2，所得余数作为二进制整数次低位的系数 $d_1$，一直重复下去，直到商为 0 为止。第一次相除得到的余数是二进制的最低位，最后一次相除得到的余数是二进制的最高位。从低位到高位逐位排列，最后可得到二进制整数部分。

例如，将$(327)_{10}$转换成二进制数。

| | 商 | 余数 | 各系数项 |
|---|---|---|---|
| 327/2 | 163 | 1 | $d_0$ |
| 163/2 | 81 | 1 | $d_1$ |
| 81/2 | 40 | 1 | $d_2$ |
| 40/2 | 20 | 0 | $d_3$ |

| 20/2 | 10 | 0 | $d_4$ |
| 10/2 | 5 | 0 | $d_5$ |
| 5/2 | 2 | 1 | $d_6$ |
| 2/2 | 1 | 0 | $d_7$ |
| 1/2 | 0 | 1 | $d_8$ |

所以　$(327)_{10} = d_8d_7d_6d_5d_4d_3d_4d_3d_2d_1d_0 = (1\ 0100\ 0111)_2$

② 十进制纯小数转换成二进制纯小数。

通常采用"乘 2 取整法"。由于 $D_{10}=N_2=d_{-1}\times2^{-1}+d_{-2}\times2^{-2}+\cdots+d_{-m}\times2^{-m}$，所以具体方法是将已知十进制纯小数乘以 2，取结果的整数部分(1 或者 0)作为二进制小数的小数点后的第一位系数，然后再将乘积的小数部分继续乘以 2，取结果的整数部分(1 或者 0)为小数后的第二位系数，如此，从高位向低位逐次进行，直到满足精度要求或者乘以 2 后的小数部分为 0 为止。

例如，将$(0.8125)_{10}$转换成二进制小数。

|  | 整数部分 | 系数部分 |
| $2\times0.8125=1.625$ | 1 | $d_{-1}=1$ |
| $2\times0.625=1.25$ | 1 | $d_{-2}=1$ |
| $2\times0.25=0.5$ | 0 | $d_{-3}=0$ |
| $2\times0.5=1.0$ | 1 | $d_{-4}=1$ |

所以$(0.8125)_{10} = d_0d_{-1}d_{-2}d_{-3}d_{-4} =(0.1101)_2$。在计算中可按所需的小数点位数，取其结果为近似值。

③ 十进制数转换成二进制数。

例如，将$(215.6531)_{10}$转换为二进制数。

因为有　　$(215)_{10} = (1101\ 0111)_2$

$(0.6531)_{10} \approx (0.1010\ 01)_2$

所以　　$(215.6531)_{10} \approx (1101\ 0111.1010\ 01)_2$

(2) 将二进制转换为十进制数。

① 整数部分的转换。

将二进制整数转换为十进制整数过程比较简单，通过下面的例子就可以看出，仅仅将各个二进制位的相应数码(1 或 0)按照其对应的位数乘以 2 的相应次幂即可。注意，相应次幂为对应位数减 1，最低次幂为 0 次幂。

例如，$(11\ 1110\ 0111)_2 = 1\times2^9+1\times2^8+1\times2^7+1\times2^6+1\times2^5+0\times2^4+0\times2^3+1\times2^2+1\times2^1+1\times2^0 = (999)_{10}$。

② 小数部分的转换。

通过下面的例子进行说明。

例如，$(0.10101)_2 = 1\times2^{-1}+0\times2^{-2}+1\times2^{-3}+0\times2^{-4}+1\times2^{-5} = (0.65625)_{10}$

## 2.1.2　数值信息

数据在计算机中是以多种形式存在的，如数字、文字、图像、音频和视频等，具体来说，可以分为数值型数据和非数值型数据。

其中数值型数据是表示数量、可以进行数值运算的数据类型。数值型数据由数字、小数点、正负号和表示乘幂的字母 E 组成。

### 1. 有符号数的表示

计算机中所能表示的数或其他信息都是数字化的，当然对数的符号也要数字化，即用数字 0 或 1 来表示数的正负，这样就可以将符号和数一起进行存储和运算。通常的做法是约定一个数的最高位为符号位。若该位为 0，则表示正数；若该位为 1，则表示负数。

例如，用 8 位二进制表示+20 和-20 分别为：0001 0100 和 1001 0100，其中第一位为符号位。这种在计算机中使用的、连同数符一起数字化了的数，称为机器数，而机器数所表示的真实数值称为真值。即：

| 真值 | 机器数 |
|------|--------|
| +001 0100 | 0001 0100 |
| -001 0100 | 1001 0100 |

也就是说，在机器数中用 0 或 1 取代了真值的正负号。

计算机中对有符号数的表示有原码、补码和反码三种形式。最常用的是前两种，其表示方法直观，且运算比较简单。

(1) 原码。

用原码表示机器数比较直观。如前所述，用最高位表示数符，数符为 0，则表示正数；数符为 1，则表示负数。数值部分用二进制绝对值表示，这种表示方法就是原码。

例如，下面给出了 8 位二进制真值及对应的原码：

| 十进制 | 二进制真值 | 原码 |
|--------|-----------|------|
| +127 | +111 1111 | 0111 1111 |
| -127 | -111 1111 | 1111 1111 |
| +0 | +000 0000 | 0000 0000 |
| -0 | -000 0000 | 1000 0000 |

采用原码，与真值之间的转换很方便，但做减法运算时很不方便，而且对于数 0 而言，则出现了两种表示方式，即+0 和-0。为此，引进补码的概念。

(2) 补码。

应用补码的表示方法便于加减法运算，因此被广泛采用。

补码规则为：正数的补码和原码形式相同，负数的补码是将它的原码除符号位以外逐位取反(即 0 变为 1，1 变为 0)，最后在末位加 1，例如：

| 十进制 | 二进制真值 | 原码 | 补码 |
|--------|-----------|------|------|
| +86 | +101 0110 | 0101 0110 | 0101 0110 |
| -86 | -101 0110 | 1101 0110 | 1010 1010 |
| +127 | +111 1111 | 0111 1111 | 0111 1111 |
| -127 | -111 1111 | 1111 1111 | 1000 0001 |

根据补码规则，可以很容易地将真值转换成补码；反过来，如何将补码转换为真值呢？

一个补码，若符号位为 0，则符号位后的二进制数码序列就是真值且为正；若符号位为 1，则应将符号位后的二进制数码序列按位取反，并在末位加 1，结果是真值，且为负，即$[[X]_{补}]_补=[X]_原$。例如：

[X]补=0001 0001，则[X]原=0001 0001，真值= +10001。

[X]补=1001 0000，则[X]原=1110 1111+1=1111 0000，真值= -111 0000。

## 补码的工作原理

我们知道钟表的模是 12。假设有一只钟表的时针指在 9 点，要将时针拨到 2 点有两种方法：逆时针拨 9-7=2；顺时针拨 9+5=12+2=2，即：9-7=9+(-7)=9+(12-7) =9+5=12+2。

因此，对于模 12 的钟表来说：

$$(-7)_补=(12-7)=5$$

由上述原理，对于 8 位二进制数来说，其模为 256，则有：90-20=90+(-20)=90+(256-20)=90+236=326=256+70。

因此，对 8 位二进制数来说，就有：

$$(-20)_补=(256-20)=236$$

(3) 反码。

反码用得较少，这里仅做简单介绍。

原码变反码的规则为：正数的反码和其原码形式相同，负数的反码是将符号位除外，其余各位逐位取反。

| 二进制真值 | 原码 | 反码 |
| --- | --- | --- |
| +101 0111 | 0101 0111 | 0101 0111 |
| -101 0111 | 1101 0111 | 1010 1000 |
| +000 0010 | 0000 0010 | 0000 0010 |
| -000 0010 | 1000 0010 | 1111 1101 |
| +111 1111 | 0111 1111 | 0111 1111 |
| -111 1111 | 1111 1111 | 1000 0000 |

如果计算机的字长为 8 位，其机器数的整数形式编码见表 2-1。

表 2-1　编码对照表

| 十进制数 | 真值 | [X]原 | [X]反 | [X]补 |
| --- | --- | --- | --- | --- |
| +127 | +1111111 | 01111111 | 01111111 | 01111111 |
| +126 | +1111110 | 01111110 | 01111110 | 01111110 |
| ⋮ | ⋮ | ⋮ | ⋮ | ⋮ |
| +1 | +0000001 | 00000001 | 00000001 | 00000001 |
| +0 | +0000000 | 00000000 | 00000000 | 00000000 |
| -0 | -0000000 | 10000000 | 11111111 | 00000000 |
| -1 | -0000001 | 10000001 | 11111110 | 11111111 |
| ⋮ | ⋮ | ⋮ | ⋮ | ⋮ |
| -126 | -1111110 | 11111110 | 10000001 | 10000010 |
| -127 | -1111111 | 11111111 | 10000000 | 10000001 |
| -128 | -10000000 | — | — | 10000000 |

### 2．小数的表示

当所需处理的数含有小数部分时，就出现了如何表示小数点的问题。在计算机中并不用某个二进制位来表示小数点，而是隐含规定小数点的位置。根据小数点的位置是否固定，可分为定点表示和浮点表示。

(1) 数的定点表示。

如果将计算机中数的小数点位置固定不变，就是定点表示。

① 定点整数。

将小数点固定在数的最低位之后。例如，常用两个字节存储单元(16 位)存储一个整数，用补码定点表示，见表 2-2。

表 2-2　两个字节补码整数

| 二进制 | 十进制真值 |
| --- | --- |
| 0111111111111111 | $2^{15}-1=32767$(最大正数) |
| 0111111111111110 | 32766 |
| $\vdots$ | $\vdots$ |
| 0000000000000001 | 1(最小非零正数) |
| 0000000000000000 | 0 |
| 1111111111111111 | -1(绝对值最小负数) |
| $\vdots$ | $\vdots$ |
| 1000000000000001 | -32767 |
| 1000000000000000 | $-2^{15}=-32768$(绝对值最大负数) |

对于 n 个二进制位存放的定点补码整数，则其表示范围为 $-2^{n-1} \sim 2^{n-1}-1$。

② 定点小数。

将小数点固定在符号位之后，最高数值位之前，这就是定点纯小数。

如果用 n 个二进制位存放一个定点补码纯小数，则其表示范围为 $-1 \sim (1-2^{-(n-1)})$。

(2) 数的浮点表示。

如果要处理的数既有整数部分，又有小数部分，采用定点格式会比较麻烦。为此，计算机中提供了浮点表示格式(即小数点位置不固定，是浮动的)。

浮点表示分为阶码和尾数两部分，其存储格式如图 2-1 所示。

图 2-1　浮点数存储格式

图 2-1 中，J 是阶符，即指数部分的符号位；$E_{m-1}, \cdots, E_0$ 为阶码，表示幂次，基数取 2；S 是尾数部分的符号位；$D_0, \cdots, D_{n-1}$ 为尾数部分。假设阶码为 E，尾数为 D，基数为 2，则这种格式所存储的数 X 为：

$$X = \pm D \times 2^{\pm E}$$

实际应用中，阶码用补码定点整数表示；尾数用补码(或原码)定点小数表示。为了保证不损失有效数字，常对尾数进行规格化处理，即保证尾数部分最高位是 1，大小通过阶码进行调整。

例如，某机器用 32 位表示一个浮点数，阶码部分 8 位，其中阶符占 1 位，阶码为补码形式；尾数部分占 24 位，其中数符占 1 位，为规格化补码形式，基数为 2，求存放 +256.5 这个数的浮点格式，解题步骤如下。

① $(+256.5)_{10}= (+1\ 0000\ 0000\ .1)_2=(+0.10\ 0000\ 0001)_2 \times 2^9$

② 其阶码为：$(+9)_{补}$=0000 1001

③ 尾数为：0.100 0000 0010 0000 0000 0000

④ 浮点格式如下：

$$\boxed{0000\ 1001\ 0100\ 0000\ 0010\ 0000\ 0000\ 0000}$$

根据以上浮点格式，还可以知道该格式所能表示的浮点数范围：

最大正数：$(1 - 2^{-23}) \times 2^{127} \approx 10^{38}$

最小负数：$-(1 - 2^{-23}) \times 2^{127} \approx -10^{38}$

最小正数：$2^{-1} \times 2^{-128} = 2^{-129} \approx 10^{-39}$

最大负数：$-2^{-1} \times 2^{-128} = -2^{-129} \approx -10^{-39}$

## 2.1.3 文本信息

在计算机中，对非数值的文字和其他符号进行处理时，要对文字和符号进行数字化，即用二进制编码来表示文字和符号。其中西文字符最常用到的编码方案有 ASCII 编码和 EBCDIC 编码。对于汉字，我国也制定了相应的编码方案。

### 1. 字符的表示

在计算机处理信息的过程中，要处理数值数据和字符数据，因此需要将数字、运算符、字母、标点符号等字符用二进制编码来表示、存储和处理。目前比较常用的编码有以下几种。

(1) ASCII 编码。

微机和小型计算机中普遍采用 ASCII 编码(美国信息交换标准代码)表示字符数据，该编码被 ISO(国际化标准组织)采纳，作为国际上通用的信息交换代码。

ASCII 码由 7 位二进制数组成，由于 $2^7$=128，所以能够表示 128 个字符数据。

(2) ANSI 编码。

ANSI(美国国家标准协会)编码是一种扩展的 ASCII 编码，使用 8 个比特来表示每个符号。8 个比特能表示出 256 个信息单元，因此它可以对 256 个字符进行编码。ANSI 编码中前 128 个字符的编码和 ASCII 编码定义的相同，只是在最左边加了一个 0。例如：在 ASCII 编码中，字符'a'用 110 0001 表示，而在 ANSI 编码中，则用 0110 0001 表示。除了 ASCII 编码表示的 128 个字符外，ANSI 编码还表示另外的 128 个符号，如版权符号、英镑符号、希腊字符等。

除了 ANSI 编码外，世界上还存在着另外一些对 ASCII 编码进行扩展的编码方案，

ASCII 编码通过扩展甚至可以编码中文、日文和韩文字符。

(3) EBCDIC 编码。

尽管 ASCII 编码是计算机的主要标准，但在许多 IBM 大型机系统上却没有采用。在 IBM System/360 计算机中，IBM 研制了自己的 8 位字符编码——EBCDIC 编码(扩展的二-十进制交换码)。该编码是对早期的 BCDIC6 位编码的扩展，其中一个字符的 EBCDIC 码占用一个字节，用 8 位二进制码表示信息，一共可以表示 256 种字符。

(4) Unicode 编码。

基于使用一种字符编码系统来表示世界上所有语言中字符的想法，1988 年，几家计算机公司开始研究一种替换 ASCII 编码的编码，称为 Unicode 编码。鉴于 ASCII 编码是 7 位编码，Unicode 采用 16 位编码，每一个字符需要 2 个字节。这意味着 Unicode 的字符编码范围从 0000h～0FFFFh，可以表示 65536 个不同字符。

Unicode 编码不是从零开始构造的，开始的 128 个字符编码 0000h～007Fh 就与 ASCII 编码字符一致，这样就能够兼顾已存在的编码方案，并有足够的扩展空间。从原理上来说，Unicode 可以表示现在正在使用的或者没有使用的任何语言中的字符。对于国际商业和通信来说，这种编码方式是非常有用的，因为在一个文件中可能需要包含有汉语、英语和日语等不同的文字。目前，Unicode 编码广泛应用于互联网中。Microsoft 和 Apple 的操作系统均支持 Unicode 编码。

### 2. 汉字的表示

计算机中的汉字同样用二进制编码表示，也是人为编码。根据应用目的的不同，汉字编码分为输入码、交换码、机内码和字型码。

(1) 输入码。

输入码，是用来将汉字输入到计算机中的一组键盘符号。常用的输入码有拼音码、五笔字型码、自然码、表形码、认知码、区位码和电报码等，一种好的编码应有编码规则简单、易学好记、操作方便、重码率低、输入速度快等优点。

(2) 交换码(国标码)。

计算机内部处理的信息都是用二进制代码表示的，汉字也不例外。但二进制代码使用起来不方便，需要采用信息交换码。中国国家标准总局 1980 年发布了中华人民共和国国家标准 GB2312—80《信息交换用汉字编码字符集——基本集》，即国标码，并于 1981 年开始实施。

区位码是国标码的另一种表现形式，把国标 GB2312—80 中的汉字、图形符号组成一个 94×94 的方阵，方阵的每行称为一个"区"，每列对应一个"位"，其中"区"和"位"的编码序号由 01 至 94。如"国"字在方阵的 25 行 90 列，则其区位码即为 25 90，区码和位码分别存储在两个字节中。在区位码的区码和位码上分别加十进制数 32，即为这个字的国标码。因此，"国"字的国标码是 57 122，两个字节分别转换为十六进制数，则为 397AH。

94×94 的区位码共有 8836 种编码，其中由 7445 个汉字和图形字符各占一个位置后，还剩下 1391 个空位，保留备用。

(3) 机内码。

根据国标码的规定，每一个汉字都有确定的二进制代码，在微机内部，汉字代码都用机内码，在磁盘上记录汉字代码也使用机内码。

为了与最高位是"0"的 ASCII 码进行区分，机内码是将相应国标码的每个字节最高位设置为"1"，即：

机内码=国标码+8080H

例如，上述"国"字的国标码是 397AH，其机内码则是 0B9FAH。

(4) 字型码。

字型码是汉字的输出码，输出汉字时都采用图形方式，无论汉字的笔画多少，每个汉字都可以写在同样大小的点阵中，点阵中的每一个点在存储时都需要占用一个二进制位，每一位所存储的"0"和"1"的不同组合即构成了不同的字。

根据输出汉字的要求不同，点阵的多少也不同。简易型汉字为 16×16 点阵，提高型汉字为 24×24 点阵、32×32 点阵、48×48 点阵等。点阵规模愈大，字型愈清晰美观，所占存储空间也愈大。例如，存储 16×16 点阵的一个字需要 32 个字节，存储 32×32 点阵的一个字则需要 150 个字节。

### 3. 其他信息的表示

(1) 图像信息的表示。

在计算机中，图像信息有两种表示方式：位图图像和矢量图像。

位图图像是将图像的每一个像素点转换为一个数据，对于单色图像(只有黑白两色，0 表示白色，1 表示黑色)，每个像素点占用一个二进制位，8 个像素点占用一个字节；16 色图像，每个像素点需要 4 位二进制数来存储该像素点的颜色值，因此每两个像素点用一个字节；256 色图像，每一个像素点都需要用一个字节存储其颜色值。

矢量图像存储的是图像信息的轮廓部分，而不是图像的每一个像素点。例如，一个圆形图案只要存储圆心的坐标位置和半径长度、圆的边线和半径长度，以及圆的边线和内部的颜色即可，图像所需的存储空间较小。该存储方式的缺点是需要耗费一定的时间做一些复杂的分析演算工作，图像的显示速度较慢，但缩放时不会失真，所以，矢量图比较适合存储各种图表和工程设计图。

(2) 视频信息的表示。

视频信息可以看成是由连续变换的多幅图像构成，播放视频信息，每秒需传输和处理 25 幅以上的图像，并同时处理其对应的音频文件。相对于文字信息、图像信息而言，视频信息所占据的空间相当大，所以需要进行压缩处理。常用的视频文件格式包括 MPEG、AVI、RM、WMV、FLV 和 MOV 等。

(3) 声音信息的表示。

自然界的声音是一种连续变化的模拟信息，可以采用 A/D 转换器将声音信息转换成数字信息，并以压缩的文件形式存储，不同的压缩方法会产生不同的声音文件格式，包括 WAV、MIDI、MP3、WMA、CD、RA、AU、MD 和 VOC 等。

# 2.2 算 术 运 算

二进制数的运算规则与十进制数类似，但因二进制数只有 0 和 1 这两个数，故运算规则比十进制数要简单得多。

算术运算.mp4

## 2.2.1 进借位

### 1. 无符号数的运算

(1) 加法运算。

二进制数加法的特点是"逢二进一"，与十进制数的"逢十进一"类似。加法规则为：0+0=0；0+1=1+0=1；1+1=10(逢二进一)。例如，有两个数 1010 和 1111 相加，其加法过程为：

```
(进位值)          1 1
(被加数)        1 0 1 0
(加数)       +  1 1 1 1
               1 1 0 0 1
```

(2) 减法运算。

二进制数减法的特点是"借一当二"。减法规则为：0-0=0；1-0=1；1-1=0；10-1=1。

(3) 乘法运算。

二进制数的乘法规则是：0×0=0；1×0=0×1=0；1×1=1。从乘法规则可知，只有当两个 1 相乘时，其乘积才为 1，其他情况下乘积均为 0，比起十进制乘法运算规则要简单得多。

例如，求二进制数 11.101 与 101 的乘积。

```
        11.101     (被乘数)
    ×      101     (乘数)
        11 101
       000 00
    + 1110 1
     10010.001     (乘积)
```

所以，11.101×101=10010.001。

由以上竖式可见，在二进制中，乘法可归结为相加和移位。在计算机中，二进制乘法是利用加法器的加操作和移位操作来实现的。

(4) 除法运算。

二进制数的除法规则与十进制数的类似。例如，求二进制数 1101.001 与 101 的商。

$$\begin{array}{r}
10.101 \quad\quad\text{（商）}\\
101{\overline{\smash{\big)}\,1101.001\,}}\qu\text{（被除数）}\\
-101\phantom{0000}\\
\hline
011\phantom{000}\\
-000\phantom{000}\\
\hline
11\ 0\phantom{00}\\
-10\ 1\phantom{00}\\
\hline
0\ 10\phantom{0}\\
-0\ 00\phantom{0}\\
\hline
101\\
-101\\
\hline
0\quad\text{（余数）}
\end{array}$$

所以，$1101.001 \div 101 = 10.101$。由上式可见，在二进制中，除法可归结为减法和移位。

#### 2. 有符号数的运算

计算机中的有符号数是以二进制补码形式存储的，那么有符号数的运算就归结为补码的运算。

在计算机中，有符号数用补码表示时，可以将减法变为加法运算，从而简化计算机内部硬件电路的结构。补码的加、减运算可按下列公式进行：

$$[X+Y]_{补}=[X]_{补}+[Y]_{补}$$
$$[X-Y]_{补}=[X]_{补}+[-Y]_{补}$$

在数值的加减运算中，运算结果中超出模值的位，将被自然丢失，不被考虑在当前的运算结果中。

例如：$X=-44$，$Y=-53$，求 $X-Y=?$

$X-Y=[-44]_{补}-[-53]_{补}=[-44]_{补}+[53]_{补}=(11010100)_2+(00110101)_2$，计算过程如下所示：

$$\begin{array}{r}
11010100\\
+\quad 00110101\\
\hline
100001001
\end{array}$$

—— 超出 8 位模值的位，将被自然丢弃

根据上述计算过程，可得：

$$X-Y=(11010100)_2+(00110101)_2=(0000\ 1001)_2=9$$

### 2.2.2　溢出

在计算机中，数据按字节进行存储，而按字节存储的数值都有一定的表示范围。例如，有符号数表示范围：

单字节 8 位二进制数，补码表示范围为：$-128 \sim +127$；

双字节 16 位二进制数，补码表示范围为：$-32768 \sim +32767$。

当两个有符号数进行运算时，若运算结果超出相应字节的表示范围，则数值部分就会

发生溢出，占据符号位的位置，导致错误的运算结果。这种现象通常称为补码溢出，简称溢出。这和正常运算时符号位的进位自动丢失在性质上是不同的。

例如，进行单字节 8 位计算，设 X=120，Y=10，求 X+Y=?

$$X+Y=(0111\ 1000)_2+(0000\ 1010)_2$$

计算过程如下所示：

$$
\begin{array}{r}
01111000 \\
+\quad 00001010 \\
\hline
\end{array}
$$

运算结果符号相反，溢出 ⟶ 10000010

在上例中两个正数相加，而运算结果为负数，显然运算结果是错误的。这是由于这两个有符号数的和超出了 8 位二进制数能表示的有符号数范围-128～+127。

为了保证运算结果的正确性，计算机必须能够正确分辨计算过程中是正常进位还是发生了溢出错误。计算机判别溢出的方式有很多，如两个同号数相加，运算结果的符号如果与加数、被加数的符号不同，则产生溢出；两个异号数相减，运算结果的符号如果与被减数的符号不同，则产生溢出。微机中还常用双高位判别法，使用"异或"电路来实现溢出判别。双高位判别溢出的表达式为：

$$C_s \oplus C_p = 1$$

其中，$C_s$ 表示最高位(符号位)产生进位的情况，当 $C_s$=1 时，代表有进位，$C_s$=0 时，代表无进位。$C_p$ 表示低位(数值位最高位)产生进位的情况，当 $C_p$=1 时，代表有进位，$C_p$=0 时，代表无进位。根据公式，$C_s$ 和 $C_p$ 相同时，异或表达式的值为 0，表示没有溢出；而 $C_s$ 和 $C_p$ 不同时，异或表达式的值为 1，表示产生溢出。

上例中，低位向最高位产生了进位($C_p$=1)，而最高位没有向前产生进位($C_s$=0)，所以该运算结果产生了溢出。

运算结果产生了溢出，表示运算结果有误，则计算机需要进行溢出处理以重新获得正确的结果。溢出产生的原因就是运算结果超出了能够表示的范围。处理方法即扩展数据运算位数。例如，将运算数据由 8 位扩充为 16 位，则可以得到正确的结果。如下所示：

$X+Y=120+10=(0000\ 0000\ 0111\ 1000)_2+(0000\ 0000\ 0000\ 1010)_2$
$=(0000\ 0000\ 1000\ 0010)_2=130$

$$
\begin{array}{r}
00000000\ 01111000 \\
+\quad 00000000\ 00001010 \\
\hline
00000000\ 10000010
\end{array}
$$

⟵ 最高位为 0，结果为正数

一个正数的数据位的扩展，扩展位补 0；而一个负数的数据位的扩展，扩展位补 1，即按符号位进行扩展。例如，8 位二进制正数$(0101\ 1110)_2$ 扩展成 16 位二进制正数为$(0000\ 0000\ 0101\ 1110)_2$；8 位二进制负数$(1101\ 1110)_2$ 扩展成 16 位二进制负数为$(1111\ 1111\ 1101\ 1110)_2$。

# 2.3　逻　辑　运　算

逻辑代数是由逻辑变量集，常量"0""1"及"与""或""非"等运算符号所构成的代数系统。其中逻辑变量集是指逻辑代数中所有可能的变量集合，可用任何字母表示，但每个变量的取值只能为 1 或 0。逻辑变量有两个值："真"与"假"，在计算机内部分别表示为"1"和"0"。

逻辑运算.mp4

对逻辑变量执行的运算称为逻辑运算，逻辑运算是计算机的基本功能之一。逻辑量用来表示一个条件的判断结果，如"X>0""M 是偶数""A=B"都表示一个条件。每个条件的判断结果只可能取两个值：真(条件满足)或假(条件不满足)。由于计算机只对数字 1 和 0 进行运算，所以很容易用它们来表示逻辑量。注意，这里的 1 和 0 不表示数字的大小，而是表示条件的两种可能性"真"和"假"。基本的逻辑运算有"与"运算、"或"运算、"非"运算三种，除此以外，"异或"也是一种常用的逻辑运算关系，应用于基本逻辑电路中。下面分别介绍这几种逻辑运算。

### 1. 逻辑"与"运算

逻辑"与"运算又称为逻辑乘运算，运算符号有×、·、∧和 AND 等几种。"与"运算产生两个逻辑变量的逻辑积。只有两个输入逻辑变量都为"1"时，输出的逻辑积才为"1"；否则为"0"。两个逻辑变量逻辑积的真值表见表 2-3。计算机中的逻辑运算是按位进行的，表 2-3 中只代表了每一位的计算公式。

表 2-3　$Y=A \land B$ 的真值表

| A | B | $Y=A \land B$ |
|:---:|:---:|:---:|
| 0 | 0 | 0 |
| 0 | 1 | 0 |
| 1 | 0 | 0 |
| 1 | 1 | 1 |

例如，设 $A=(1010\ 1001)_2$，$B=(1100\ 0011)_2$，求 $Y=A \times B$。

$$
\begin{array}{r}
1010\ 1001 \\
\times\ 1100\ 0011 \\
\hline
1000\ 0001
\end{array}
$$

所以，$Y=(1000\ 0001)_2$

进行逻辑"与"运算时，只有当两位都是 1(真)时，其结果才为 1，其余情况下结果均为 0(假)。请注意，逻辑"与"运算虽与算术乘法形式相似，但含义并不相同。

### 2. 逻辑"或"运算

逻辑"或"运算又称为逻辑加运算，"或"运算产生两个逻辑变量的逻辑和，运算符号有+、∨和 OR 等几种。只有两个参加"或"运算的逻辑变量都为"0"时，其逻辑和才为"0"；否则为"1"。两个逻辑变量逻辑"或"的真值表见表 2-4。顾名思义，"或"就是或者的意思。当两个逻辑量中有一个为1(真)，"或"运算的结果就为1(真)。由表 2-4可知，进行逻辑"或"运算时，1∨1=1，这与二进制数的加法运算 $1+1=10_2$ 是不相同的。

表 2-4　$Y=A\vee B$ 的真值表

| A | B | $Y=A\vee B$ |
|---|---|---|
| 0 | 0 | 0 |
| 0 | 1 | 1 |
| 1 | 0 | 1 |
| 1 | 1 | 1 |

例如，设 $A=(1001\ 0100)_2$，$B=(0011\ 1001)_2$，求 $Y=A+B$。

$$
\begin{array}{r}
1001\ 0100 \\
+\quad 0011\ 1001 \\
\hline
1011\ 1101
\end{array}
$$

所以，$Y=(1011\ 1101)_2$

从上述运算结果可以看出，B 中为 1 的位能将 A 中相应为 0 的位修正为 1。如 A 从右起的第 1、4、6 位原来都是 0，由于 B 数的相应位为 1，"或"运算后则使 A 的第 1、4、6 位变 1。按位"或"运算的典型用法是将一个二进制串的某一位或几位设置成 1。

### 3. 逻辑"非"运算

"非"运算是对单一的逻辑变量进行求反运算，为逻辑否定，如果一事物的状态为A，则经过非运算之后，其状态必与 A 相反。运算符号是在逻辑变量上边画一条横线，用表达式表示为：$Y=\overline{A}$。当逻辑变量为 1(或 0)时，"非"运算的结果是 0(或 1)。逻辑变量真值表见表 2-5。

表 2-5　$Y=\overline{A}$ 的真值表

| A | $Y=\overline{A}$ |
|---|---|
| 0 | 1 |
| 1 | 0 |

计算机中的"非"运算，是对二进制数的每一位进行求反运算。即当 A 为多位数时，如 $A=A_1A_2A_3\cdots A_n$，则其"非"运算为 $Y=\overline{A_1}\ \overline{A_2}\ \overline{A_3}\cdots\overline{A_n}$。

例如，对 $A=(0010\ 1001)_2$ 进行取非运算的结果是 $Y=\overline{A}=(1101\ 0110)_2$。

### 4. 逻辑"异或"运算

"异或"运算是测试两个逻辑变量之间"不相等"的逻辑运算。如果两个逻辑变量都相同，"异或"运算结果为"0"；如果两个逻辑变量不相同，"异或"运算结果为"1"。"异或"运算通常用符号"⊕"表示。两个逻辑变量"异或"的真值表见表 2-6。

表 2-6　Y=A⊕B 的真值表

| A | B | Y=A⊕B |
|---|---|---|
| 0 | 0 | 0 |
| 0 | 1 | 1 |
| 1 | 0 | 1 |
| 1 | 1 | 0 |

例如，设 A=(1001 1010)$_2$，B=(1100 1010)$_2$，求 Y=A⊕B。

$$1001\ 1010$$
$$\underline{\oplus 1100\ 1010}$$
$$0101\ 0000$$

所以，Y=(0101 0000)$_2$

### 5. 逻辑代数基本运算规律和公式

(1) 基本运算。

加：$A+0=A$，$A+1=1$，$A+A=A$，$A+\overline{A}=1$

乘：$A \cdot 0=0$，$A \cdot 1=A$，$A \cdot A=A$，$A \cdot \overline{A}=0$

非：$A+\overline{A}=1$，$A \cdot \overline{A}=0$，$A=\overline{\overline{A}}$

(2) 基本公式。

吸收律：$A+A \cdot B=A$，$A \cdot (A+B)=A$，$A+\overline{A} \cdot B=A+B$

分配律：$A \cdot (B+C)=A \cdot B+A \cdot C$，$(A+B) \cdot (A+C)=A \cdot (A+B+C)$

交换律：$A+B=B+A$，$A \cdot B=B \cdot A$

结合律：$(A+B)+C=A+(B+C)$，$(A \cdot B) \cdot C=A \cdot (B \cdot C)$

反演律：$\overline{A \cdot B \cdot C}=\overline{A}+\overline{B}+\overline{C}$，$\overline{A+B+C}=\overline{A} \cdots \overline{B} \cdot \overline{C}$

# 2.4　运算的电路实现

## 2.4.1　门电路

计算机所执行的逻辑运算依靠逻辑电路完成。逻辑电路由基本门电路组成，包括：与门、或门、非门和异或门。

逻辑电路具有输入和输出功能，其输入和输出均只有两种状态，即高电平和低电平，用逻辑代数中的常量"1"和"0"表示。输入逻辑变量之间的关系用逻辑代数中逻辑运算来表达，常见的关系为"与""或""非"和"异或"等。

运算的电路实现.mp4

### 1. "与门"电路

能实现"与"逻辑功能的基本数字电路单元叫作"与门"电路。它是一个具有两个或两个以上输入端和一个输出端，且能够实现逻辑乘运算功能的电路。"与门"电路两个输入逻辑变量的真值表如表 2-3 所示。用图 2-2(a)的开关电路来说明它们之间的关系，E 是电源，A 和 B 表示两个串联的开关。合上开关用"1"表示，断开开关用"0"表示。Y 表示灯泡状态，灯灭用"0"表示，灯亮用"1"表示。对于这个电路，灯泡亮的条件是开关 A 和 B 都接通。图 2-2(b)是与门的表示符号，一个二输入端的与门，其逻辑函数式是：

$$Y = A \wedge B \text{ 或 } Y = A \cdot B$$

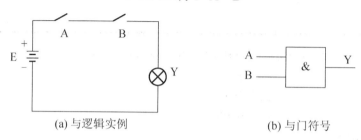

(a) 与逻辑实例　　　　　　　　　　(b) 与门符号

图 2-2　与门逻辑关系与符号

### 2. "或门"电路

能实现"或"逻辑功能的基本数字电路单元叫作"或门"电路。它是一个具有两个或两个以上输入端和一个输出端，且能够实现逻辑加运算功能的电路。"或门"电路两个输入逻辑变量的真值表如表 2-4 所示。用图 2-3(a)的开关电路来说明它们之间的关系，图中灯泡是否亮与开关 A、B 的状态呈"或"的关系。即只要一个开关闭合(为"1")时，灯泡就亮(为"1")。

图 2-3(b)是或门的表示符号，一个二输入端的或门，其逻辑函数式是：

$$Y = A \vee B \text{ 或 } Y = A + B$$

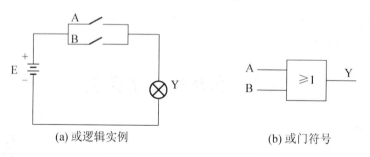

(a) 或逻辑实例　　　　　　　　　　(b) 或门符号

图 2-3　或门逻辑关系与符号

### 3. "非门"电路

能实现"非"逻辑功能的基本数字电路单元叫作"非门"电路。它是具有一个输入端和一个输出端，且能够实现逻辑非运算功能的电路。"非门"电路输入逻辑变量的真值表如表 2-5 所示。用图 2-4(a)的开关电路来说明它们之间的关系，图中灯泡的亮、灭与开关 A 的状态呈"非"的关系。即 A 闭合(为"1")时，灯泡 Y 灭(为"0")；A 断开(为"0")时，灯泡 Y 亮(为"1")。

图 2-4(b)是非门的表示符号，一个单端输入的非门，其逻辑函数式是：

$$Y = \overline{A}$$

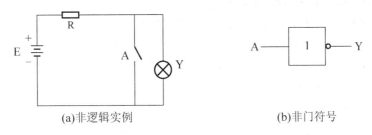

(a)非逻辑实例        (b)非门符号

图2-4 非门逻辑关系与符号

#### 4. "异或门"电路

能实现"异或"逻辑功能的基本数字电路单元叫作"异或门"电路。它是一个具有两个或两个以上输入端和一个输出端，且能够实现逻辑异或运算功能的电路。"异或门"电路两个输入逻辑变量的真值表如表2-6所示。

图 2-5 是异或门的表示符号，一个二输入端的异或门，其逻辑函数式是：

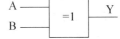

$$Y=A \oplus B$$

图2-5 异或门符号

### 2.4.2 典型逻辑器件

#### 1. 存储逻辑电路

计算机的一个重要能力是存储信息，也可称为计算机的记忆能力，这些都依赖组成计算机的存储逻辑电路来实现。计算机的记忆能力主要有两种体现方式：一种是将信息记录在磁性介质上，如磁盘、磁带等。它们不需要加电，只要不被磁化就能长期保存信息；另一种是应用电子器件存储信息，只要电压正常信息就能被保存。

触发器是计算机记忆装置的基本单元，是计算机电路中存储一位二进制信息的基本单元器件，它具有把以前的输入"记忆"下来的功能。它有两种稳定状态，可分别用来代表数字信号"1"和"0"。触发器在新的触发信号到来之前会一直保持原信息不变。由于这种电路的输出不仅取决于当前的输入，而且也取决于以前的存储状态，所以也称为"时序逻辑电路"。常见的触发器为 D 触发器和 J-K 触发器。

(1) D 触发器。

D 触发器又称数据触发器，它在电路中的符号如图2-6所示，其功能见表2-7。

表2-7 D 触发器功能表

| 输 入 | | | | 输 出 |
| --- | --- | --- | --- | --- |
| S | CLR | CLK | D | Q |
| 0 | 0 | ⌐ | 1 | 1 |
| 0 | 0 | ⌐ | 0 | 0 |
| 1 | 0 | × | × | 1 |
| 0 | 1 | × | × | 0 |

图 2-6 中输入信号为 D、CLK、CLR 和 S。其中 D 为输入数据信号，CLK 为输入时钟信号，CLR 为复位信号，S 为置位信号。CLR 复位时信号为 0，S 置位时信号为 1，因此 CLR 又称置 0 端，S 又称置 1 端。

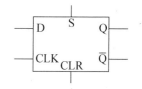

图 2-6  D 触发器的逻辑符号

输出信号为 Q 和 $\bar{Q}$。Q 端为高电平、$\bar{Q}$ 端为低电平时，表示存储数据"1"；当 Q 端为低电平、$\bar{Q}$ 端为高电平时，表示存储数据"0"。

工作过程如下：D 触发器为正跳变有效触发的触发器。当 CLK 由低电平变为高电平，即正跳变时，Q=D，$\bar{Q}=\bar{D}$；当 CLK 非正跳变时，无论输入端 D 为何值，Q 保持原状态；当 CLR=1 时，无论 CLK 和 D 处于什么状态，Q=0，$\bar{Q}$=1；当 S=1 时，无论 CLK 和 D 处于什么状态，Q=1，$\bar{Q}$=0。但不允许 CLR 和 S 同时为"1"。

(2) J-K 触发器。

J-K 触发器在电路中的符号如图 2-7 所示。

J 和 K 端是控制输入端，CLK、CLR、S 端的作用与 D 触发器中 CLK、CLR、S 端的作用相同。J-K 触发器输入输出之间的功能关系见表 2-8。当 CLK 时钟脉冲由高变低发生负跳变，J=K=1 时，输出端 Q 的结果将翻转，即 0 变 1、1 变 0，因此 J-K 触发器可以用于计数。

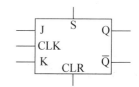

图 2-7  J-K 触发器的逻辑符号

表 2-8  J-K 触发器功能表

| 输　　入 | | | | | 输　　出 |
| --- | --- | --- | --- | --- | --- |
| S | CLR | CLK | J | K | Q |
| 0 | 0 | ⌐↓ | 0 | 0 | 不变 |
| 0 | 0 | ⌐↓ | 1 | 0 | 1 |
| 0 | 0 | ⌐↓ | 0 | 1 | 0 |
| 0 | 0 | ⌐↓ | 1 | 1 | 翻转 |
| 0 | 1 | × | × | × | × |
| 1 | 0 | × | × | × | 1 |

### 2. 寄存器

寄存器由触发器组成，一个触发器就是一个一位寄存器，多个触发器就可以组成一个多位寄存器。

(1) 锁存器。

锁存器又叫锁存寄存器，它是计算机中的常用部件之一，被用来暂时存放机器中的二进制信息。锁存器可以由多个触发器组成，其中一个触发器存一位二进制代码，若要存 N 位代码，则必须由 N 位触发器组成。锁存器在适当的时间将数据输入或输出到其他记忆元件中。如图 2-8 所示是一个并行输入与并行输出的四位锁存寄存器的电路原理图，它由 4 个 D 触发器组成。

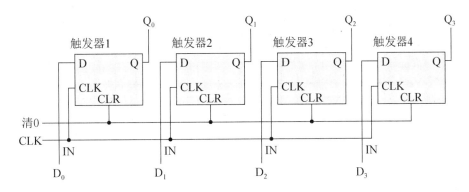

图 2-8　四位锁存寄存器电路原理图

开始时，先在清 0 端加清 0 脉冲，把各触发器置 0，即 Q 端为 0。然后将数据加到触发器的 D 输入端，在 CLK 时钟信号作用下，输入端的信息就保存在各触发器中($D_0 \sim D_3$)。

(2) 计数器。

计数器又叫计数寄存器。它也是由若干个触发器组成的寄存器，可被用来对取出的指令进行计数，以保证计算机能准确地取出后续指令。它的特点是能够将输入的时钟脉冲转换为计数功能。

计数器的电路原理图如图 2-9 所示。图中各位的 J、K 输入端都是悬浮的，这相当于 J、K 输入端都是置 1 的状态，即各位都处于准备翻转的状态。只要时钟脉冲边沿一到，最右边的触发器就会翻转，即由 0 转为 1 或由 1 转为 0。

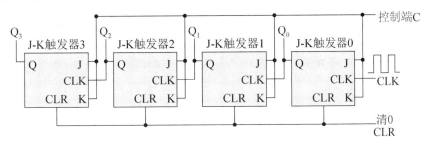

图 2-9　四位计数器电路原理图

图 2-9 所示的计数器是由四个 J-K 触发器相连而成的，每个 J-K 触发器表达一位二进制信号，该计数器共包含四位计数，前一级的输出作为下一级的时钟脉冲，其波形图如图 2-10 所示。具体的操作过程如下：当 CLR=1 时，所有触发器均被复位，即 $Q_0 \sim Q_3$ 均为 0，初始计数值 0000。然后控制 CLR=0，当控制端 C=0 时，所有 J、K 端均为 0，此时计数端施加脉冲也不能改变 Q 的状态，即 Q 保持原状。当控制端 C=1 时，所有 J、K 端均为 1，这时每经过一个时钟脉冲信号都会使计数器加 1。由图 2-9 和图 2-10 可得出，四位二进制计数器可计 16 个数，即 0～15(0000～1111)，如果要计更多的数，就需要加位数，例如八位计数器就可计 256 个数，即 0～255(0000 0000～1111 1111)，十六位计数器可计 0～65535 范围的数据。

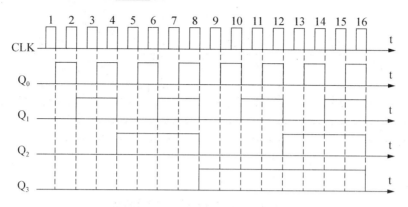

图 2-10 计数器时序工作图

(3) 三态门。

三态门又称为三态门寄存器。所谓三态是指计算机系统输出电路具有 0 态(工作时传输"0")、1 态(工作时传输"1")和高阻态(悬浮状态，不工作)。计算机系统中使用的三态门电路如图 2-11 所示，其中图 2-11(a)为单向三态门电路，图 2-11(b)为双向三态门电路。双向三态门由两个单向三态门构成，又称作双向电子开关。工作时，用两个单向三态门互斥的控制信号来选通传输方向。

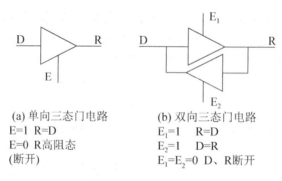

(a) 单向三态门电路
E=1 R=D
E=0 R高阻态
(断开)

(b) 双向三态门电路
$E_1=1$  R=D
$E_2=1$  D=R
$E_1=E_2=0$ D、R断开

图 2-11 三态门电路图

工作原理为：D 为输入端，R 为输出端，E 为控制端。当控制端 E 为 1 时，门的输出状态完全取决于输入状态，即输入为 1，输出也为 1；输入为 0，输出也为 0。当控制端 E 为 0 时，从输出端看进去，电路呈现高阻状态，输入与输出隔离。三态门寄存器常用作计算机系统中各部件的输出极，这时多个三态门输出端共同连接在计算机内部同一总线上。当某一部件的数据需要传输到总线时，对其三态门的 E 端施加以有效电平 1；反之，应使其处于高阻状态，不与总线发生联系。

三态门"开"或"关"的控制信号一般由微处理器发出。当寄存器的输出端接至三态门，再将三态门的输出端与计算机系统总线连接起来，就构成三态输出的缓冲寄存器。

三态门一般具有较高的输入阻抗和较低的输出阻抗，可以改善传输特性，因此对传输数据可起到缓冲作用，同时放大传输数据的功率，具有一定的驱动能力，所以三态门电路又被称为数据缓冲或驱动电路。

(4) 译码器。

所谓译码是指将某个特定的"编码输入"翻译为唯一的"有效输出"的过程。举一个日常生活的例子来对"译码"进行说明。设一个屋内有 8 盏电灯，编号为 0～7，对应的二进制编码为 000～111。当给出编码 100 时，应使 4 号灯亮(有效)，其余电灯都不亮(无效)；当给出编码 110 时，应使 6 号灯亮(有效)，其余电灯都不亮(无效)。按照 000～111 编码得到唯一对应的 0～7 号电灯灯亮，其中一盏灯亮，则其余电灯不亮。这时，我们所做的工作就是"译码"，更具体地说，这种译码器是"3-8 译码器"(也称 8 选 1 译码器)，即对每三位编码输入，最后仅得到 8 个输出端中的一个有效的输出状态(其余无效)；或者说在 8 种可能的情况中选取其中的一种。

计算机广泛采用地址译码器来对存储器或输入/输出设备进行选择和操作。例如，CPU在给出存储单元的地址后，存储器要根据该地址选择对应的存储单元，这个过程叫作地址译码。设存储单元的地址码为 n 位二进制数，存储单元的总数为 N 个，则有 $N=2^n$。地址译码就是根据 n 位地址码，在 N 个存储单元中选中对应的一个存储单元进行读/写。这个选择工作是由地址译码电路(译码器)完成的。

译码器的功能是对输入的一个二进制数编码经"翻译"后产生一个对应的输出有效信号。n 位二进制数有 $2^n$ 个不同的编码组合，所以，译码电路有 n 个输入端，$2^n$ 个输出端。译码器工作时，在某一时刻 $2^n$ 个输出中只有一个输出信号为有效，其余均为无效。若以输出低电平"0"为有效，则高电平"1"表示无效。

常用 3-8 译码器芯片 74LS138 有 3 个编码输入端 C、B、A(其中 A 为编码低位)，和 8 个译码输出端：$\overline{Y}_7$～$\overline{Y}_0$(字母上面画横线表示低电平有效，否则高电平有效)，还有 3 个片选输入端 $\overline{G}_{2A}$、$\overline{G}_{2B}$ 和 G，如图 2-12 所示。译码器芯片 74LS138 的功能表，也称为真值表，见表 2-9。

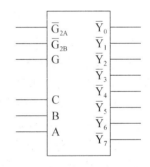

图 2-12　译码器 74LS138 框图

表 2-9　译码器 74LS138 功能表

| 输　　入 | | | | | | 输　　出 |
|---|---|---|---|---|---|---|
| 译码片选控制 | | | 译码选择 | | | |
| G | $\overline{G}_{2A}$ | $\overline{G}_{2B}$ | C | B | A | |
| 1 | 0 | 0 | 0 | 0 | 0 | $\overline{Y}_0$=0，其余为 1 |
| 1 | 0 | 0 | 0 | 0 | 1 | $\overline{Y}_1$=0，其余为 1 |
| 1 | 0 | 0 | 0 | 1 | 0 | $\overline{Y}_2$=0，其余为 1 |
| 1 | 0 | 0 | 0 | 1 | 1 | $\overline{Y}_3$=0，其余为 1 |
| 1 | 0 | 0 | 1 | 0 | 0 | $\overline{Y}_4$=0，其余为 1 |
| 1 | 0 | 0 | 1 | 0 | 1 | $\overline{Y}_5$=0，其余为 1 |
| 1 | 0 | 0 | 1 | 1 | 0 | $\overline{Y}_6$=0，其余为 1 |
| 1 | 0 | 0 | 1 | 1 | 1 | $\overline{Y}_7$=0，其余为 1 |
| 不是上述情况 | | | × | × | × | 全部输出为 1 |

从表 2-9 中可以看出,只有当 3 个片选端同时有效时,芯片才能进行正常译码;否则,芯片不工作,所有的输出均无效。例如,当编码输入为 CBA=111 时,仅输出端 $\overline{Y_7}$ 有效,其余无效。

(5) 移位寄存器。

移位寄存器除了具有存储数据编码的功能以外,还具有移位功能。所谓移位功能,就是将移位寄存器中所存数据,在移位脉冲信号作用下,按要求逐次向左方向或向右方向进行移动。从信号的输入类型上分为串行输入和并行输入两种方式;从信号输出类型可分为串行输出和并行输出两种方式。右移位串行输入四位移位寄存器电路图如图 2-13 所示。

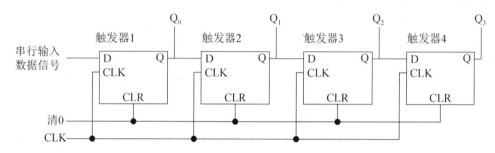

图 2-13  串行输入并行输出右移位寄存器电路图

图 2-13 是用 4 个 D 触发器组成的串行输入并行输出右移位寄存器,其中每个触发器的输出 Q 端依次接到下一个触发器的 D 输入端,只有第一个触发器的 D 端接收数据。每当时钟脉冲的前沿到达时,输入二进制数据 $D_{IN}$ 移入寄存器中,同时每个触发器的状态也移给了下一个触发器。假设输入二进制数据 $D_{IN}$ 为 1011,那么在 4 个移位脉冲作用下,这四位二进制数据已全部移入寄存器中,这时可以从 4 个触发器的 Q 端得到并行的四位二进制数据 $Q_3$、$Q_2$、$Q_1$、$Q_0$ 的输出。

串行输入并行输出右移位寄存器的时序波形如图 2-14 所示。

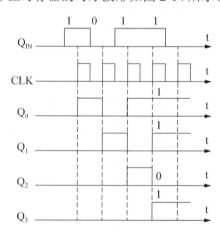

图 2-14  移位寄存器工作图时序

目前集成移位寄存器的功能较全,有并行输入或串行输入等类型。在传送方向上也可以进行左右双方向移位选择。如 74164 是 8 位串入并出移位寄存器,14165 是 8 位并入串出移位寄存器。

# 本 章 小 结

(1) 计算机以二进制形式表示信息，包括数值信息与文本信息等。计算机中的运算也为二进制运算。

(2) 计算机的运算功能包括算术运算和逻辑运算，算术运算包括加、减、乘、除四则运算，逻辑运算包括与、或、非、异或等。

# 复习思考题

## 一、单项选择题

1. 字符比较大小实际是比较它们的 ASCII 码值，下列正确的比较是_____。
   A. "A" 比 "B" 大
   B. "H" 比 "h" 小
   C. "F" 比 "D" 小
   D. "9" 比 "D" 大

2. 一个汉字的国标码需用_____。
   A. 1 个字节　　　　B. 2 个字节　　　　C. 4 个字节　　　　D. 8 个字节

3. 现代计算机中采用二进制数制，是因为二进制数具有_____的优点。
   A. 代码表示简短，易读
   B. 容易阅读，不易出错
   C. 物理上容易实现且简单可靠；运算规则简单；适合逻辑运算
   D. 只有 0、1 两个符号，容易书写

4. 下列字符中，其 ASCII 码值最小的一个是_____。
   A. 控制符　　　　B. 9　　　　C. A　　　　D. a

5. 已知计算机字长为 8 位。机器数真值 X=+1011011，则该数的原码、反码和补码是_____。
   A. 01011011, 00100100, 00100101
   B. 11011011, 10100100, 10100101
   C. 10100100, 11011011, 11011100
   D. 01011011, 01011011, 01011011

6. 执行二进制算术加运算 11001001+00100111，运算结果是_____。
   A. 11101111　　B. 11110000　　C. 00000001　　D. 10100010

7. 两个二进制数进行算术运算，10000-101=_____。
   A. 1101　　　　B. 101　　　　C. 01011　　　　D. 1011

8. 执行算术运算 01010100 +10010011，运算结果是_____。
   A. 11100111　　　B. 11000111　　　C. 00010000　　　D. 11101011

9. 若某计算机采用 8 位整数补码表示数据，则运算_____将产生溢出。
   A. -127+1　　　　B. -127-1　　　　C. 127+1　　　　D. 127-1

10. 两个补码数相减，符号位相同时不会产生溢出，而符号位不同时则_____产生溢出。

A. 一定会      B. 有可能      C. 不会      D. 不可能

11. 补码减法运算是指_____。

     A. 操作数用补码表示，符号位单独处理

     B. 操作数用补码表示，连同符号位一起相加

     C. 操作数用补码表示，将减数变为机器负数，然后相加

     D. 操作数用补码表示，将被减数变为机器负数，然后相加

12. 二进制数 10011010 和 00101011 进行逻辑乘运算(即"与"运算)的结果是_____。

     A. 00001010      B. 10111011      C. 11000101      D. 11111111

13. 计算机中的逻辑运算一般用_____表示逻辑假。

     A. T      B. 1      C. 0      D. F

14. 执行逻辑"或"运算 $01010100 \vee 10010011$，其运算结果是_____。

     A. 00010000      B. 11010111      C. 11100111      D. 11000111

15. 走廊里有一盏电灯，在走廊两端各有一个开关，我们希望不论哪一个开关接通都能使电灯点亮，那么设计的电路为_____。

     A. "与"门电路                 B. "非"门电路

     C. "或"门电路                 D. 上述答案都有可能

16. 逻辑电路的信号有两种状态：一是高电位状态，用"1"表示；另一种是低电位状态，用"0"表示。关于这里的"1"和"0"下列说法中正确的是_____。

     A. "1"表示电压为 1 V，"0"表示电压为 0 V

     B. "1"表示电压为大于或等于 1 V，"0"表示电压一定为 0 V

     C. "1"和"0"是逻辑关系的两种可能的取值，不表示具体的数字

     D. "1"表示该点与电源正极相连，"0"表示该点与电源负极相连

## 二、计算题

1. 进行下列数的数制转换。

(1) (103)D=( )B=( )H=( )O

(2) (3E1)H=( )B=( )D

(3) (10101011)B=( )H=( )O=( )D

2. 算术运算题。

(1) 求 $(10011.01)_2+(100011.11)_2$

(2) 求 $(10110.01)_2-(1100.10)_2$

(3) 求 $(10110.01)_2\times(1100.10)_2$

(4) 求 $(1101.1)_2\div(110)_2$

## 三、简答题

1. 信息与数据的区别是什么？

2. 简述二进制编码的优点。

3. 浮点数在计算机中是如何表示的？

4. 如果 n 位能够表示 $2^n$ 个不同的数，为什么最大的无符号数是 $2^n-1$ 而不是 $2^n$？

计算机系统的两大功能之一——运算.pptx

# 第3章 中央处理器

**学习要点**

1. 了解 CPU 内部组成以及控制器的实现方法。
2. 了解 80x86 微处理器的结构、引脚及功能。
3. 了解 CPU 时序、寻址方式以及 CPU 实例。
4. 掌握 CPU 的基本操作时序。

**核心概念**

寄存器　BIU　EU　时钟周期　总线周期　指令周期

**案例导学**

2018 年 4 月，美国商务部宣布禁止美国公司向中兴通讯销售零部件、商品、软件和技术，该事件被称为中兴制裁事件。中兴制裁事件之后，引起了全国的大讨论，中国现在还缺少"中国芯"。那么这个"芯"到底指的是什么？它的工作原理怎样？为什么中国现在还不能进行商业化制造？希望本章的学习让大家对计算机中最重要的一个芯片——CPU，有更新的认识。

## 3.1　CPU 的功能和组成

### 3.1.1　CPU 的功能

CPU(Central Processing Unit)的中文名称为中央处理器，是计算机的核心部件，负责数据的运算和处理，也是统一指挥计算机各部件协调工作的控制中心。在微型计算机中，中央处理器就是微处理器，如 Intel 公司的 8086、80286、80386、80486、奔腾系列处理器，以及发展到目前的酷睿 i 系列处理器，用于服务器中的至强系列处理器等。

CPU 的内部结构如图 3-1 所示，图中虚线包围的部分即为 CPU 内部简图，其中左上部分为控制器，右上部分为运算器，虚线下方为 CPU 与系统其他部分的连接示意图。

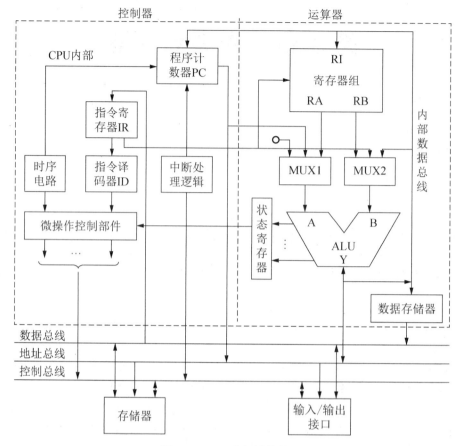

图 3-1　CPU 内部结构简图

## 3.1.2　CPU 的内部组成

CPU 一般由运算器、寄存器组、控制器、时钟控制电路组成。

### 1. 运算器

运算器是在控制器的控制下对二进制数据进行处理加工及信息传送的部件，对数据的处理加工主要包括对数值数据的算术运算，如执行加、减、乘、除运算等；对各种数据的逻辑运算，如与、或、非、异或等。图 3-1 所示右半部分中的 ALU(Arithmetic Logic Unit)就是算术逻辑部件，它有两个数据输入端 A 和 B，一个数据输出端 Y。每个数据输入端有几个数据来源经多路选择器 MUX 选择其一。CPU 的寄存器组(含累加器)是保存操作数和中间结果最主要的场所，既可连接到 A 端也可连接到 B 端，实现寄存器与寄存器的运算。其中累加器是用得最多的寄存器，ALU 执行的很多操作都需要累加器的参与，或者经累加器传送数据。图 3-1 中的数据存储器可以接收来自系统数据总线的数据，比如存储器中的数据，经过 B 输入端参与运算。ALU 的输出结果可经内部总线送至寄存器组或经数据存储器、系统数据总线送存储器单元或输入输出设备。MUX 还有连线接到程序计数器 PC 和指令寄存器 IR 的地址码部分，它们加上寄存器组中的变址寄存器、基址寄存器可完成变址寻址、相对寻址、基址寻址等地址计算，计算的结果经输出端 Y 送地址总线。

运算器主要由累加器、暂存器、算术逻辑单元、标志寄存器及其他逻辑电路组成，具有存放数据和运算结果的各种状态标志的功能。

(1) 累加器(Accumulator)：累加器本身没有运算功能，但它是协助算术逻辑单元完成各种运算的关键部件之一。它有两个功能：运算前寄存第一操作数，即算术逻辑单元的一个操作数的输入端。运算后，存放算术逻辑单元的运算结果。它既是操作数寄存器，也是结果寄存器。累加器电路实际是一个有并行输入/输出能力的移位寄存器，其位数等于微处理器数据字的字长。

(2) 暂存器(Temporary)：即图 3-1 中的数据存储器，是用来暂存从内部数据总线送来的来自寄存器或存储器单元的另一操作数，是算术逻辑单元的另一个操作数的输入端，它只是一个内部工作寄存器，使用者不能用程序控制。

(3) 算术逻辑单元(Arithmetic Logic Unit)：由并行加法器和其他逻辑电路，例如移位电路、控制门等组成，其功能是完成各种算术逻辑运算及其他一些操作。它以累加器的内容作为第一操作数，以暂存器内容作为第二操作数，有时还包括由标志寄存器送来的进位标志，其运算结果一般会送回累加器。与此同时，也把表示运算结果的一些特征送标志寄存器保存。

(4) 标志寄存器(Flag)：又称为状态码寄存器，用来保存算术逻辑单元运算结果的特征状态，比如运算结果有无进位、运算结果是否为零等内容。不同的微处理器所表示的特征不完全相同，但都可以作为控制程序转移的判断条件。

以两个数 13H 和 37H 为例说明运算器工作情况，如图 3-2 所示。设累加器 A 中的数为 13H，寄存器 B 中的数为 37H，当执行加法指令 ADD　A+B 时，累加器 A 中的数 13H 送入 ALU，37H 被输入暂存器 TMP 中，然后在 ALU 中进行加运算，相加的结果 4AH 经内部数据总线被送回累加器 A，同时运算结果将引起标志寄存器 F 中相应状态位的变化。

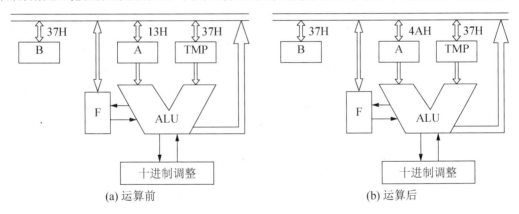

图 3-2　数的加法操作

## 2. 寄存器组

CPU 中的寄存器组是保存操作数和中间结果的重要场所，它是 CPU 内部的临时存储单元。寄存器组既可以存放数据和地址，也可以存放控制信息或 CPU 工作的状态标志信息。CPU 中寄存器组的数量对 CPU 运行速度将产生很大影响，寄存器组数目越多则访问主存的次数越少，又由于寄存器组存取速度非常快，因而可以大大提高运算速度。随着计算机的发展，寄存器组的数目有逐渐增多的趋势，具体数目因机型而异。除了通用寄存器组外，CPU 中的寄存器组包括以下几类：数据寄存器、状态标志寄存器、地址寄存器、控制寄存器，还有一些专用的特殊功能的寄存器，如变址寄存器、程序计数器、堆栈指示器等，虽然有的不属于寄存器，但为了规范，也一起放入寄存器组。有些机器用通用寄存器兼作某些专用寄存器，具体用途由当时的指令决定，有些机器可以将通用寄存器联结成寄存器对使用，以实现双精度计算。

还有一些根据 CPU 结构特点而设置的专用寄存器，保存着系统运行必需的数据，例如，用于程序调试的"调试寄存器"；用于存储管理的"描述符寄存器""测试寄存器"等。

### 3. 控制器

控制器是计算机系统发布操作命令的部件，是计算机的指挥中心，指挥与控制整台计算机各功能部件的协同动作、解释指令并执行计算机程序。控制器把运算器、存储器以及输入/输出设备组成一个有机的系统，根据指令提供的信息实现对系统各部件(包括 CPU 内部和 CPU 外部)的操作控制。例如，计算机程序和原始数据的输入，CPU 内部的信息处理，处理结果的输出，外部设备与主机之间的信息交换等，都是在控制器的控制之下实现的。

控制器由指令寄存器 IR(Instruction Register)、指令译码器 ID(Instruction Decoder)和定时控制电路(Time and Control)组成。指令寄存器指明参加运算的操作数地址、存放将要执行的命令。CPU 根据程序计数器 PC 指定的地址，首先把指令的操作码从存储器取出来由数据总线 DB(Data Bus)输入到指令寄存器 IR 中寄存，然后由指令译码器 ID 进行译码，产生相应操作的控制电平，传送给控制器。每一种控制电平对应一种特定的操作(又称微操作)，最后通过定时和控制电平，在外部时钟的作用下，将指令译码器 ID 形成的各种控制电平，根据时间的先后顺序，按节拍发出执行每一条指令所需要的控制信号。

在计算机中一条指令的执行是由计算机的几个最基本的动作来实现的。每执行一条指令就要产生一系列最基本的动作，一般由控制逻辑电路实现。它根据来自指令译码器的标志信号、计算机各部件的条件及状态信号、时序控制信号来形成执行各种指令所需的动作序列，然后再传送到运算器、存储器、输入/输出设备以及控制逻辑电路。

目前控制逻辑电路的实现有两种方法。一种是利用固化软件微程序控制的方法实现，称作微程序控制；另一种是通过硬件的逻辑电路来实现，称为硬布线控制逻辑。

(1) 微程序控制。

每条指令的执行过程可分成若干个机器周期，每个机器周期内部要完成一些规定的操作。假如将一个机器周期内完成的操作用一条微指令来实现，那么顺序地执行若干条微指令就可以实现一条指令的功能。这些微指令的集合就称为微程序(它相当于程序设计课程中子程序的概念)。将机器中的某些指令用相应的微程序来实现，这样执行一条指令实际上就是执行一段微程序。

一般微程序都存放在控制存储器中。微程序控制的速度相对要慢一些，这是因为一条指令的执行是由若干条微指令来实现的，故需要多次访问控制存储器，所需时间也要长一些。但采用微程序控制会给设计人员修改和调试带来很大的便利性，所以相当一段时间以来复杂指令系统计算机(CISC—— Complex Instruction Set Computer)都采用微程序控制。

(2) 硬布线控制逻辑。

通过逻辑电路之间的直接连线来控制计算机各部分操作所需要的控制信号的方式被称为硬布线控制方式或组合逻辑控制方式。不同计算机(即使是同一系列的计算机)之间的控制器的具体组成及控制信号的时序差别是很大的,这主要取决于机器性能、设计技巧以及集成电路工艺水平等因素。

目前由于超大规模集成电路的发展和运算速度上的需要,在精简指令系统计算机(RISC——Reduced Instruction Set Computer)中更多地采用了硬布线控制方式,其优点是速度快,缺点是不易修改和扩展。

### 4. 时钟控制电路

一条机器指令规定的功能要分解成若干个操作来实现,这些操作是按照先后次序进行的。时钟控制电路为每条指令按时间顺序执行提供了相应的基准信号。

时钟脉冲发生器:由石英晶体振荡器发出非常稳定的脉冲信号,称为主机振荡频率(简称主频),它是整个计算机的时间基准源。通常所说的主频就是指时钟脉冲发生器发出的脉冲信号,例如,586 微机主频为 230MHz,Pentium(奔腾)III 的主频在 1000MHz 以上,而酷睿 i 系列的主频可达到 1G～3GHz。

时钟周期:时钟周期 t 定义为时钟频率 f 的倒数,即时钟周期 t=1/时钟频率 f,它表示的是相邻脉冲的时间间隔。

指令周期和 CPU 周期:执行一条指令所需的时间称为一个指令周期,指令不同,执行各种不同指令所需的时间也不同,因此有各种不同的指令周期。为了便于控制,根据指令的操作性质和控制形式的不同,将一个指令周期划分为几个时间阶段,每一个时间阶段称为一个机器周期或 CPU 周期。一个 CPU 周期由 4 个时钟周期组成,一条指令至少由一个或几个 CPU 周期组成。

## 3.2　8086/8088 的编程结构

Intel 公司是第一个推出微处理器的公司,在多年的发展过程中形成了自己的微处理器系列,且一直处于微处理器发展的前沿。8086 是 Intel 公司于 1978 年推出的产品,是一款 16 位的 CPU 芯片,具有 16 位内部总线和运算器,16 位的寄存器,外部系统总线中的数据总线也是 16 位,8086 微处理器芯片中包含 2.9 万个晶体管,时钟频率为 4.7M～10MHz。8088 则是 Intel 公司为了兼容当时一整套的 Intel 外围芯片,于 1979 年推出的面向字符处理的微处理器,是准 16 位 CPU 芯片,内部 16 位,即内部寄存器、运算部件、内部总线都是 16 位,但外部总线是 8 位。

80x86 内部结构.mp4

8086 和 8088 的指令系统完全相同,共有 133 条汇编语言指令。设置了乘、除法指令和数据串处理指令;具有六种寻址方式;可操作的数据类型有位、字节、字、字节串、字串、压缩型和非压缩型 BCD 码。

在内部组成上 8086 与 8088 基本相同,其内部结构框图如图 3-3 所示。

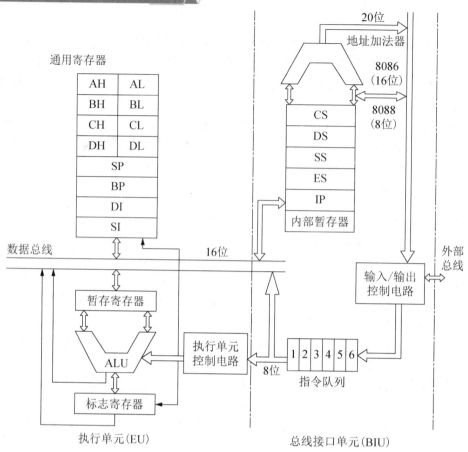

图 3-3  8086/8088 的内部结构

从图中可以看出 8086/8088 的内部结构组成可分为执行单元(EU)和总线接口单元(BIU)两大部分。

## 3.2.1  执行单元

执行单元 EU(Execution Unit)负责指令的执行，由通用寄存器组、标志寄存器、算术逻辑运算单元和执行控制电路组成。

EU 负责指令的执行，不与外部系统总线相连。执行的指令和数据从 BIU 的指令队列缓冲器中取得，执行指令的结果或执行指令所需的数据，都是通过 EU 向 BIU 发出请求，然后由 BIU 对存储器或外部设备存入或读取。EU 由下列几个子部分组成。

(1) 16 位算术逻辑单元 ALU。

ALU 的核心是二进制加法器，其功能主要有两个：一个是执行所有的算术/逻辑运算；另一个是按照指令的寻址方式计算出寻址单元的 16 位偏移地址 EA(Effect Address)，并将此偏移地址送到 BIU 中形成一个 20 位的实际地址，以对应 1MB 字节的存储空间寻址。

(2) 16 位状态标志寄存器 Flag。

该寄存器用来反映 CPU 运算后的状态特征或存放控制标志。

(3) 数据暂存寄存器。

协助 ALU 完成运算，对参加运算的数据进行暂存。

(4) 通用寄存器组。

通用寄存器组包括 4 个通用寄存器和 4 个专用寄存器。4 个通用寄存器 AX、BX、CX、DX 为 16 位数据寄存器，也可作为两个 8 位寄存器来分别使用其高 8 位和低 8 位(如 AH、AL)。其中 AX 又称为累加器，8086/8088 的许多指令都通过累加器来执行。4 个专用寄存器分别是基址指针寄存器 BP(Base Pointer)、堆栈指针寄存器 SP(Stack Pointer)、源变址寄存器 SI(Source Index)、目的变址寄存器 DI(Destination Index)。BP 为基址指针，用来存放位于堆栈段中的一个数据区基址的偏移量，所谓偏移量就是相对于段寄存器值的距离，所以又称基址指针。SP 为堆栈指针，用于堆栈操作时确定堆栈在内存中的位置，由它给出栈顶的偏移量。SI 和 DI 用来存放被寻址操作数的偏移量，前者存放源操作数地址的偏移量，后者存放目的操作数地址的偏移量。

(5) 控制单元。

控制单元负责接收从 BIU 的指令队列(Instruction Stream Queue)中来的指令，经过解释、翻译形成各种控制信号，对其他各个部件实现在规定的时间完成规定的操作。

EU 中所有的寄存器和数据通路都是 16 位(指令队列总线例外，为 8 位)，可实现数据的快速传送。

## 3.2.2　总线接口单元

总线接口单元 BIU(Bus Interface Unit)的功能是根据 EU 的请求，完成 8086/8088 CPU 与存储器、I/O 端口之间数据的传送。总线接口单元要从内存中取指令，把取出的指令装入到指令队列中，CPU 执行指令时，总线接口单元要配合执行部件从指定的内存单元或外设端口中取数据，将数据传送给执行部件，或者把执行结果传送到指定的内存单元或外设端口中。总线接口单元由段寄存器、指令指针寄存器、指令队列和 20 位地址加法器组成。8086 的指令队列为 6 字节，8088 的指令队列为 4 字节。指令队列是 CPU 内部的硬件机构，按照先进先出(First In First Out)的原则使用。当指令队列中有两个字节为空字节时，就从内存中取下一条指令存放在指令队列中，而执行单元直接从指令队列中取下一条将要执行的指令进行执行，而不需要执行完一条指令再从内存中取下一条指令轮流操作，这样取指令和执行指令可以同时进行，提高了 CPU 的工作效率。

BIU 由地址产生器、段寄存器、指令指针寄存器 IP、指令队列缓冲器和总线控制器组成。

### 1. 地址产生器和段寄存器

由于指令指针寄存器与通用寄存器都是 16 位，因而编址范围只能有 64KB($2^{16}$)个字节。8086 为了产生 20 位用于访问内存的物理地址(PA，Physical Address)，采用地址产生器。当 EU 计算出寻址单元的 16 位偏移地址，将把段寄存器的值左移 4 位后，与偏移地址同时送到地址产生器进行相加，即可形成一个 20 位的物理地址，对 1MB($2^{20}$)字节的存储单元寻址。图 3-4 所示为物理地址产生的过程。例如要形成指令码的物理地址，就将 IP 中的 16 位偏移地址与代码段寄存器 CS(Code Segment)的值左移 4 位后的内容相加。若要形成操作数的物理地址，则将 ALU 计算出的 16 位偏移地址与数据段寄存器 DS(Data

Segment)的值左移 4 位后的内容相加。概括起来，物理地址的计算公式为：

$$物理地址 =(段寄存器值×16)+偏移地址$$

段寄存器值和偏移地址又称为逻辑地址。

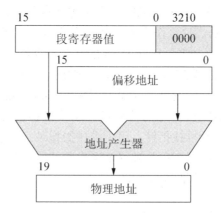

图 3-4　物理地址产生过程

8086 包含 4 个段寄存器，代码段寄存器 CS，用于存放当前正在执行的程序所在的段地址；数据段寄存器 DS，用于存放当前程序中的操作数所在的段地址；堆栈段寄存器 SS，用于存放当前程序所用堆栈的段地址；附加段寄存器 ES，用于存放当前程序的附加程序段或数据段的段地址。

### 2. 指令指针寄存器 IP

8086 取指令和执行指令是同时进行的，IP 中总是保存着 EU 要执行的下一条指令的偏移地址，程序不能直接对指令指针寄存器进行存取，但是能够在程序运行中自动修正，使 IP 指向要执行的下一条指令。有些指令(如转移、调用、中断、返回指令)能使 IP 的值改变，或将 IP 的值存进堆栈中，或由堆栈恢复原来的 IP 值。

### 3. 指令队列缓冲器

指令队列缓冲器是用来暂存指令的一组队列缓冲器，它由 6 个 8 位寄存器组成，最多可同时存放 6 个字节的指令。指令队列缓冲器采用"先进先出"的原则顺序存放指令，按照顺序送到 EU 中去执行。其工作将遵循以下原则。

(1) 取指令时，所取指令将存入队列缓冲器，缓冲器中只要有一条指令，EU 就开始执行；

(2) 指令队列缓冲器中只要有 2 个字节为空时，BIU 便自动执行取指令操作，直到队列被填满为止；

(3) 在 EU 执行指令的过程中，需要对存储器或 I/O 设备进行数据存取时，BIU 将在执行完当前取指令周期后的下一个存储器周期，对指定的存储器单元或 I/O 设备进行存取操作，所读取的数据经 BIU 交给 EU 进行处理；

(4) 当 EU 执行转移、调用和返回指令时，则要清除指令队列缓冲器，并要求 BIU 从新的地址重新开始取指令，新取的第一条指令将直接送到 EU 去执行，随后取来的指令写入指令队列中。

由于 EU 和 BIU 是分开的，所以它们可按照并行方式操作，执行部件 EU 执行指令，总线接口部件 BIU 取指令、读操作数和写结果。因此,多数情况下,取指令和执行指令能重叠进行。这样,取指令所需的时间似乎"消失"了,因为 EU 执行的指令已由 BIU 预先取出,从而提高了整个系统的执行速度,充分利用了总线,实现最大限度的信息传输。

**4. 总线控制器**

8086 分配 20 条总线用来传送 20 位地址信号、16 位数据信号和 4 位状态信号,这就需要分时进行传送。总线控制器的功能,就是以逻辑控制方法实现上述信号的分时传送。

## 3.3　Intel 80x86 微处理器的演进之路

美国 COMPAQ 公司 IBM PC 兼容机的推出,促成了 8086/8088 CPU 的极大推广,之后,Intel 公司在 8086/8088 CPU 的基础上陆续推出了更加强大的 CPU,开启了 Intel 80x86 系列处理器的强盛之路。

### 3.3.1　80286 微处理器

Intel 公司于 1982 年推出 80286 产品,其共有 13.4 万个晶体管,时钟频率为 6M~20MHz。80286 是 8086 向前兼容的微处理器,它具有 8086 的基本结构,并增强了存储器管理及保护虚地址结构,可支持多用户系统。80286 的指令系统除包含 8086 的全部指令外,又新增了 25 种指令。80286 CPU 芯片的微机系统与 8086 CPU 芯片的微机系统相比,不仅提高了运行速度和数据处理能力,而且扩大了存储容量,另外,还增加了存储和任务保护功能。80286 在结构上新增加了一个机器状态寄存器 MSW,同时标志寄存器也增加了 3 个标志位,即指令异常中断、操作数越界及协处理器异常监视。

80286 CPU 的内部结构如图 3-5 所示。

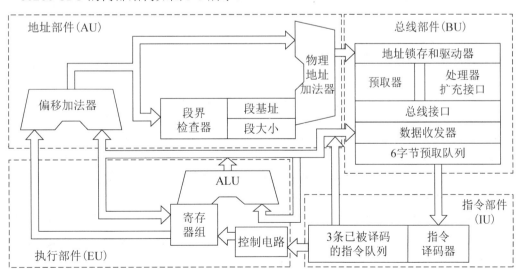

**图 3-5　80286 CPU 的内部结构**

80286 微处理器有实地址和 16 位保护虚地址两种工作模式,且有 24 根地址线,在实地址工作模式下，存储容量和 8086 微处理器相同，并能运行 8086 微机的软件，而且目标代码兼容，执行速度快；在保护虚地址工作模式下，存储容量可达 16MB 字节，存储器的分配模式与寻址方式对不涉及操作系统内部的用户来说是没有变化的，它能实现与 8086 软件的向前兼容，并具有比实地址模式更多的高级指令。系统启动时处理器处于实地址工作模式，需要时可以通过指令由实地址工作模式转换成保护虚地址工作模式。

### 3.3.2　80386 微处理器

1985 年 Intel 公司推出具有 32 位寄存器、32 位地址总线、32 位数据总线的 80386 芯片。芯片包含 27.5 万个晶体管，时钟频率为 16M～66MHz。80386 是 80286 向前兼容的产品，包含了 80286 的全部功能，并且在运算速度、存储空间上有更大的提高和扩充。32 位总线以及 32 位的运算能力保证 80386 能够支持多任务多用户的操作系统，成为新一代 32 位微处理器。80386 CPU 的内部结构如图 3-6 所示。

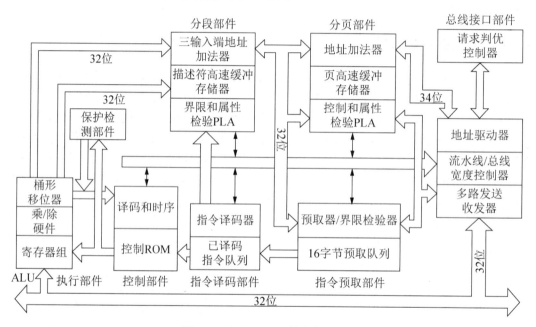

**图 3-6　80386 CPU 的内部结构**

80386 具有实地址工作模式、虚拟 8086 工作模式、16 位保护虚地址工作模式和 32 位保护虚地址工作模式。保护是指由于内存中同时存放多个用户的程序和系统软件，为使系统能够正常工作，防止由于一个用户程序出错而破坏系统软件或者其他用户程序软件，以及用户访问未分配到的内存区，而设置的保护措施。

80386 具有 8 个 32 位通用寄存器，它们也可以作为 16 位或 8 位寄存器使用，标志寄存器也是 32 位的，另外还有 6 个段寄存器，可同时使用 6 个段。此外，还有机器状态寄存器、各种系统表的基址寄存器及控制寄存器等。

80386 实地址工作模式的存储容量也是 1MB 字节，其分配模式和 8086 一样。80386 的 32 位保护虚地址工作模式的存储容量可达到 4GB 字节，虚拟地址空间可达 $2^{46}$ 个字节，其存储器分配方式为段页式，页的长度是 4KB 字节。改进了 64KB 段地址的限制，使得段的大小可变，最大可达 4GB。

逻辑地址到物理地址的转换分两步进行。先由逻辑地址转换为实地址，再由实地址转换为物理地址。实地址包含三部分：页内偏移地址、页表索引和目录表索引。80386 有 12 类指令，它包含了 80286 的所有指令并新增加了 3 组指令。

### 3.3.3　80486 微处理器

Intel 公司于 1989 年推出 80486 微处理器芯片，共包含 120 万个晶体管，时钟频率为 25M～100MHz。486 的 CPU 芯片内部有一个 8KB 字节的高速缓冲存储器。因此在读取 32 位的数据时，486 的 CPU 只需要一个时钟周期，而 386 的 CPU 则需要两个以上的时钟周期。另外，486 的 CPU 还有一个 32 位数值协处理器 80387。80486 在提高 CPU 性能的基础上，增加了多处理器指令，并支持多级超高速缓存结构，可使几个 80486 构成多处理器结构的系统。

80486 与 80386 一样，可以兼容 80x86 系列的所有软件。80386 的 CPU 可以模拟多个 8086 微处理器来提供多任务的功能，而 80486 的 CPU 可以模拟多个 80286 微处理器来提供多任务的功能。一台 486 微机等于几台 286 微机。后期的 486DX 具有倍速功能，倍速 (Clock Doubling) 是指芯片内部处理数据的速度加快了。例如 486DX2/66 微机，它的 CPU 与周围设备进行数据传输的速率为 33MHz，但是在 486DX2 芯片内部，指令却以 66MHz 的速度运行，效率提高到两倍。486DX4/100 具有 3 倍速的功能。另外还有 486SLC 微处理器，主要用于笔记本电脑，其指令运行效率与同档次的 486DX 型号相当，主要特点是采用了 3.5V 直流电压供电，也可在 5V 电压下工作，采用 SLC 芯片可节电 80%左右。486SLC 微处理器的工作时钟通常有 50MHz 和 66MHz 两种。

80486 从总体上看是一种 CISC(复杂指令集计算机)微处理器。但为了提高速度，它也采用了一些 RISC(精简指令集计算机)技术，使那些使用频率高的指令可以在一个时钟周期内完成，平均达到 1.2 指令/时钟。80486 把 Cache 与 FPU(浮点运算部件)集成到 CPU 内部，使引线缩短，同时加宽内部数据总线，使 CPU 与 FPU 之间的数据总线达到 64 位，CPU 与 Cache 的数据总线高达 128 位，这些都大大缩短了指令的执行周期。在相同的工作频率下，其处理速度是 80386 的 3～4 倍，处理速度达到 15～20MIPS。80486 是为多任务操作系统设计的先进的 32 位微处理器，可同时执行多个操作系统。每个任务(即程序)可使用 64T($2^{64}$)字节的虚拟存储空间，由于程序中的虚拟地址都是用逻辑地址格式指定的，故虚拟地址也称为逻辑地址。80486 可直接访问的物理存储器空间为 4G($2^{32}$)字节。程序可分成若干个段，每个段的存储容量最大为 4G 字节。如何把不大于 4GB 物理存储器分配给多个任务以及如何在多个任务之间进行转换，是计算机操作系统需要解决的问题，而 80486 为操作系统提供了相应的硬件支持。

80486 CPU 的内部结构如图 3-7 所示，它由总线接口部件、整数部件、分段部件、分页部件、Cache 部件、浮点部件、控制部件、译码部件和预取部件组成。

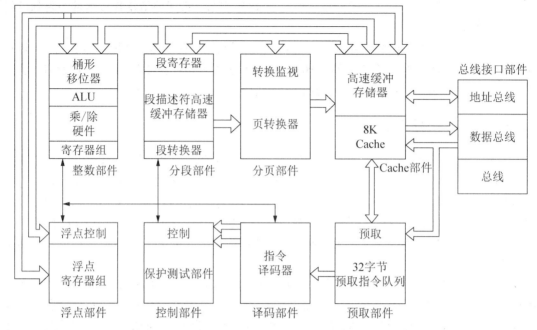

图 3-7　80486 CPU 的内部结构

总线接口单元(BIU)是 80486 与外部联系的"咽喉"，BIU 通过对 80486 的 32 位地址总线、32 位数据总线和控制总线的管理，完成预取指令、读/写数据、访问端口等总线操作以及其他的控制功能。

片内集成的 Cache 部件是 80486 以前的 Intel 系列 CPU 所没有的。80486 内部集成了 8K 字节的数据和指令混合型的高速缓存器(Cache)。高速缓存器系统截取 80486 对主存储器的访问，查询这次访问的数据或指令是否驻留在 Cache 内。如果查询到了，就称为"命中"，CPU 就不必去访问片外的主存储器，而是直接从 Cache 中获得数据或指令，这样会大大提高 CPU 的处理速度。但并不是每次都能"命中"，如果"未命中"，这时 CPU 就必须访问主存以获得与所需数据或指令相关的一组数据或指令，将它们拷贝到 Cache 中。

80486 指令的译码采用二级流水线结构。指令预取部件是第一级流水线，它有一个 32 字节的指令预取队列。当指令预取队列不满时，预取部件就向总线接口部件申请取指令，取指令的优先级低于取操作数的优先级，因此 BIU 总是在空闲时才取指令，这就不会影响指令的执行速度。指令译码部件是第二级流水线，它从指令预取队列中提取指令，对指令进行预译码后将其送入已译码的指令队列等待执行。如果预译码时发现是转移或调用指令，可以提前通知 BIU 去新的目标地址取指令，以刷新指令预取队列。

整数部件包括算术逻辑单元(ALU)、8 个 32 位的通用寄存器和桶形移位寄存器，可完成各种算术和逻辑运算，如加法、乘法、移位等操作，也用于生成变址地址。

80486 的浮点运算部件(FPU)相当于一个增强型的 80387 协处理器。FPU 与 80387 完全兼容，但处理速度比 80387 提高了 3～5 倍。FPU 可与 ALU 并行工作，对各种类型的数据进行算术运算，也可运算大量的内部超越函数(如正弦、余弦、正切和对数函数等)。

与 8086 不同，80486 段的长度是可变的(从 1 字节到 4G 字节)。由于段的长度各不相同，作为存储器的管理单位很不方便，所以 80386/80486 又引入了长度一样的存储器单位——页，1 页等于 4K 字节。

80486 内部硬件提供了存储器管理所需的分段部件和分页部件。分段部件负责将逻辑地址转换成线性地址，而分页部件负责将线性地址转换成 32 位物理地址。分页部件是一个可选择的部件，如果不使用分页部件，线性地址就是物理地址。分页部件中有一个 TLB(Translation Lookaside Buffer，转换检测缓冲区)，它的作用类似于 Cache。TLB 中保存了 32 个最新使用过的 32 个页表项，如果"命中"，可以大大缩短线性地址到物理地址的转换时间。

### 3.3.4　Intel Pentium 系列微处理器

#### 1. Intel Pentium 微处理器

Intel 公司于 1993 年推出了具有 32 位寄存器、64 位数据总线、32 位地址总线的 Pentium 微处理器，芯片中共包含 320 万个晶体管，时钟频率为 100MHz、133MHz、166MHz。

为了使处理器的速度更快，Pentium 微处理器做了许多技术上的改进。采用了先进的超标量结构，增强了浮点部件的功能，将内部一级 Cache 增加到 16KB，在执行部件中采用了更多的 RISC 技术，并采用了动态分支预测功能。

所谓超标量是指在系统中有多条流水线，并在每个时钟周期可执行一条以上指令的体系结构。Pentium 微处理器内部设置有三条流水线，两条整数型的，一条浮点型的，这使得 Pentium 的 CPU 能同时执行两条整数指令和一条浮点指令。两条整数流水线分别称为 U 流水线和 V 流水线，每条流水线分别有自己的 ALU、地址生成电路和数据 Cache 接口。Pentium 处理器在每个时钟周期内能发出一条指令，处理整数指令时，Pentium 微处理器获取指令，进行部分解码后即决定该指令是否与下一条指令并行执行，如果取来的两条指令没有任何关联，则会被分别送到 U、V 流水线中执行；否则将第一条指令发往 U 流水线，V 流水线没有指令可接收，要等到下一个周期的到来。Pentium 微处理器的浮点单元是一条单独的流水线，其中有加法器、乘法器和除法器。一些常用指令可由硬件来实现，所以平均每个时钟周期内能完成一条浮点运算指令，其浮点运算能力是 80486 的 3～10 倍。

Pentium 微处理器整数模块中常用的指令，如 MOV、DEC、INC、PUSH、POP 等由于改用硬件实现，使指令的运行速度得到加快，同时 Pentium 微处理器对指令系统的微指令做了重大改进，使指令执行所需要的时钟周期相对 80486 大大减少。

Pentium 微处理器采用了动态分支预测(Branch Prediction)技术，以预测具体分支指令是否起作用。正常情况下，指令以线性方式从指令 Cache 中预取并存入到预取缓冲器中，分支指令的结果会影响后续指令是否有效，若分支条件满足发生转移，则流水线分支指令后的指令都要清除，并把分支目标地址后的指令重新装入流水线，以影响流水线的运行效果。为了提高预测的准确性，Pentium 微处理器提供了一个分支目标缓冲区 BTB(Branch Target Buffer)，用来记录每个分支指令和每个分支的目标地址，并根据分支发生与否的历史，动态地预测这条指令出现时产生分支时的去向。

Pentium 微处理器的 L1 Cache 容量由 80486 的 8KB 增加到 16KB，并由 80486 的数据

和指令合用的 Cache 改为 8KB 的指令 Cache 和 8KB 的数据 Cache，指令 Cache 和数据 Cache 分开可有效地避免指令预取和数据操作之间可能的冲突，使指令预取和数据操作可重叠进行，提高了处理器的性能。

### 2. Pentium Pro 微处理器

Pentium Pro 微处理器是 Intel 公司于 1995 年推出的具有 32 位寄存器、64 位外部数据总线、36 位地址总线的高能微处理器，它属于 P6 家族。Pentium Pro 微处理器在一个封装内含有两个集成芯片，一个芯片含有 CPU 和两个 8KB 的一级高级缓存(L1 Cache)，另一个芯片包含 256KB 或 512KB 的 SRAM 二级高级缓存(L2 Cache)，它保证了 CPU 的高速运行。这两个芯片分别集成了 550 万个和 15.5 万个晶体管(时钟频率达 133MHz 以上)。Pentium Pro 微处理器采用双独立总线架构。所谓双独立总线架构，即采用两路总线、L2 缓存总线和处理主存的系统总线。L2 缓存总线与 CPU 工作时钟频率相同，而系统总线速率是 CPU 时钟频率的 1/2、1/3 或者 1/4。Pentium Pro 微处理器可同时使用两路总线，比单总线架构的处理器能得到双倍的输入、输出数据。

Pentium Pro 采用超流水线技术提高时钟频率。所谓超流水线技术，是指进一步划分流水线的阶段，随着阶段的增加，每一阶段所负担的工作量减少，所需要的硬件逻辑更少，传送延时随之更短，时钟频率也就越快。Pentium Pro 拥有三条流水线，将 80x86 指令分解成 RISC 型操作。在一个时钟周期内能同时处理三条 x86 指令。

动态执行使 Pentium Pro 支持乱序执行和寄存器重命名。乱序执行(Out-of-Order Execution)是指 CPU 采用了允许将分解成微操作的多条指令不按程序规定的顺序分开发送给执行单元相应的各部件进行处理，虽然各部件不按规定顺序执行，但执行完指令后还必须由相应电路再将运算结果重新按原来程序指定的指令顺序重新排列。这种将各条指令不按顺序拆散后执行的运行方式就叫乱序执行。寄存器重命名在乱序执行中有助于减轻伪相关，能提高处理器性能。例如两条指令需要往同一个寄存器中写值，如果没有寄存器重命名就无法进行乱序执行，后续指令只有在前面的指令执行完毕后才能进行处理。但寄存器重命名对真正的数据相关是不起作用的。

### 3. Pentium MMX 技术

随着多媒体应用的普及，迫切需要一种能直接处理多媒体信息的快速处理器，Pentium MMX 与 Pentium II 是 Intel 公司在 1997 年连续推出的产品。在这两款微处理器中采用 MMX 技术，是自 80386 以来 Intel 处理器结构中最大的升级。

MMX 技术主要为了解决视频、音频、图像和多媒体等应用中的处理速度问题，这些处理场合通常有以下特点：小数据类型，经常地循环访问内存，对数据集中、循环地操作，数据无关的控制流，相对集中计算的规则系统。针对这些处理，MMX 在 80x86 的基础上扩展了新的 MMX 指令，定义了 MMX 寄存器，MMX 数据类型，用于加速多媒体任务的执行。MMX 使用了单指令流多数据流(SIMD)的技术来优化循环操作，以减少循环次数。

Intel 处理器中的通用寄存器是 32 位的，而 MMX 不需要增加任何新寄存器就可同时操作 64 位，实际上它使用的是 80 位浮点寄存器中的一部分，这样一条 MMX 指令可以同时处理多个数据对象，减少循环次数，提高处理器性能。MMX 指令设计在整数流水线上运行，数据利用浮点寄存器保存，大多数指令可在一个时钟周期内完成。MMX 技术与所有英特尔架构处理器兼容,所有现存的软件不加修饰即可在与 MMX 技术结合的英特尔架构处理器上运行。MMX 技术提高了视频压缩和解压、图像处理、编码及 I/O 处理能力,是解决电脑、电视、家电一体化的综合方案,为未来计算机提供了卓越性能,现已被大多数 CPU 采用。

### 4. Pentium II 微处理器

Pentium II 是 Intel 公司在 1997 年 4 月推出的 P6 家族的第二代成员,在增加了 MMX 指令的基础上,还增加了比 Pentium Pro 多一倍的 L1 高速缓存(数据和指令缓存各 16KB)。CPU 与 L2 缓存之间的通信速度是时钟频率的一半,而不是全速。Pentium II 的 L2 缓存的频率只有 Pentium Pro 的 L2 缓存的一半,但其更大的 L1 缓存多少弥补了这一不足。Pentium II 采用单芯片形式,并提供两条独立的连接,分别与系统总线和 L2 缓存相连。这种双重独立总线(DIB,Dual Independent Bus)结构使数据传输能力比单总线结构快了 3 倍之多,并且双重独立总线结构也可更好地支持以后更高的主板频率。Pentium II 芯片与 L2 缓存共同安装在一个小电路板上,这个电路板被 Intel 称为 SEC(单边连接,Single Edge Contact)板,并被一个塑料及金属外壳保护。使用这种技术,可使 CPU 能在高频下更易运行,并能更好地配合 DIB 技术。为配合 SEC 封装,Pentium II 处理器使用一种叫 Slot 1 的专用插槽,而不是用以前的多针式插脚。

Intel 公司为争取市场又分别推出两个档次的 Pentium II 系列,一是服务于低端家用机的赛扬(Celeron)系列,另一个是服务于高端服务器的至强(Xeon)系列。

### 5. Pentium III 微处理器

Pentium III 是 Intel 公司在 1999 年 2 月推出的微处理器,它也是 P6 家族的一分子,Pentium III 和 Pentium II 结构相仿。Pentium III 的频率范围从 450MHz 到 733MHz,内部集成了 950 万个晶体管。Pentium III 采用 SECC2(Single Edge Contact Catrige)的封装形式,拥有 32KB 的 L1 级 Cache 和为主频速度一半的 512KB 的 L2 级 Cache。Pentium III 内部用序列号作为处理器的系统标识符,以加强资源跟踪、安全及内容管理。Pentium III 在保留 MMX 指令的基础上增加了许多新的多媒体指令和浮点运算指令,提高了多媒体和二维动画处理方面的性能。

Pentium III 和 Pentium II 最大的不同就是增加了 70 条指令来提高浮点运算和其他性能,它采用 Intel 公司开发的数据流单指令多数据扩展技术(Streaming SIMD Extension,SSE),在一个时钟周期内可以处理多达 4 对数据,并且可以让浮点和 MMX 数据流同时访问处理器内的寄存器,大大提高了 Pentium III 的性能。新增加的指令中包括 8 条内存连续数据优化处理指令:通过采用新的数据预存技术,减少 CPU 处理连续数据流的中间环节;50 条单指令多数据浮点运算指令:每条指令一次可处理多组浮点数据,而原来的指令一次处理一对;12 条多媒体指令:采用了比 Pentium II 更先进的算法。同时配合新指令增加了 8 个 128 位的单精度寄存器(4×32),能同时处理 4 个单精度浮点变量,可达到每秒 20 亿次浮点运算速度。

### 6. Pentium 4 微处理器

Pentium 4 微处理器是 Intel 公司在 2000 年 11 月 20 日推出的研发了 5 年之久的处理

器。它使用了全新的 x86 体系，代号为 IA-32，为区别于 PII 和 PIII，采用了与罗马字母完全不同的阿拉伯数字 4。Pentium 4 微处理器采用了 Intel NetBurst 微处理器体系结构。超级流水线技术将流水线深度增加了一倍，达到 20 级，显著地提高了微处理器的性能和频率能力。算术逻辑单元(ALU)以双倍的时钟频率提高了总体速度，P4 处理器 L1 缓存由 PIII 处理器的 32KB 变成了 8KB，但由于采用先进的跟踪缓存结构，可以有效地增加缓存的命中率。P4 的 L2 缓存容量为 256KB。P4 处理器在指令集上也做了很大的改进，新的 SSE2 特殊指令集，除了包括原有的 68 条 SSE 指令外，还增加了全新的 76 条 SSE2 特殊指令，新的指令集把整数 MMX 寄存器增加到 128 位，而且提供了 128 位的 SIMD 整数运算操作和 128 位的双精度浮点运算操作，大大地提高了多媒体的执行效率。

P4 处理器的总线速度为 100MHz，不过 Intel 采用了 QDR 技术，可通过同时传输 4 条不同的 64 位数据流来达到 400Hz，因此芯片组与 CPU 之间的总线带宽达到 3.2Gbps，与内存之间的带宽也达到了 3.2Gbps。此外 P4 采用 Socket-423 作为接口规范，虽然处理器的核心面积会很大，但可以更好地散热降温。

### 3.3.5 Core 系列处理器

在 Intel 的 CPU 发展到 P4 之时，核心架构上的缺陷造成的瓶颈逐步显现出来，严重影响了性能的进一步提升。一方面市场对于 P4 的接受程度以及 AMD 的步步紧逼，促使 Intel 必须做出选择。而另一方面，以迅驰为代表的移动处理器取得了空前成功。Intel 意识到当时所采用的基于 P6 演进而来的 NetBurst 架构已经无法满足未来处理器发展的需要，因而于 2006 年推出了具有革新意义的 Core 微架构 CPU。从 NetBurst 到 Core，Intel 摒弃了频率至上的思路，在流水线效率、整数与浮点单元、数据预读机制等多个方面进行了大幅度提升，使得 Core 处理器取得了较大成功。于 2008 年又推出了基于 Core 微架构改进的 Nehalem 微架构，即 Core i7 处理器。

# 3.4 Itanium 64 位微处理器

Itanium 64 位微处理器是 Intel 公司 2001 年 5 月推出的产品，是当时最高端的处理器，但它并不面向桌面 PC 机，而主要针对服务器市场。Itanium 是 Intel IA-64(Intel 64 位结构)产品系列的第一款处理器的代号，代表自 386 微处理器以来最重要的处理器结构的改进，它采用了创新型的性能增强结构技术，如极长指令字、指令预测、分支排除、推测加载和其他增强程序代码并行度的先进处理过程。

Itanium 结合了一种新结构，Intel 将其称为显性并行指令计算，可以让处理器执行并行指令(同时执行多条指令)。在微处理器内，有 3 个指令能够被编码为 128 位字，以致每个指令比当今 32 位指令集的位数都要多。多出来的位数可以让芯片寻址更多的寄存器，并且可以告知处理器哪个指令在并行执行。这种方法简化了带有许多并行执行单元的 CPU 设计，可以让它们运行在较高的时钟速率下。Itanium 结合了三级高速缓冲存储器。L1 高速缓冲存储器接近执行单元，晶片内置的 L2 高速缓冲存储器做后援，而 2MB 或 4MB 的 L3 高速缓冲存储器与芯片分离开封装在处理器盒内。Itanium 集成了 2500 万晶体管，加上

L3 高速缓冲存储器达到 3 亿晶体管，能够进行 16TB(太字节)的物理存储器寻址(44 位地址总线)，达到 266MHz CPU 前端总线频率，具有 2.1GB/s 的带宽。Itanium 还具有 2 个整数单元和 2 个存储器单元，可以每周期执行 4 条指令，具有 2 个附加的 MMX 单元，每个单元都可以执行 2 个单精度浮点操作。

Itanium 不但具有新功能和运行全新的 64 位指令集，而且全部向后兼容当前 32 位的 Intel x86 软件。因此 Itanium 能够运行任何新的 64 位应用程序，同时完全向后兼容支持所有现有的 32 位应用程序。要使用 64 位 IA-64 指令集，原有的程序必须为新指令集重新编译。这与 1985 年的情况是一样的，当时 Intel 推出了 386——第一款 32 位 PC 微处理器。386 微处理器提供了一个高级的 32 位操作系统硬件平台，为了确保能够快速推向市场，386 和以后的 32 位微处理器仍然能够运行 16 位的应用程序代码。为了发挥 32 位 PC 微处理器的功能优势，当时新推出的应用软件按照 32 位进行编写。但是软件的进步要比硬件的进步慢许多，386 微处理器推向市场以后，Microsoft 花费了 10 年的时间才首次推出 Windows 95——第一个适用于 32 位的主流操作系统。这种情况不会发生在 Itanium 上，目前 Itanium 微处理器可以运行支持 4 种操作系统，包括 Microsoft Windows(XP 64 位版本和 64 位 Windows 高级服务器版本)，2 个 Unix 版本(Hewlett-Packard 的 HP-UX 11i v1.5 和 IBM 的 AIX-5L)，还有 Linux 操作系统。

随着 2002 年第二个 IA-64 处理器——代号为 McKinley 的面世，最新的 64 位微处理器具有更大的晶片内置的 L2 高速缓冲存储器，提供超过 Itanium 两倍多的性能。

**小贴士**

### 为什么 CPU 商业化这么困难？

CPU 的制作和设计不是孤立的，其实国内已经有了一些芯片，如龙芯系列，但是要进入民用市场，进行大规模的商业化，就要适应现在的市场环境，包括各种接口、协议、操作系统等，而这些在大家的使用过程中已经形成了共识，换句话说，CPU 需要一个"生态系统"，只制造出 CPU 而没有大规模地应用，就不能保证有足够的利润，而没有足够的利润，又很难投入大量的经费进行研发升级，因此，CPU 的商业化是一件复杂和系统的工作。

## 3.5　8086/8088 的寄存器

寄存器是中央处理器内部的组成部分。寄存器是有限存储容量的高速存储部件，它们可用来暂存指令、数据和地址，包括通用寄存器、专用寄存器和控制寄存器。寄存器拥有非常高的读写速度，所以寄存器之间的数据传送非常快。

8086/8088 内部的寄存器如图 3-8 所示，均为 16 位寄存器，最上面 4 个寄存器是数据寄存器，用于暂存参与运算的操作数，其中 AX 为累加器。8086/8088 的内部寄存器操作说明见表 3-1。

80x86 内部寄存器.mp4

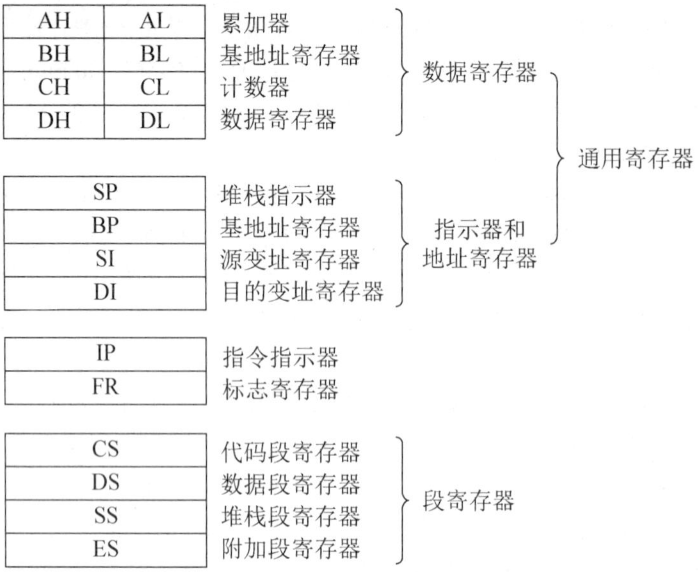

| AH | AL | 累加器 |
|---|---|---|
| BH | BL | 基地址寄存器 |
| CH | CL | 计数器 |
| DH | DL | 数据寄存器 |

数据寄存器 通用寄存器

| SP | 堆栈指示器 |
|---|---|
| BP | 基地址寄存器 |
| SI | 源变址寄存器 |
| DI | 目的变址寄存器 |

指示器和地址寄存器

| IP | 指令指示器 |
|---|---|
| FR | 标志寄存器 |

| CS | 代码段寄存器 |
|---|---|
| DS | 数据段寄存器 |
| SS | 堆栈段寄存器 |
| ES | 附加段寄存器 |

段寄存器

图 3-8　8086/8088 的寄存器

表 3-1　寄存器及其操作

| 寄存器 | 操　作 | 寄存器 | 操　作 |
|---|---|---|---|
| AX | 字乘法，字除法，字 I/O | CL | 变量移位或循环 |
| AL | 字节乘法，字节除法，字节 I/O，转移，十进制算术运算 | DX | 字乘法，字除法，间接 I/O |
| AH | 字节乘法，字节除法 | SP | 堆栈操作 |
| BX | 转移 | SI | 数据串操作 |
| CX | 数据串操作，循环次数 | DI | 数据串操作 |

### 1. 通用寄存器

8086/8088 CPU 中有 8 个 16 位的通用寄存器。8 个通用寄存器分为两组，AX、BX、CX 和 DX 为一组数据寄存器，大多数运算可以随意使用这组寄存器，但它们还有特殊用途。SP、BP、SI 和 DI 为另外一组指针和变址寄存器，主要用于堆栈操作和寻址时计算操作数有效地址。

通用寄存器组在运算中可用来存储操作数或操作数地址。一般通用寄存器组中各寄存器还有专门的用途和名称。8086/8088 的通用寄存器 AX 被称为累加器，用来存放算术逻辑运算的操作数；BX 称为基址寄存器，在寻址过程中用于存放基地址，进行扩展寻址，起变址作用；CX 称为计数寄存器，在汇编程序中用于存放循环次数，起隐含计数器的作用，例如循环操作和移位操作；DX 称为数据寄存器，用于存放数据，在某些 I/O 操作期间用来保存 I/O 端口地址，还用于字乘法和除法；SP 是存放堆栈指针的寄存器；BP 为存放基址指针的寄存器；SI 为存放源变址指针的寄存器；DI 为存放目的变址指针的寄存器。16 位数据寄存器既可作为 16 位寄存器，也可作为 8 位寄存器使用。当处理字指令时，用 16 位寄存器，即 AX、BX、CX 和 DX；处理字节指令时用 8 位寄存器，即 AH、

AL、BH、BL、CH、CL、DH、DL。

堆栈指令寄存器 SP(Stack Pointer)：其内容指示堆栈栈顶的地址，即每执行一次进栈或出栈操作后，SP 就自动增减，使堆栈指针寄存器的内容始终指向栈区的栈顶。SP 必须与SS(堆栈段寄存器)一起才能确定堆栈的实际物理地址。

变址寄存器 SI、DI：使用变址寻址方式时，要有一个基准地址，这个基准地址存放在变址寄存器中。SI 和 DI 分别存放源操作数的基址和目的操作数的基址。

### 2. 指令寄存器

指令指针寄存器 IP(Instruction Pointer)：在 CPU 中用于产生和保存下一条待取指令地址的寄存器。在程序执行过程中，每取一条指令后 IP 内容自动加 1，指向下一条要取指令的地址。在遇到转移指令时，转移后的指令地址将被送入指令指针寄存器，然后按该地址到内存查新取指令，从而实现程序转移。在有些 8 位字长的微机中不使用 IP，而使用程序计数器 PC，用来指出 CPU 要执行指令的地址。

### 3. 标志寄存器

标志寄存器(Flag Register)如图 3-9 所示。它用于存放算术逻辑单元工作时产生的状态信息。标志寄存器中每一位都单独使用，称为标志位。标志位的取值反映算术逻辑单元当前的工作状态，也可以作为条件转移指令的转移条件。

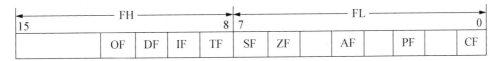

**图 3-9　8086 的标志寄存器**

8086 的标志位根据功能可以分为两类：一类是状态标志，另一类是控制标志。状态标志表示操作执行后，算术逻辑单元所处的状态，这种状态会像某种先决条件一样影响后面的操作。控制标志是人为设置的，指令系统中有专门的指令用于设置和清除控制标志，每个控制标志都对某一种特定的功能进行控制。

状态标志有 6 个，即 CF、PF、AF、ZF、SF 和 OF。

- 进位标志位 CF(Carry Flag)：当算术运算结果最高位有进位或借位时，CF 置为1，否则置为 0。此外，循环指令也会影响这一标志。

- 奇偶校验标志位 PF(Parity Flag)：当运算结果的低 8 位中 1 的个数为偶数时，PF置为 1，为奇数时置为 0。

- 辅助进位标志位 AF(Auxiliary Carry Flag)：执行加法运算时，若低 4 位向高位有进位，或者执行减法运算低 4 位向高 4 位有借位，则 AF 置为 1，否则置为 0。辅助进位标志一般在 BCD 码运算中作为是否进行十进制调整的判断依据。

- 零标志位 ZF(Zero Flag)：如果当前运算结果为零，则 ZF 置为 1；如果当前运算结果不为零，则 ZF 置为 0。

- 符号标志位 SF(Sign Flag)：当运算结果为负数时 SF 置为 1，为正数时 SF 置为0，即符号标志位和运算结果的最高位相同。第 2 章中曾介绍过，当二进制数据用补码表示时，负数的最高位为 1，正数的最高位为 0，所以符号标志指出了运算结果是正还是负。

- 溢出标志位 OF(Overflow Flag)：当运算结果产生溢出时，OF 置为 1，无溢出时置为 0。所谓溢出，是指运算结果超出了相应的表示范围，例如有符号字节运算的结果超出了范围−128～+127，或者有符号字运算的结果超出了范围−32768～+32767，即为溢出。计算机在进行加法运算时，每当判断出次高位向最高有效位产生进位，而最高有效位向前没有进位时，便得知产生了溢出，此时 OF 置为 1；或者反过来，每当判断出次高位没有向最高位进位，而最高位向前却有进位时，便有溢出产生，此时 OF 置为 1。在进行减法运算时，每当判断出最高位需要借位，而次高位并不向最高位借位时，OF 置为 1；或者反过来，每当判断出次高位向最高位借位，而最高位并不需要向前借位时，OF 置为 1。

举两个例子说明运算对状态标志的影响。

两个 16 位数据的加法运算(一)：

$$
\begin{array}{r}
0010\ \ 0011\ \ 0100\ \ 0101 \\
+\ 0011\ \ 0010\ \ 0001\ \ 1001 \\
\hline
0101\ \ 0101\ \ 0101\ \ 1110
\end{array}
$$

由于运算结果的最高位为 0，所以 SF=0；而运算结果本身不为 0，所以 ZF=0；低 8 位所含的 1 的个数为 5，即奇数个 1，所以 PF=0；由于最高位没有产生进位，所以 CF=0；低 4 位没有向高 4 位进位，即第 3 位没有向第 4 位产生进位(数据的最低位为第 0 位)，所以 AF=0；又由于次高位没有向最高位产生进位，最高位也没有向前产生进位，所以 OF=0。

两个 16 位数据的加法运算(二)：

$$
\begin{array}{r}
0101\ \ 0100\ \ 0011\ \ 1001 \\
+\ 0100\ \ 0101\ \ 0110\ \ 1010 \\
\hline
1001\ \ 1001\ \ 1010\ \ 0011
\end{array}
$$

第二个例子中，由于运算结果的最高位为 1，所以 SF=1；由于运算结果本身不为 0，所以 ZF=0；由于低 8 位中所含 1 的个数为 4，即含有偶数个 1，所以 PF=1；由于最高位没有向前产生进位，所以 CF=0；在运算时，第 3 位向第 4 位产生了进位，所以 AF=1；又由于次高位向最高位产生了进位，而最高位没有向前产生进位，所以 OF=1。

在绝大多数情况下，程序不需要对所有的标志都进行检测，一般只对其中某个标志进行检测。

控制标志有 3 个，即 DF、IF、TF。

- 方向标志位 DF(Direction Flag)：该标志位决定字符串处理方向，用于串操作指令中 SI 和 DI 的增量或者减量修改。若 DF 为 0，则 SI 和 DI 的地址指针向递增的方向处理，串操作过程中地址会不断增值，否则按地址指针递减的方向处理。

- 中断允许标志位 IF(Interrupt Enable Flag)：是控制可屏蔽中断的标志位。如果 IF 为 0，则 CPU 不能对可屏蔽中断请求作出响应；如果 IF 为 1，则 CPU 可以接受可屏蔽中断请求。

- 陷阱标志位 TF(Trap Flag)：若此标志位为 1，CPU 每执行一条指令都将暂停，供用户跟踪指令的执行。

#### 4. 段寄存器

现在的计算机由于内存容量比较大，多采用段式管理。所谓段式管理是把内存存储空间分成段，例如，8086 系统中 64KB 存储空间为一段，为用户分配存储空间时以段为单位进行(详见 3.7 节存储器组织)。段寄存器用来存放某一个段的基地址。CS、DS、SS 和 ES 是 4 个 16 位的段寄存器。在寻址内存单元时，最多可以分成 4 个段。每一个段的最大范围为 64KB，4 个段寄存器将 8086/8088 的内存寻址范围扩大到 1MB。这 4 个段寄存器分别为 CS(Code Segment Register)、DS(Data Segment Register)、SS(Stack Segment Register)、ES(Extra Segment Register)。

- CS 是代码段寄存器，用于保存当前程序所在段的基址值。CS 中的段基址值左移 4 位，再加上指令指针寄存器 IP 中的内容，即下一条要执行的指令的实际物理地址。
- DS 是数据段寄存器，用于保存数据所在段的基址值。数据段用来保存当前程序中的操作数和运算结果。DS 中的段基址值左移 4 位，再加上指令中的有效地址(即偏移量)EA，即操作数所在单元的物理地址。
- SS 是堆栈段寄存器，用于保存堆栈段的基址值。堆栈是存储器中设置为按照先进后出原则进行存取的一段数据区，用于保存当前程序中的临时数据或断点。SS 中的段基址值左移 4 位，再加上 SP 即为堆栈段的栈顶指针。
- ES 是附加段寄存器，附加段在进行字符串操作时，可作为目的段使用。附加段是一种附加的数据区，在字符串操作时，如果需要将字符串从源数据区传送到目的数据区，则 DS 保存源数据区基址值，SI 保存源数据段偏移量，而目的数据区在附加段中，即 ES 保存目的数据区基址值，DI 保存附加段偏移量。在实际使用时，须对 ES 置初值，否则 ES=DS，即数据段和附加段是重叠的。

# 3.6　8086/8088 CPU 的引脚及其功能

## 3.6.1　8086/8088 的引脚信号

8086 CPU 采用第二代微处理器的 40 条引脚进行封装，如图 3-10 所示。因 8086 CPU 内数据线增加到 16 条，地址总线增加到 20 条，因此，数据总线和部分地址总线(低 16 位)采用分时复用，即为 $AD_0 \sim AD_{15}$，还有一些引脚具有两种功能，这由引脚 33(MN/$\overline{\text{MX}}$)加以控制。当 MN/$\overline{\text{MX}}$=1(高电平)时，8086 工作于最小模式 MN，

8086 外部引脚.mp4

在此模式下，全部的控制信号由 CPU 本身提供，即图 3-10 中所示 24~31 引脚的功能；当 MN/$\overline{\text{MX}}$=0(低电平)时，8086 工作于最大模式 $\overline{\text{MX}}$，这时系统的控制信号由 8288 总线控制器(后面章节将讲述)提供，而不是由 8086 提供。

8086 CPU 的引脚分为五类。

#### 1. 地址/数据总线 $AD_0 \sim AD_{15}$(双向，三态)

这是分时复用的地址总线和数据总线，在总线周期的 $T_1$ 状态输出地址信号，$T_2 \sim T_4$ 传送数据信号。系统在进行 DMA 操作(参见 6.2 节)时，这些总线处于浮空状态。

```
    地 ☐ 1        40 ☐ V_CC(5V)
  AD₁₄ ☐ 2        39 ☐ AD₁₅
  AD₁₃ ☐ 3        38 ☐ A₁₆/S₃
  AD₁₂ ☐ 4        37 ☐ A₁₇/S₄
  AD₁₁ ☐ 5        36 ☐ A₁₈/S₅
  AD₁₀ ☐ 6        35 ☐ A₁₉/S₆
   AD₉ ☐ 7        34 ☐ BHE/S₇
   AD₈ ☐ 8        33 ☐ MIN/MX
   AD₇ ☐ 9        32 ☐ RD
   AD₆ ☐ 10  8086 31 ☐ HOLD(RQ/GT₀)
   AD₅ ☐ 11  CPU  30 ☐ HLDA(RQ/GT₁)
   AD₄ ☐ 12       29 ☐ WR(LOCK)
   AD₃ ☐ 13       28 ☐ M/IO(S₂)
   AD₂ ☐ 14       27 ☐ DT/R(S₁)
   AD₁ ☐ 15       26 ☐ DEN(S₀)
   AD₀ ☐ 16       25 ☐ ALE(QS₀)
   NM₁ ☐ 17       24 ☐ INTA(QS₁)
  INTR ☐ 18       23 ☐ TEST
   CLK ☐ 19       22 ☐ READY
    地 ☐ 20       21 ☐ RESET
```

图 3-10　8086 CPU 芯片的引脚特性

## 2. 地址/状态总线 $A_{19}/S_6$，$A_{18}/S_5$，$A_{17}/S_4$，$A_{16}/S_3$(输出，三态)

$A_{16} \sim A_{19}$ 是地址总线的高 4 位；$S_3 \sim S_6$ 是状态信号，二者也是分时输出，总线周期的 $T_1$ 状态输出地址，$T_2 \sim T_4$ 输出状态。当访问存储器时，$T_1$ 输出的 $A_{16} \sim A_{19}$ 送到锁存器 (8282)锁存，与 $AD_0 \sim AD_{15}$ 组成 20 位地址信号；而访问 I/O 时，不使用这 4 条线，即 $A_{16} \sim A_{19} = 0000$。状态信号中的 $S_4$ 和 $S_3$ 用来指示当前访问哪一个段寄存器。$S_5$ 用来指示中断允许标志 IF 的状态，$S_6$ 始终保持低电平。系统在进行 DMA 操作时，这些总线浮空。见表 3-2。

表 3-2　当前所访问的段寄存器的指示

| $S_4$ | $S_3$ | 状　态 |
|:---:|:---:|---|
| 0 | 0 | 指示访问附加段寄存器(可修改数据) |
| 0 | 1 | 指示访问堆栈段寄存器 |
| 1 | 0 | 指示访问代码段寄存器 |
| 1 | 1 | 指示访问数据段寄存器 |

### 3. 控制总线

(1) $\overline{BHE}/S_7$，总线高 8 位开放/状态信号线(输出，三态)。$\overline{BHE}$ 在 $T_1$ 状态输出，$S_7$ 在 $T_2 \sim T_4$ 状态输出，$\overline{BHE}$ 用来对以字节组织的存储器和 I/O 实现高位和低位字节的选择。$S_7$ 为备用状态信号，其内容不固定。

(2) $\overline{RD}$ 读控制信号(输出，三态，低电平有效)。当 $\overline{RD} = 0$ 时，表示 8086 CPU 的操作为存储器读或 I/O 读。DMA 操作时，浮空。

(3) READY 等待状态控制信号(输入，高电平有效)。READY 是表示准备就绪，可以进行数据读取的信号。8086 CPU 与存储器或 I/O 进行读写操作时，当 CPU 发出读/写操作信号，因后者速度慢，来不及响应时，CPU 通常在 $T_3$ 之后自动插入一个或几个等待状态 $T_W$，此时 READY=0；一旦 READY 变为高电平，便是通知 CPU 设备准备就绪，结束等待而进入 $T_4$ 状态完成数据的读写。

(4) $\overline{\text{TEST}}$ 等待测试信号(输入，低电平有效)。CPU 执行 WAIT 指令时，每隔 5 个时钟周期对该信号线的输入进行一次测试；当 $\overline{\text{TEST}}$=1 时，CPU 重复执行 WAIT 指令进行等待，直至 $\overline{\text{TEST}}$=0，则结束等待继续执行 WAIT 后的指令，等待期间允许外部中断。

(5) INTR 可屏蔽中断请求信号(输入，高电平有效)。8086 在每个指令周期的最后一个状态采样此信号，当 INTR=1 时，表示外设提出了中断请求，若此时 IF=1，则 CPU 响应中断，暂停执行当前指令序列，转去执行中断服务程序。

(6) NMI 非屏蔽中断请求信号(输入，上升沿触发)。该中断请求不能用软件(指令)加以屏蔽，只要此信号一出现，CPU 即在当前指令结束后处理中断。

(7) RESET 复位信号(输入，高电平有效)。通常与时钟发生器 8284A 的复位输出端相连，复位脉冲宽度不得小于 4 个时钟的高电平，接通电源时不能小于 50μs；复位后，内部寄存器状态见表 3-3。程序执行时，RESET 保持低电平。

表 3-3　复位后内部寄存器的状态

| 内部寄存器 | 状　态 |
|---|---|
| 标志寄存器 | 清除 |
| IP | 0000H |
| CS | FFFFH |
| DS | 0000H |
| SS | 0000H |
| ES | 0000H |
| 指令队列缓冲器 | 清除 |

(8) CLK 系统时钟(输入)。通常与时钟发生器 8284A 的时钟输出端 CLK 相连接，该时钟信号的低/高之比常为 2∶1(占空度为 1/3)。

### 4. 电源线 $V_{CC}$ 和地线 GND

$V_{CC}$ 线接入的电压为+5V±10%；8086 有两条地线 GND，均应接地。

### 5. 其他控制线：24~31 脚

这些控制线的性能将根据模式控制信号线 MN/$\overline{\text{MX}}$ 所处的状态而确定。

## 3.6.2　8086/8088 的最小模式

### 1. 最小模式

当 33 引脚 MN/$\overline{\text{MX}}$ 接向+5V 电压时，8086 CPU 工作于最小模式。所谓最小模式，是

指系统中只有一个 8086 微处理器，此时，所有的总线控制信号都直接由 8086 产生，系统中总线控制逻辑电路被减到最少，这些特征就是最小模式名称的由来。最小模式系统适于较小规模的应用，这和 8 位微处理器系统类似，系统芯片可根据用户需要接入，如图 3-11 所示。图中，8284A 为时钟产生器/驱动器，外接晶体的基本振荡频率为 15MHz，经 8284A 三分频后，传送给 CPU 作系统时钟 CLK。

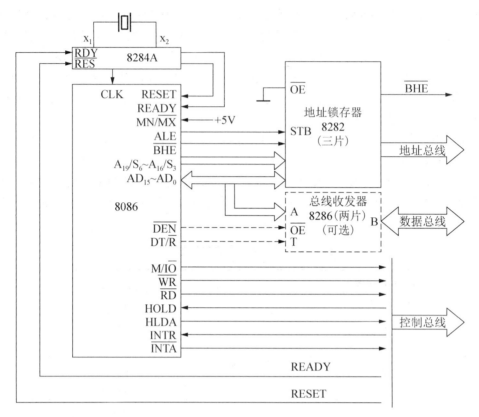

图 3-11　8086 在最小模式下的典型配置

### 2. 8282/8283

Intel 公司的 8282/8283 是 8 位带锁存器的单向三态不反相/反相的缓冲器，8086 访问存储器或 I/O 端口时，用来锁存在总线周期 $T_1$ 状态下发出的地址信号。经 8282 锁存后的地址信号可以在整个周期保持，为外部提供稳定的地址信号。由于 8282/8283 是 8 位锁存器，而 8086/8088 系统采用 20 位地址，加上 $\overline{\text{BHE}}$ 信号，所以需要三片 8282 地址锁存器。

8282 的 $\overline{\text{OE}}$ (Output Enable)为三态控制信号，低电平有效，STB 为锁存选通信号，高电平有效。在系统中，$\overline{\text{OE}}$ 接地，常有效，以 8086 的地址锁存允许信号 ALE 连接 STB，当 ALE 有效时，8086 的地址信号被锁存并以同相方式传至输出端，供存储器芯片和 I/O 接口芯片使用；当 ALE 无效时，8282 的输出端则处于高阻状态。

根据"输入三态，输出锁存"的原则，除了 8282 之外，8086/8088 系统中也常用 74 系列的 TTL 电路或 MOS 电路组成地址锁存器，如 74LS244、74LS273、74LS373 等芯片。

### 3. 8286/8287

Intel 公司的 8286/8287 是 8 位双向三态不反相/反相的缓冲器，为 20 个引脚的芯片。每个双向三态缓冲器由 2 个单向三态缓冲器构成，双向三态缓冲器又称双向电子开关，用来对 8086 的数据总线进行功率放大，作收发器使用。8286/8287 为可选件，用于需要增加数据总线驱动能力的系统。

$\overline{OE}$ 和 T 是缓冲器的三态控制信号，$\overline{OE}$ 为允许输出控制信号，低电平有效，T 为传送方向控制信号。当 $\overline{OE}$ =1(无效)时，不管 T 是否有效，缓冲器输出端呈高阻状态，不允许数据通过；当 $\overline{OE}$ =0(有效)时，如果 T=1，数据由 A→B 正向传送，如果 T=0，数据由 B→A 反向传送。

74LS245 具有和 8286 相同的性能，在 IBM PC 微机中可作数据总线的功率放大器。用 8086 的 $\overline{DEN}$ (数据有效信号)连接 $\overline{OE}$，用 DT/$\overline{R}$ (数据收/发信号)连接 T。

### 4. 系统的其他组件

2142 为 1K×4b 的静态 RAM，2716 为 2K×8b 的可编程只读存储器 EPROM。8086 有 20 位地址信号线 $A_0 \sim A_{19}$，组成系统时根据所使用存储器的实际地址进行选用。若系统中仅配置 64KB 的存储器，则只取用其中的 $A_0 \sim A_{15}$ 就可以了。

系统中还有一个等待状态产生电路，负责向 8284A 的 READY 端提供信号，经 8284A 同步后向 CPU 的 READY 引脚发"准备就绪"信号，通知 CPU 数据传输已经完成，可以退出当前的总线周期，以避免 CPU 与存储器或 I/O 设备进行数据交换时，因后者速度慢而丢失数据。

### 5. 最小模式下，24～31 引脚控制线功能的定义

(1) M/$\overline{IO}$(Memory/Input and Output，输出，三态)存储器/输入输出控制信号。用于区分是访问存储器还是访问 IO，与存储器芯片或接口芯片的 $\overline{CS}$ 片选端连接。若为高电平，表示 CPU 和存储器之间进行数据传输；若为低电平，表示 CPU 和输入/输出设备之间进行数据传输。DMA 操作时，此信号线浮空。

(2) $\overline{WR}$(Write，输出，低电平有效，三态)写控制信号。用来表示 CPU 对存储器或对 I/O 进行写操作。在任何写周期，$\overline{WR}$ 只在 $T_2$、$T_3$ 和 $T_W$ 状态下有效。DMA 操作时，此信号线浮空。

(3) HOLD(HOLD Request，输入，高电平有效)总线保持请求信号。是其他主控部件向 CPU 发出的请求占用总线的控制信号。当 CPU 从 HOLD 引脚上收到一个高电平请求信号时，如果 CPU 允许让出总线，就在当前总线周期完成后，于 $T_4$ 状态从 HLDA 线上发出高电平应答信号，且同时使具有三态功能的地址/数据总线和控制总线等浮空。总线请求部件收到 HLDA 后，即获得总线控制权，从此时开始，HOLD 和 HLDA 都保持高电平。当请求部件完成对总线的占用后，将把 HOLD 信号变为低电平(撤销)，CPU 收到撤销信号后，也将 HLDA 变为低电平，此时，CPU 又恢复对地址总线、数据总线和控制总线的控制权。

(4) HLDA(HOLD Acknowledge，输出，高电平有效)总线保持应答信号。是与 HOLD 信号配合使用的联络信号。在 HLDA 有效期间，所有与三态门相接的 CPU 的引脚都应处于浮空，从而让出总线。

(5) $\overline{INTA}$ (Interrupt Acknowledge，输出，低电平有效)中断响应信号。是在中断响应周期中由 CPU 对外设中断请求作出的响应。对于 8086 的中断响应周期，$\overline{INTA}$ 的有效信号是连续两个总线周期中的 2 个负脉冲，分别位于每个总线周期的 $T_2$、$T_3$ 和 $T_W$ 状态下(参见3.8 节图 3-24)。第一个负脉冲用于通知外设接口，它发出的中断请求已经得到允许；第二个负脉冲期间，由外设接口往数据总线上放中断类型码，使 CPU 可以根据中断类型码执行相应中断处理程序。

(6) ALE(Address Latch EnabLe，输出，高电平有效)，地址锁存允许信号。CPU 的 AD 引脚在每个总线周期的 $T_1$ 状态发出的都是地址信息，ALE 则为地址锁存器 8282/8283 提供地址锁存信号。

(7) DT/$\overline{R}$ (Data Transmit/Receive，输出，三态)数据收发控制信号。系统在使用8286/8287 作为数据总线收发器时，使用 DT/$\overline{R}$ 控制数据传送方向。如果 DT/$\overline{R}$ 为高电平，则进行数据发送；否则，进行数据接收。DMA 操作时，此信号线浮空。

(8) $\overline{DEN}$ (Data Enable，输出低电平有效，三态)数据允许信号。可以作为 8086 提供给8286/8287 的选通信号，与 $\overline{OE}$ 端相连。在每个存储器或 I/O 的访问周期，或者中断响应周期均有效。DMA 操作时，此信号线浮空。

需要指出的是，在最小模式下，8086 和 8088 的 34 号引脚定义不同：对 8086 来说，此引脚定义为 $\overline{BHE}$ /$S_7$，即 $\overline{BHE}$ 与 $S_7$ 复用，由于 $S_7$ 未被赋予固定定义，故此引脚只用来提供高位字节数据总线允许信号。$\overline{BHE}$ 和 $A_0$ 的组合，可以表示数据总线上数据出现的格式(见表 3-7)。34 号引脚在总线周期的 $T_1$ 状态输出 $\overline{BHE}$，因此也需要进行锁存。锁存时$\overline{BHE}$ 和高 4 位地址($A_{16}$～$A_{19}$)一起由第 3 片 8282/8283 进行锁存。

对 8088 来说，外部数据总线只用低 8 位，因而不需要 $\overline{BHE}$，这时，34 号引脚被定义为 $\overline{SS_0}$。$\overline{SS_0}$、$\overline{M}$ /IO 及 DT/$\overline{R}$ 的组合，决定当前总线周期的操作，具体对应关系见表 3-4。其中无源状态表示一个总线操作周期结束，而另一个新的总线周期还未开始的状态。

表 3-4    8088 的 $\overline{M}$/IO、DT/$\overline{R}$ 和 $\overline{SS_0}$ 的组合状态

| $\overline{M}$/IO | DT/$\overline{R}$ | $\overline{SS_0}$ | 操　作 |
| --- | --- | --- | --- |
| 1 | 0 | 0 | 发中断响应信号 |
| 1 | 0 | 1 | 读 I/O 端口 |
| 1 | 1 | 0 | 写 I/O 端口 |
| 1 | 1 | 1 | 暂停 |
| 0 | 0 | 0 | 取指令 |
| 0 | 0 | 1 | 读内存 |
| 0 | 1 | 0 | 写内存 |
| 0 | 1 | 1 | 无源状态 |

对于有些只配备 64KB 内存的小系统，只需用到 16 位地址线，若这时的 CPU 又采用了 8088，不存在 $\overline{BHE}$ 信号，因此，在最小模式系统的配备中就只需两片 8282/8283 作锁存器。

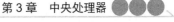

### 3.6.3 8086/8088 的最大模式

#### 1. 最大模式

当 8086 的 33 脚 MN/$\overline{\text{MX}}$ 接地时，这时的系统处于最大模式，最大模式是相对最小模式而言的。最大模式用在中等或大型规模的 8086/8088 的系统中，IBM PC 微机就是例子。在最大模式系统中，总是包含有两个或多个微处理器，其中必有一个主处理器 8086 或 8088，其他的处理器都称为协处理器，协助主处理器承担某方面的工作。和 8086 匹配的协处理器有两个：一个是专用于数值运算的处理器 8087，它能实现多种类型的数值操作，比如高精度的整数运算和浮点运算，还可进行函数运算，加三角函数、对数函数的计算，由于 8087 是用硬件方法来完成这些运算，比通常用软件方法来实现会大幅度地提高系统的数值运算速度；另一个是专用于输入/输出处理的协处理器 8089，它有一套专用于输入/输出操作的指令系统，直接为输入/输出设备使用，使 8086 不再承担这类工作，它将明显提高主处理器的效率，尤其是在输入/输出频繁操作的系统中。

8086 CPU 在最大模式下的典型配置如图 3-12 所示。系统中增加了总线控制器 8288，使总线控制功能更加完善。在最大模式下，许多总线控制信号都通过总线控制器 8288 产生，而不是由 8086 直接产生。这样，8086 在最小模式下提供的总线控制信号的引脚就可以被重新定义，改作支持多处理器系统之用。8086 重新定义的控制信号见图 3-10 中带括号的定义。

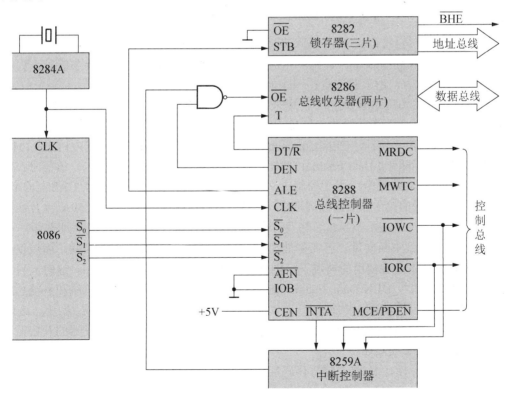

图 3-12 8086 在最大模式下的典型配置

### 2. 总线控制器 8288

8288 是 20 个引脚的 DIP 芯片,采用 TIL 工艺,如图 3-13 所示。8288 对外连接的信号有三组:第一组为输入信号(含状态和控制信号);第二组为命令输出信号;第三组为输出的控制信号。

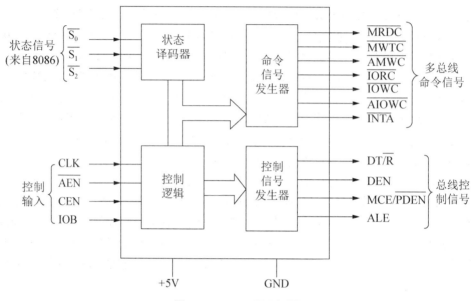

图 3-13　8288 原理框图

从图 3-12 中可以看出,8288 接收 8086 执行指令时提供的状态信号 $\overline{S_2}$、$\overline{S_1}$、$\overline{S_0}$ 在时钟发生器 CLK 信号的控制下,译码产生时序性的各种总线控制信号和命令信号,提高了控制总线的驱动能力,由于此优点,一些单处理器系统中也会使用 8288。

IOB 是 I/O 总线工作模式信号,用来决定 8288 本身的工作模式。当 IOB 接地时,8288 工作于单处理器工作的模式,这是 IBM PC/XT 一般情况下设置的状态。此时,要求 $\overline{AEN}$ (Address EnabLe)接地,CEN(Command Enable)接+5V,而输出端 MCE/ $\overline{PDEN}$ (Master Cascade Enable/Peripheral Data Enable)的输出为 MCE(总线主模块允许信号)。该信号在含有多个 8259A 的微机系统中,用于控制中断子系统中主片和从片联络信号 $CAS_0$、$CAS_1$、$CAS_2$。在中断响应的第一个 $\overline{INTA}$ 周期中,MCE 用作锁存信号,锁存 8259A 主片所送出的级联地址 $CAS_2$、$CAS_1$、$CAS_0$,以便于第二个 $\overline{INTA}$ 周期时,用级联地址选中一个从片,并使 CPU 得到中断向量。若在多处理器系统中,未使用 8259A 的级联,而仅仅用了一片 8259A 或根本没有使用的情况下,则 MCE/ $\overline{INTA}$ 端便处于浮空状态。这时,只需用 8288 的输出控制信号 DEN(Data Enable)控制 8286 收发器,并接通局部总线和系统总线。当 IOB 接+5V,且 CEN 也接+5V 时,8288 将工作于多处理器的系统中。这时,MCE/ $\overline{PDEN}$ 端输出的是 $\overline{PDEN}$ (外部设备数据允许)信号,用作 8286 收发器的开启信号,使局部总线和系统总线接通。

8288 根据 $\overline{S_2}$、$\overline{S_1}$、$\overline{S_0}$ 状态信号译码后,产生以下几方面输出控制信号。

(1) ALE:地址锁存信号,和最小模式中的 ALE 含义相同,也是连接地址锁存器 8282 的 STB 端作选通信号。

(2) DEN 和 DT/$\overline{R}$：分别为数据允许信号和数据收/发信号，用于控制 8286 的开启和控制数据传输的方向。这两个信号和最小模式中的 $\overline{DEN}$ 与 DT/$\overline{R}$ 含义相同，只不过在最大模式和最小模式下 DEN 的相位相反。

(3) $\overline{INTA}$：作为 CPU 对中断请求的中断响应信号，与最小模式下的 $\overline{INTA}$ 含义相同。

(4) $\overline{MRDC}$ (Memory ReaD Command)、$\overline{MWTC}$ (Memory WriTe Command)、$\overline{IORC}$ (I/O Read Command)、$\overline{IOWC}$ (I/O Write Command)两组读/写控制信号：分别用来控制存储器读/写和 I/O 端口的读/写，均为低电平有效，都在总线周期的中间部分输出。显然，任何一个总线周期内，这 4 个命令信号只会有一个输出，只可控制某一部件的读或写。

在图 3-12 中，8288 有 2 个输出命令未标注，一个为 $\overline{AIOWC}$ (Advanced I/O Write Command)，另一个为 $\overline{AMWC}$ (Advanced Memory Write Command)，分别为超前写 I/O 命令和超前写内存命令，其功能分别与 $\overline{IOWC}$ 和 $\overline{MWTC}$ 相同，只是前者将超前一个时钟周期发出，这样在访问较慢速度的外设或存储器芯片时，将得到一个额外的时钟周期去执行写操作。

### 3. 最大模式下，24～31 脚的控制线功能定义

(1) $\overline{S_0}$、$\overline{S_1}$、$\overline{S_2}$ (Bus Cycle Status，输出，三态)总线周期状态信号。用于表示 CPU 总线周期的操作类型。8288 总线控制器依据这三个状态信号发出访问存储器和 I/O 端口的控制命令。$\overline{S_2} \sim \overline{S_0}$ 对应的总线周期及 8288 发出的控制命令见表 3-5。

表 3-5　$\overline{S_2} \sim \overline{S_0}$ 对应的总线周期及 8288 发出的控制命令

| $\overline{S_2}$ | $\overline{S_1}$ | $\overline{S_0}$ | 总线周期 | 8288 发出的控制命令 |
|---|---|---|---|---|
| 0 | 0 | 0 | INTA 周期 | $\overline{INTA}$ |
| 0 | 0 | 1 | I/O 读周期 | $\overline{IORC}$ |
| 0 | 1 | 0 | I/O 写周期 | $\overline{IOWC}$，$\overline{AIOWC}$ |
| 0 | 0 | 0 | 暂停 | 无 |
| 1 | 0 | 0 | 取指令周期 | $\overline{MRDC}$ |
| 1 | 0 | 1 | 读存储器周期 | $\overline{MRDC}$ |
| 1 | 1 | 0 | 写存储器周期 | $\overline{MWTC}$，$\overline{AMWC}$ |
| 1 | 1 | 1 | 无源状态 | 无 |

表中的无源状态是表示一个总线操作周期结束，而另一个新的总线周期还未开始的状态。

(2) QS$_1$、QS$_0$(Instruction Queue Status，输出)指令队列状态信号。这两个信号的组合提供前一个时钟周期(即总线周期的前一个状态)中指令队列的状态，以便于外部对 8086 BIU 中指令队列的动作跟踪。QS$_1$、QS$_0$组合与队列状态的对应关系见表 3-6。

表 3-6　QS$_0$、QS$_1$ 与队列状态

| QS$_0$ | QS$_1$ | 队列状态 |
|---|---|---|
| 0 | 0 | 无操作 |
| 0 | 1 | 从队列缓冲器中取出指令的第一字节 |
| 1 | 0 | 清除队列缓冲器 |
| 1 | 1 | 从队列缓冲器中取出第二字节及后续部分 |

(3) $\overline{RQ}/\overline{GT}_1$、$\overline{RQ}/\overline{GT}_0$ (Request/Grant，输出)总线请求输入/总线请求允许信号。在最大模式下，第 30、31 引脚分别为 $\overline{RQ}/\overline{GT}_1$ 端和 $\overline{RQ}/\overline{GT}_0$ 端。这两个双向信号是最大模式下裁决总线使用权的信号。当两者同时有总线请求时，$\overline{RQ}/\overline{GT}_0$ 有更高优先权，即优先输出允许信号。由 8086、8089、8087 组成的多处理器系统如图 3-14 所示。当 8086 使用总线时，其 $\overline{RQ}/\overline{GT}$ 为高电平(浮空)；若 8087 或 8089 要使用总线，则使 $\overline{RQ}/\overline{GT}$ 输出低电平(总线请求信号)，经 8086 检测后，若总线处于开放状态，则 8086 使 $\overline{RQ}/\overline{GT}$ 输出低电平作为总线请求允许信号，8087 或 8089 检测出此允许信号后，可以开始使用总线；待使用完毕，将 $\overline{RQ}/\overline{GT}$ 变成低电平(释放)，8086 在检测出该信号后，恢复对总线的使用。

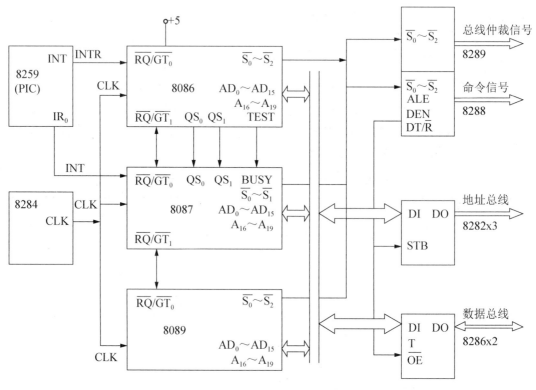

图 3-14  多微处理系统

(4) $\overline{LOCK}$ (Lock，输出，三态)总线封锁信号。该信号为低电平时，表示 CPU 要独占总线使用权。$\overline{LOCK}$ 信号由前缀指令 LOCK 产生，在 LOCK 后的一条指令执行完成后，便撤销 $\overline{LOCK}$ 信号。此信号是为避免多个处理器使用共有资源时产生冲突而设置的。此外，在 8086 的两个中断响应脉冲之间，$\overline{LOCK}$ 信号也自动有效，以防其他的总线主部件在中断响应过程中占用总线，而使一个完整的中断响应过程被间断。

通常 $\overline{LOCK}$ 信号连接 8289(总线仲裁器)的 $\overline{LOCK}$ 输入端。DMA 操作时，$\overline{LOCK}$ 浮空。

# 3.7 8086/8088 存储器组织与 I/O 组织

## 3.7.1 8086/8088 的存储器组织

### 1. 存储器组织

8086 存储器组织.mp4

存储器的基本存储单位是字节，每个字节用唯一的地址码表示。若存放的信息是 8 位的字节数据，将按顺序存放；若所存放的信息是 16 位的字节数据，则将字的高位字节存放在高地址中，将低位字节存放在低地址中；若所存放的信息是双字(4 个字节)指针数据，其低位地址中的字数据是偏移量；高位地址中的字数据是段基址。指令和数据(包括字节数据或字数据)在存储器中的存放，如图 3-15 所示。对字数据的存放，其低位字节可以从奇数地址开始存放，也可以从偶数地址开始存放。从奇地址开始存放为非规则存放，所存放的字为非规则字数据，从偶地址开始存放为规则存放，所存放的字为规则字数据。对规则字数据的存取可在一个总线周期完成，非规则字数据的存取则需两个总线周期。

图 3-15 指令、数据在存储器中的存放

在组成与 8086 CPU 连接的存储器里，1MB 的空间实际上被分成两个 512KB 的存储体(又称存储库，分别叫高位库和低位库)。低位库与 8086 CPU 的低位字节数据线 $D_0 \sim D_7$ 相连，该库中每个地址都为偶数地址；高位库与高位字节数据线 $D_8 \sim D_{15}$ 相连，该库中每个地址都为奇数地址。地址线 $A_1 \sim A_{19}$ 可同时对高低位库的存储单元寻址；$A_0$ 和 $\overline{BHE}$ 则用于库的选择，分别接到库选择端 $\overline{SEL}$ 上，如图 3-16 所示。当 $A_0 = 0$ 时，选择偶数地址的低

位库；当 $\overline{BHE}$ =0 时，选择奇数地址的高位库。利用 $A_0$ 和 $\overline{BHE}$ 这两个控制信号可以实现对两个库进行"读"或"写"(即十六位数据)，也可单独对其中一个库进行"读"或"写"，见表3-7。

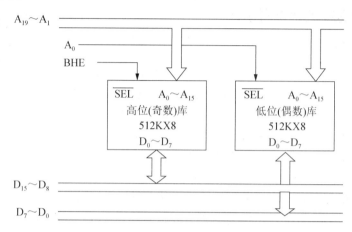

图 3-16　8086 高低位库的连接

表 3-7　8086 的 $\overline{BHE}$ 和 $A_0$ 的不同组合状态

| $\overline{BHE}$ | $A_0$ | 使用的数据引脚 | 操　作 |
|---|---|---|---|
| 0 | 0 | $D_{15} \sim D_0$ | 读或写偶地址开始的一个字 |
| 1 | 0 | $D_7 \sim D_0$ | 读或写偶地址开始的一个字节 |
| 0 | 1 | $D_{15} \sim D_8$ | 读或写奇地址开始的一个字节 |
| 1 | 1 | | 无操作 |
| 0 | 1 | $D_{15} \sim D_8$(第一个总线周期放低 8 位字节数据) | 读或写奇地址开始的一个字 |
| 1 | 0 | $D_7 \sim D_0$(第二个总线周期放高 8 位字节数据) | |

　　8088 因为外部数据总线是 8 位，因此它所对应的 1MB 的存储空间是一个不分高位库和低位库的单一存储体。8088 无论是对 16 位的字数据，或者是对 8 位的字节数据，无论是对规则字数据，还是对非规则字数据的操作，其每一个总线周期都只能完成一个字节的存取操作。需要注意，对 16 位数据操作所构成的连续两个总线周期是由 CPU 自动完成的，不需要用软件进行干预。这样，8088 和存储体连接时，地址总线中的 $A_0$ 和 $A_1 \sim A_{19}$ 同样参加寻址操作。8088 与存储器的连接如图 3-17 所示。

### 2. 存储器分段模式

　　8086 有 20 根地址线，因此可拥有 $2^{20}$=1MB 的内存地址空间。而 8086 的内部寄存器，包括其内部存放地址信息的指令指针 IP、堆栈指针 SP、基址指针 BP 和变址寄存器 SI、DI 等都只有 16 位，显然不能直接寻址 1MB 的空间，为此，在 16 位微处理器中引入了分段的概念。

　　8086 把 1MB 空间分为若干逻辑段，每个段最多可含 64KB 的连续存储单元。每个段的起始地址值又叫段基址(Base Address)，段基址由软件系统自动设置。段基址是一个能被 16 整除的数，即最后 4 位为 0，因此，只取其 20 位地址的前 16 位保存在段寄存器中。而段内第一个存储单元相对于段基址的偏移地址就是 0000H，第二个存储单元相对于段基址的偏移地址就是 0001H，依此类推，64KB 大的段中最后一个存储单元的偏移地址是 FFFFH。

段和段之间可以是连续的、断开的、部分重叠或完全重叠的，如图 3-18 所示。一个程序所用的具体存储空间可以是一个逻辑段，也可以是多个逻辑段。

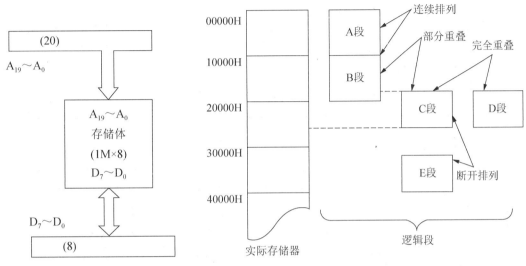

图 3-17　8088 与存储器的连接　　　　图 3-18　实际存储器中段的位置

16 位的段基址值都存放于段寄存器 CS、DS、SS 和 ES 中，所以，程序可以从这四个段寄存器给出的逻辑段中存取代码和数据。若要从别的段存取信息，程序必须首先改变对应的段寄存器内容，将其设置成所要存取段的基址值。

存储器采用分段编址方法进行组织有许多好处。首先，程序中的指令只涉及 16 位地址，缩短了指令长度，提高了执行程序的速度。尽管 8086 的存储器空间多达 1MB，但在程序执行过程中，不需要在 1MB 空间中去寻址，多数情况下只在一个较小的存储段中运行。多数指令运行时，并不涉及段寄存器的值，而只涉及 16 位的偏移量。也因为如此，分段组织存储器也为程序的浮动装配创造了条件。这样，程序设计者完全不用为程序装配在何处而去修改指令，统一交由操作系统管理即可。装配时只要根据内存的情况确定段基址 CS、DS、SS 和 ES 的值。应当注意的是，能实现浮动装配的程序，其中的指令应与段地址没有关系，在出现转移指令或调用指令时都必须用相对转移或相对调用。

### 3. 物理地址(Physical Address)和逻辑地址(Logical Address)

物理地址是指 CPU 和存储器进行数据交换时使用的地址，是唯一能表示存储空间每个字节单元的地址。例如，8086 的物理地址用 20 位二进制数或 5 位十六进制数表示。

逻辑地址由两部分组成：段基址和偏移量。偏移量是指存储单元所在的位置与段基址值的偏移距离，又称偏移地址。基址和偏移地址都用无符号的 16 位二进制数或 4 位十六进制数表示。

程序中不能使用 20 位的物理地址，只能使用 16 位的逻辑地址，由逻辑地址计算物理地址的过程如图 3-4 所示，应注意：一个物理地址可对应多个逻辑地址。段基址来源于 4 个段寄存器，偏移地址来源于 SP、BP、SI、DI 和 IP。BIU 寻址时到底使用哪个寄存器，则要根据执行操作的种类和要取得的数据类型确定，见表3-8。

表3-8　逻辑地址源

| 访问存储器类型 | 正常使用的段基址 | 可使用的段基址 | 偏移地址 | 物理地址计算公式 |
| --- | --- | --- | --- | --- |
| 取指令操作 | CS | 无 | IP | CS×16+IP |
| 堆栈操作 | SS | 无 | SP | SS×16+SP |
| 访问变量操作 | DS | CS/ES/SS | 有效地址 | DS×16+有效地址 |
| 源字符串操作 | DS | CS/ES/SS | SI | DS×16+SI |
| 目的字符串操作 | ES | 无 | DI | ES×16+DI |
| 用于基址寄存器的 BP 操作 | SS | CS/ES/ES | 有效地址 | SS×16+有效地址 |

### 4. 堆栈

一般 CPU 都需要设立堆栈。堆栈常常就是一段特殊划分出来的存储区，用它来暂存一批需要受到保护的数据或地址。堆栈存储区存取数据或地址采用的原则，与存储程序的程序区存取指令代码的原则不同，堆栈区采用"后进先出"(Last In First Out，LIFO)的存储原则，而程序区则采用"先进先出"(First In First Out，FIFO)的存储原则。

由于 8086 采用了存储器分段，为了表示所划分出来的堆栈区，也用一种称为堆栈段的存储器段来表示，堆栈段在存储区中的位置由堆栈段寄存器 SS 和堆栈指针 SP 来提供。SS 中存放堆栈段的段基址，SP 中存放栈顶的地址，该地址表示栈顶距离段基址值之间的偏移量，如图 3-19 所示。一个系统中使用的堆栈数目不受限制，在有多个堆栈的情况下，各个堆栈是用各自的段名来区分的。一个堆栈段的深度最大为 64KB。在有多个堆栈的情况下，只有一个堆栈段是当前执行程序可直接寻址的，称此堆栈段为当前堆栈段，SS 给出当前堆栈段的基址值，SP 指出当前堆栈段的栈顶位置。

堆栈用途的最典型例子就是在调用子程序时(子程序在 8086 汇编语言程序中又称为过程)，为了保证子程序执行结束后能正确返回，就需要将断点地址和主程序中的一些数据暂时存放起来。断点地址是指调用指令的下一条指令的地址——即 CS 和 IP 的值(段间调用)或 IP 的值(段内调用)，在执行调用指令 CALL 时，断点地址被存入堆栈；主程序中的一些数据可以使用入栈指令 PUSH 推入堆栈保存，否则子程序执行过程中将会把主程序中的数据冲掉。当子程序执行结束，首先应该用出栈指令 POP 将保存的数据弹回原来的位置，这就是"后进先出"，然后在执行返回指令 RET 时，将存入堆栈的断点地址送回 CS 或 IP。这样，程序的执行又回到了断点处继续。

8086 的堆栈操作有入栈(PUSH)和出栈(POP)两种。两种操作均为 16 位的字操作，而且 SP 所指示的栈顶为"实"栈顶。所谓"实"栈顶是指最后推入堆栈的信息所在的单元，如图 3-19(a)所示的 10508H 单元。如图 3-19(b)所示为入栈操作。在执行入栈操作 PUSH AX 时，应先修改堆栈指针 SP，完成(SP)-2=>(SP)后，此时，(SP)=10506H，再将 AX 的内容推入。推入时，先推入高 8 位 AH，即(AH)=>((SP+1))=(10507H)，而后推入低 8 位 AL，即(AL)=>((SP))=(10506H)。如图 3-19(c)所示为出栈操作，POP BX 和 POP AX。在执行第一条出栈指令 POP BX 时，先将栈顶的两个单元内容弹出到 BX。具体操作是先将栈顶内容((SP))=(10506H)=>BL(低位)，再接着将((SP)+1)=(10507H)=>BH(高位)，最后完成堆栈指针的修改(SP)+2 =>(SP)，此时的(SP)=10508H。接着执行第二条出栈指令POP AX，其操作类似于POP BX。两条出栈指令完成后，栈顶(SP)=1050AH。

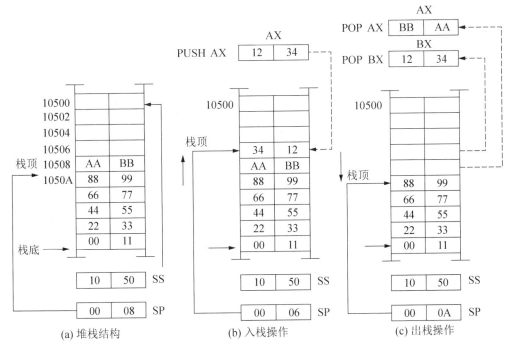

图 3-19　8086 系统的堆栈及入栈、出栈操作

### 5. 专用和保留的存储器单元

Intel 公司为了保证与未来本品牌 CPU 产品的兼容性，规定在存储区的最低地址区和最高地址区保留一些单元供 CPU 的某些特殊功能专用，或为将来开发软件产品和硬件产品而保留。其中：

(1) 00000H～0007FH(128B)用于中断，存放中断向量，这一区域又称为中断向量表。

(2) FFFF0H～FFFFFH(16B)用于系统复位启动。

IBM 公司遵照这种规定，在 8086/8088 系统中也有相应规定：

① 00000H～003FFH(共 1KB)：用来存放中断向量表，即中断处理子程序的入口地址。每个中断向量占 4 个字节，前 2 个字节中存放中断处理子程序入口的偏移地址(IP)，后 2 个字节中存放中断处理子程序入口的段地址(CS)。因此，1KB 区域可以存放256 个中断处理子程序的入口地址。但是，对一个具体的机器系统而言，256 级中断一般用不完，因此，这个区域大部分单元是空着的。当系统启动、引导完成，这个区域的中断向量就被建立起来了。

② B0000H～B0FFFH(共 4KB)：单色显示器的视频缓冲区，存放单色显示器当前屏幕显示字符所对应的 ASCII 码及其属性。

③ B8000H～BBFFFH(共 16KB)：彩色显示器的视频缓冲区，存放彩色显示器当前屏幕像素点所对应的代码。

④ FFFF0H～FFFFFH(共 16B)：一般用来存放一条无条件转移指令，使系统在上电或复位时，会自动转到系统的初始化程序，这个区域被包含在系统的 ROM(Read Only

Memory)范围内，在 ROM 中驻留着系统的基本 I/O 系统程序，即 BIOS(Basic Input/Output System)。

由于专用和保留存储单元的规定，Intel 公司 CPU 的各类微型计算机都具有较好的兼容性。

### 3.7.2　8086/8088 的 I/O 组织

8086/8088 系统和外部设备之间都是通过 I/O 芯片来联系的。每个 I/O 芯片都有一个端口或者几个端口，一个端口对应芯片内部的一个寄存器或者一组寄存器。微型计算机系统要为每个端口分配一个地址，此地址叫端口号，各个端口号不能重复。

8086/8088 允许有 65536(64K)个 8 位的 I/O 端口，两个编号相邻的 8 位端口可以组合成一个 16 位端口。指令系统中既有访问 8 位端口的输入/输出指令，也有访问 16 位端口的输入/输出指令。

CPU 在执行访问 I/O 端口的指令，即输入(IN)指令和输出(OUT)指令时，会发出有效的 $\overline{RD}$ 或 $\overline{WR}$ 信号，同时使 8086 的 M/$\overline{IO}$ 信号处于低电平(使 8088 的 $\overline{M}$/IO 信号处于高电平)，通过外部逻辑电路的组合，发出对 I/O 端口的读或写信号。

进行系统设计时，也可以通过硬件将 I/O 端口和存储器放在一起统一编址，这样就可以用对存储器的访问指令来实现对 I/O 端口的读/写。当然在这种情况下，CPU 访问 I/O 端口时和访问存储器时一样，在使 $\overline{RD}$ 或 $\overline{WR}$ 信号有效的同时，使 8086 的 M/$\overline{IO}$ 信号处于高电平(使 8088 的 $\overline{M}$/IO 信号处于低电平)，通过外部逻辑电路的组合，发出对存储器的读信号或写信号，从而实现对 I/O 端口的操作。

# 3.8　8086/8088 的 CPU 时序

一个微型计算机系统为了完成自身的功能，需要执行许多操作。这些操作均在时钟的同步下，按时序一步步地执行，这样就构成了 CPU 的操作时序。归纳起来，8086/8088 的 CPU 操作时序主要有：

(1) 总线操作周期。

(2) 总线读操作周期。

(3) 总线写操作周期。

(4) 空闲周期。

(5) 中断响应周期。

(6) 系统复位和启动。

时序控制.mp4

复位与启动.mp4

### 3.8.1　总线操作周期

8086 的 CPU 与存储器或 I/O 端口之间只要有数据交换，或装填指令队列时，都需要执行总线周期，即进行总线操作。在 8086 中，一个基本的总线周期由 4 个时钟周期组成，时钟周期是 CPU 的基本时间计量单位，由计算机的主频决定，比如 8086 的主频为

5MHz，1 个时钟周期就是 200ns。在一个最基本的总线周期中，习惯上将 4 个时钟周期分别称为 4 个状态，即 $T_1$ 状态、$T_2$ 状态、$T_3$ 状态、$T_4$ 状态。

$T_1$ 状态，CPU 向多路复用的 AD 和 A/S 总线发送地址信息，指出要寻址的存储单元或者外设端口的地址；$T_2$ 状态，CPU 从总线上撤销地址，使总线的低 16 位置成高阻状态，为传输数据做准备，总线的高 4 位用来输出本总线周期状态信息，这些信息用来表示中断允许状态、当前正在使用的段寄存器名等；$T_3$ 状态，多路总线的高 4 位继续提供状态信息，多路总线的低 16 位(8088 则为低 8 位)上出现由 CPU 写出的数据或者 CPU 从存储器或端口读入的数据；$T_4$ 状态，总线周期结束。

当存储器或 I/O 端口速度较慢时，就由等待状态发生器发出 READY=0(未准备就绪)的信号，CPU 则在 $T_3$ 之后插入一个或多个等待状态 $T_w$。在 $T_w$ 状态，总线上的信息情况和 $T_3$ 状态的情况一样，当指定的存储器或外设完成数据传送时，便在 READY 线上发出 READY=1(准备就绪)的信号，CPU 接收到这一信号后，会自动脱离 $T_w$ 状态进入 $T_4$ 状态。

总线操作按照数据传输方向可分为：总线读操作和总线写操作。前者是指 CPU 从存储器或 I/O 端口读取数据，后者则是指 CPU 把数据写入到存储器或 I/O 端口。

### 3.8.2　总线读操作周期

#### 1. 最小模式下的总线读操作时序

最小模式下的总线读操作时序如图 3-20 所示。

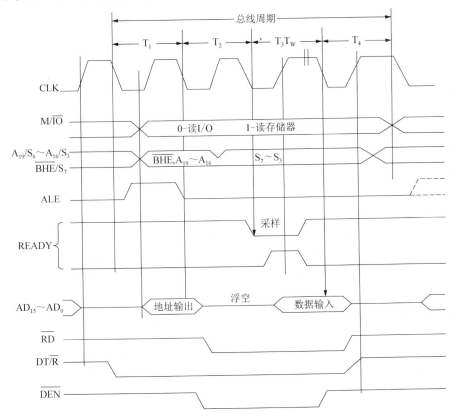

图 3-20　最小模式下的总线读操作时序

各状态下的操作如下。

$T_1$ 状态：

(1) CPU 根据所执行的指令，首先在 $M/\overline{IO}$ 线上发出有效电平。若为高电平，表示从存储器读；若为低电平，表示从 I/O 端口读。此信号将持续整个周期。

(2) 从地址/数据复用线 $AD_0 \sim AD_{15}$ 和地址/状态复用线 $A_{16}/S_3 \sim A_{19}/S_6$ 发送存储器单元地址(20 位)或发 I/O 端口地址(16 位)。地址信号只持续 $T_1$ 状态，因此必须进行锁存，以供整个总线周期使用。

(3) 为了锁存地址信号，CPU 在 $T_1$ 状态从 ALE 引脚上输出一个正脉冲作为 8282 锁存器的地址锁存信号。在 ALE 的下降沿到来之前，$M/\overline{IO}$ 和地址信号均已有效。因此，8282 用 ALE 的下降沿对地址进行锁存。

(4) 为了实现对存储体的高位字节库(即奇地址库)的寻址，CPU 在 $T_1$ 状态通过 $\overline{BHE}/S_7$ 引脚发送 $\overline{BHE}$ 有效信号(低电平)。$\overline{BHE}$ 和地址 $AD_0$ 分别用来对奇、偶地址库进行寻址(见表 3-7)。

(5) 在读操作中，要控制数据总线传输方向，使 $DT/\overline{R}$ 变为低电平，以控制数据总线收发器 8286 接收和转发数据。

$T_2$ 状态：

(1) 地址信号消失，此时 $AD_0 \sim AD_{15}$ 进入高阻缓冲期，以便为读入数据做准备。

(2) $A_{16}/S_3 \sim A_{19}/S_6$ 及 $\overline{BHE}/S_7$ 线开始输出状态信息 $S_3 \sim S_7$，并持续到 $T_4$，其中 8086 的 $S_7$ 未赋予实际意义。

(3) $\overline{DEN}$ 信号开始变为低电平(有效)，该信号用来开放 8286 总线收发器。这样，就可以使 8286 提前在 $T_3$ 状态，即在数据总线上出现输入数据前获得开放。$\overline{DEN}$ 维持到 $T_4$ 状态的中期。

(4) $\overline{RD}$ 信号开始变为低电平，该信号与系统中所有存储器和 I/O 端口连接，用来打开数据输出缓冲器，以便将数据送到数据总线。

(5) $DT/\overline{R}$ 继续保持低电平的有效接收状态。

$T_3$ 状态：

经过 $T_1$、$T_2$ 状态后，存储器单元或 I/O 端口把数据送到数据总线 $AD_0 \sim AD_{15}$，以供 CPU 读取。

$T_w$ 状态：

当系统中所用的存储器或外设的工作速度较慢，不能在基本总线周期规定的四个状态完成读操作时，它们将通过 8284A 时钟产生器给 CPU 发送一个 READY 信号。CPU 在 $T_3$ 的前沿(下降沿)采样 READY。当采样到的 READY=0 时(表示"未就绪")，就会在 $T_3$ 和 $T_4$ 之间插入等待状态 $T_w$。$T_w$ 可以为 1 个或多个。以后，CPU 在每个 $T_w$ 的前沿(下降沿)都采样 READY，直到 READY=1(表示"已就绪")时，则在本 $T_w$ 完结后，脱离 $T_w$ 而进入 $T_4$ 状态。

在最后一个 $T_w$ 状态时，数据已出现在数据总线上。因此，这时的总线操作和基本总线周期中的 $T_3$ 状态相同。

$T_4$ 状态：

在 $T_4$ 状态和前一状态交界的下降沿处，CPU 对数据总线上的数据进行采样，完成读取数据的操作。

归纳如下：

在总线读操作周期中，8086 在 $T_1$ 状态向 AD 和 A/S 线上输出地址；$T_2$ 状态使 AD 线浮空，并输出 $\overline{RD}$；在 $T_3$、$T_4$ 状态，外界将准备读入的数据送至 AD 线上；在 $T_4$ 状态前沿，将此数据读入 CPU。

### 2. 最大模式下的总线读操作时序

最大模式下，8086/8088 的总线读操作在逻辑上和最小模式下是一样的。但在分析操作时序时，应考虑最大模式下总线控制器 8288 产生的一些控制信号的使用。

最大模式下的总线读操作时序如图 3-21 所示。图中带*号的信号——ALE、DT/$\overline{R}$、$\overline{MRDC}$、$\overline{IORC}$ 和 DEN 都是由 8288 根据 CPU 的 $\overline{S_2}$、$\overline{S_1}$、$\overline{S_0}$ 的组合产生的，其交流特性比 CPU 产生的相同信号要好得多，因此，在连接系统时一般都采用它们。

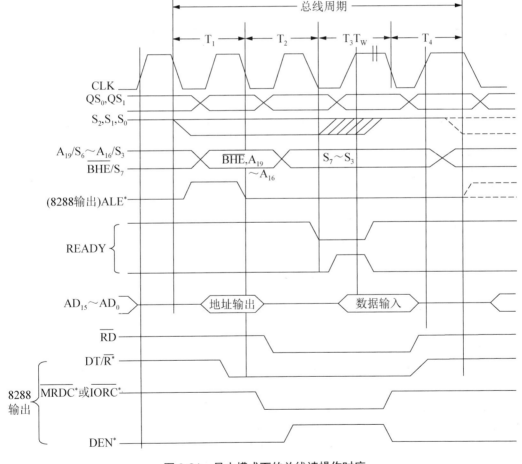

图 3-21 最大模式下的总线读操作时序

应注意：在每个总线周期开始之前的一段时间，$\overline{S_2}$、$\overline{S_1}$、$\overline{S_0}$ 必定被置为高电平。而当总线控制器 8288 一检测到这三个状态信号中任一个或 n 个从高电平变为低电平时，便立即开始一个新的总线周期。

如果存储器或外设速度足够快，和最小模式下一样，在 $T_3$ 状态就已把输入数据送到数据总线 $AD_0 \sim AD_{15}$ 上，CPU 便可读取数据，这时，$\overline{S_2}$、$\overline{S_1}$、$\overline{S_0}$ 都变为高电平，进入无源状态，一直到 $T_4$ 为止。当进入无源状态，就意味着 CPU 又可启动一个新的总线周期；若存储器或外设速度较慢，则需使用 READY 信号进行联络，即在 $T_3$ 状态开始前，READY 仍未变为高电平("就绪")，则和最小模式一样，在 $T_3$ 和 $T_4$ 之间插入一个或多个 $T_w$ 状态进行等待。

### 3.8.3  总线写操作周期

#### 1. 最小模式下的总线写操作时序

最小模式下的总线写操作时序如图 3-22 所示。和读操作一样，写操作周期也包含 4 个状态——$T_1$、$T_2$、$T_3$ 和 $T_4$。当存储器或外设速度较慢时，在 $T_3$ 和 $T_4$ 之间插入一个或多个 $T_w$。

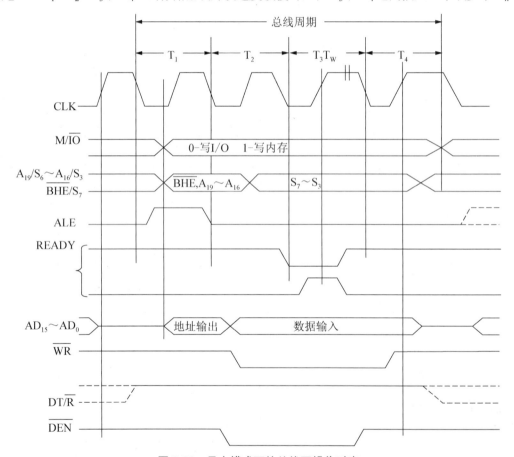

图 3-22  最小模式下的总线写操作时序

在总线写操作周期中，8086 在 $T_1$ 状态，将地址信号送至 AD 和 A/S 总线上，并从 $T_2$ 开始一直到 $T_4$，将数据输出到 AD 线上，等到存储器 I/O 端口的输入数据缓冲器被打开，便将 AD 线上的输出数据写入存储器单元或 I/O 端口。存储器或 I/O 端口的输入数据缓冲器是利用在 $T_2$ 状态出现的写控制信号 $\overline{WR}$ 打开的。

总线写周期和总线读周期在操作上的区别有以下三个方面。

(1) 在写周期下，AD 线上因输出的地址和输出的数据为同方向，因此，$T_2$ 状态不需要像读周期时要维持一个周期的浮空状态以作缓冲。

(2) 对存储器芯片或 I/O 端口发出的控制信号是 $\overline{WR}$，而不是 $\overline{RD}$，但它们出现的时序类似，也是从 $T_2$ 开始。

(3) 在 DT/$\overline{R}$ 引脚上发出的是高电平的数据发送控制信号 DT，此信号被送到 8286 总线收发器控制其数据的输出方向。

### 2. 最大模式下的总线写操作时序

最大模式下的总线写操作时序如图 3-23 所示。图中带*号的控制信号也是 CPU 通过 8288 产生的。其中 ALE 和 DEN 的时序和作用与最大模式下的总线读周期相同。不同的是：在 DT/$\overline{R}$ 线上输出的是高电平有效信号，另外，还有两组写控制信号是为存储器或 I/O 端口提供的。一组是普通的存储器写命令 $\overline{MWTC}$ 和 I/O 端口写命令 $\overline{IOWC}$；另一组是超前的存储器写命令 $\overline{AMWC}$ 和超前的 I/O 端口写命令 $\overline{AIOWC}$，可供系统连接时选用。

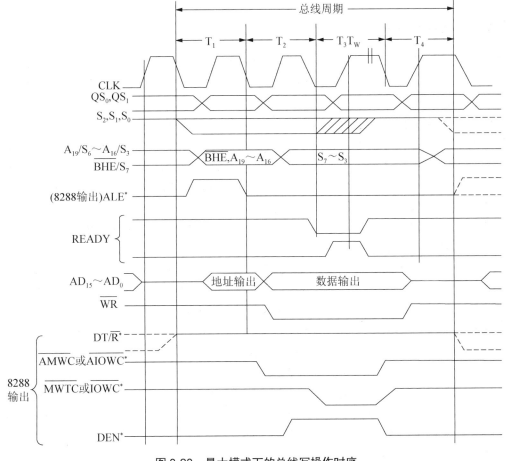

图 3-23　最大模式下的总线写操作时序

和读周期一样，在写操作周期开始之前，$\overline{S_2}$、$\overline{S_1}$、$\overline{S_0}$ 已经按操作类型设置好了相应电平，同样，也在 $T_3$ 状态，全部恢复为高电平，进入无源状态，从而为启动下一个新的总线周期做准备。

最大模式下的总线写操作在遇到慢速的存储器和外设时，也可用 READY 信号联络，在 $T_3$ 开始之前，若仍无效，也可在 $T_3$ 和 $T_4$ 之间插入一个或多个 $T_w$ 等待状态。

### 3.8.4  空闲周期

CPU 只有在和存储器或 I/O 端口之间交换数据，或装填指令队列时，才由总线接口部件 BIU 执行总线周期，否则 BIU 将进入总线的空闲周期 $T_I$。$T_I$ 一般包含一个或多个时钟周期。在空闲周期中，CPU 对总线进行空操作，但状态信息 $S_3 \sim S_6$ 和前一个总线周期相同；而地址/数据线 AD 则视前一总线周期是读操作还是写操作进行区分。若前一周期为读周期，则 $AD_0 \sim AD_{15}$ 在空闲周期中处于浮空；若为写周期，则 $AD_0 \sim AD_{15}$ 仍继续保留 CPU 输出数据。

空闲周期是指对总线操作空闲，而 CPU 内部仍可进行有效操作，如执行部件 EU 进行计算或内部寄存器间进行传送等。因此，空闲周期又可视为是 BIU 对 EU 的等待。

### 3.8.5  中断响应周期

8086 有一个强有力的中断系统，可以处理 256 种不同类型的中断，每种中断用一个类型码以示区分，因此 256 种中断对应的中断类型码为 0～255。这 256 种中断又分两种：一种为硬件中断，另一种为软件中断。

硬件中断是通过外部的硬件引起的，所以又叫外部中断。硬件中断又分两种：一种是通过 CPU 的非屏蔽引脚 NMI 送入"中断请求"信号而引起，这种中断不受标志寄存器中的中断允许标志 IF 的控制；另一种是外设通过中断控制器 8259A 向 CPU 的 INTR 送入的"中断请求"引起的，这种中断不仅要求 INTR 信号有效(高电平)，而且还要求当 IF=1(中断开放)时才能引起，称为可屏蔽中断。硬件中断在系统中是随机产生的。

软件中断是 CPU 根据程序中的中断指令 INT n(其中 n 为类型码)而引起的，与外部硬件无关，又称内部中断。

无论是硬件中断还是软件中断都有类型码，CPU 根据类型码再乘以 4，就得到存放中断服务程序入口地址的指针，又称中断向量，每个中断类型对应一个中断向量。8086/8088 的中断系统是以位于内存 0 段的 0～3FFH 区域的中断向量表为基础的。

8086 中断响应的总线周期。由外设向 CPU 的 INTR 引脚发出中断申请而引起。如果 CPU 接收到外部的中断请求信号 INTR，且中断允许标志 IF=1，而 CPU 又刚好执行完一条指令，那么，8086 将进入中断响应周期，如图 3-24 所示。中断响应周期需要 2 个总线周期。第一个总线周期 CPU 从 $\overline{\text{INTA}}$ 引脚上向外设端口(一般是向 8259A 中断控制器)先发送一个负脉冲，表明其中断申请已得到允许，然后插入 2 个或 3 个空闲状态 $T_I$(对 8088 则不需插入空闲周期)，再发第二个负脉冲。这两个负脉冲都是从每个总线周期的 $T_2$ 维持到 $T_4$ 状态的开始。当外设端口的 8259A 收到第二个负脉冲后，立即就把中断类型码 n 送到它的数据总线的低 8 位 $D_0 \sim D_7$ 上，并通过与之连接的 CPU 地址/数据线 $AD_0 \sim AD_7$ 传给 CPU。在这两个总线周期的其余时间，$AD_0 \sim AD_7$ 处于浮空，同时 $\overline{\text{BHE}}/S_7$ 和地址/状态线

$A_{16}/S_3 \sim A_{19}/S_6$ 也处于浮空，M/$\overline{\text{IO}}$ 处于低电平，而 ALE 引脚在每个总线周期的 $T_1$ 状态输出一个有效的电平脉冲，作为地址锁存信号。

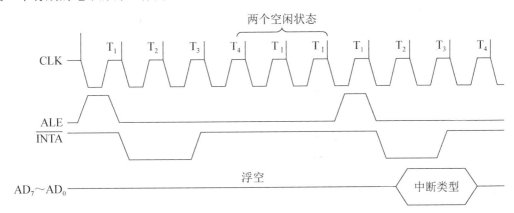

图 3-24　8086 的中断响应周期

8086 的中断响应周期需注意以下几点。

(1) 8086 要求外设通过 8259A 向 INTR 发出的中断请求信号是一个电平信号，必须维持 2 个总线周期的高电平，否则当 CPU 的 EU 执行完一条指令后，如果 BIU 正在执行总线操作周期，则会使中断请求得不到响应，而继续执行其他的总线操作周期。

(2) 8086 工作在最小模式和最大模式时，$\overline{\text{INTA}}$ 响应信号是从不同地方向外设端口的 8259A 发出的。最小模式下，直接从 CPU 的 $\overline{\text{INTA}}$ 引脚发出；而在最大模式下，是通过总线控制器 8288 的 $\overline{\text{INTA}}$ 引脚发出的。

(3) 8086 还有一条优先级别更高的总线保持请求信号 HOLD(最小模式下)或 $\overline{\text{RQ}}/\overline{\text{GT}}$(最大模式下)。当 CPU 已经进入中断响应周期，即使外部发来总线保持请求信号，CPU 还是要在完成中断响应后，才响应它。如果中断请求和总线保持请求是同时发向 CPU 的，则 CPU 应先对总线保持请求服务，然后再进入中断响应周期。

(4) 中断响应的第一个总线周期用来通知发出中断请求的设备，CPU 准备响应中断，现在准备好中断类型码；在第二个总线周期响应中，CPU 接收外设接口发来的中断类型码，以便据此得到中断向量，即为中断处理子程序的入口地址。

(5) 外设的中断类型码必须通过 16 位数据总线的低 8 位传送给 8086，所以提供中断向量的外设接口(中断控制器)必须接在数据的低 8 位上。

(6) 软件中断和 NMI 非屏蔽中断的响应总线周期不按照图 3-24 所示的响应周期响应中断。

### 3.8.6　系统复位和启动

8086 的复位和启动操作是由 8284A 时钟发生器向其 RESET 复位引脚输入一个触发信号执行的。8086 要求此复位信号至少维持 4 个时钟周期的高电平。如果是初次加电引起的复位(又称"冷启动")，则要求此高电平持续期不短于 50μs。

当 RESET 信号一进入高电平，8086 CPU 就结束现行操作，进入复位状态，直到 RESET 信号变为低电平时为止。在复位状态下，CPU 内部的各寄存器被置为初态。其初态见表 3-3。从该表可以看到：由于复位时，代码段寄存器 CS 和指令指针寄存器 IP 分别被初始化为 FFFFH 和 0000H，所以 8086 复位后重新启动时，便从内存的 FFFF0H 处开始执行指令。

一般在 FFFF0H 处存放一条无条件转移指令，用于转移到系统程序的入口处，这样，系统一旦被启动，仍自动进入系统程序，开始正常工作。

复位信号从高电平到低电平的跳变会触发 CPU 内部的一个复位逻辑电路，经过 7 个时钟周期之后，CPU 就完成了启动操作。

复位时，由于标志寄存器 FR 被清零，其中的中断允许标志 IF 也被清零。这样，从 INTR 端输入的可屏蔽中断就不能被接受。因此，在设计程序时，应在程序中设置一条开放中断的指令 STI，使 IF=1，以开放中断。

8086 的复位操作时序如图 3-25 所示。由图中可见，当 RESET 信号有效后，再经过一个状态，将执行以下两种情况。

(1) 把所有具有三态的输出线：包括 $AD_0 \sim AD_{15}$、$A_{16}/S_3 \sim A_{19}/S_6$、$\overline{BHE}/S_7$、$M/\overline{IO}$、$DT/\overline{R}$、$\overline{DEN}$、$\overline{WR}$、$\overline{RD}$ 和 $\overline{INTR}$ 等都置成浮空状态，直到 RESET 后回到低电平，结束复位操作为止。还可以看到：在进入浮空前的半个状态(即时钟周期的低电平期间)，这些三态输出线暂为不作用状态。

(2) 把不具有三态的输出线：包括 ALE、HLDA、$\overline{RQ}/\overline{GT_0}$、$\overline{RQ}/\overline{GT_1}$、$QS_0$ 和 $QS_1$ 都置为无效状态。

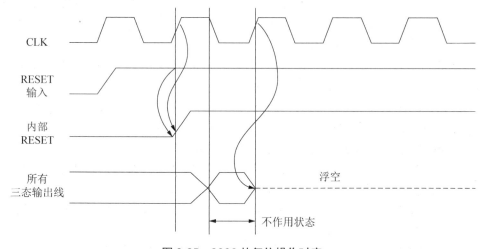

图 3-25　8086 的复位操作时序

# 本 章 小 结

(1) CPU 是计算机的核心部件，负责数据的运算和处理，也是统一指挥计算机各部件协调工作的控制中心。

(2) CPU 一般由运算器、控制器、寄存器组以及时钟组成。运算器负责数据的算术运算、逻辑运算及其他处理；控制器负责指挥与控制整台计算机各功能部件的协同工作；寄存器组是保存操作数和中间结果的临时存储单元；时钟则为 CPU 提供工作频率的基准信号。

# 复习思考题

## 一、单项选择题

1. CPU 的 ALU 主要完成_____。
   - A. 地址指针的变换
   - B. 算术逻辑运算及各种移位操作
   - C. 产生时序脉冲
   - D. 中断管理

2. 计算机完成一条指令的执行所需要的时间称为_____。
   - A. 时钟周期
   - B. 运算周期
   - C. 指令周期
   - D. 机器周期

3. 关于 PC 中 CPU 的叙述，不正确的是_____。
   - A. 为了暂存中间结果，CPU 中包含几十个以上的寄存器，用来临时存放数据
   - B. CPU 是 PC 中不可缺少的部分，担负着运行系统软件和应用软件的任务
   - C. 所有 PC 的 CPU 都具有相同的机器指令
   - D. CPU 至少包含一个处理器，为了提高速度，CPU 也可以有多个微处理器

4. Intel 80286 是_____位微处理器。
   - A. 8
   - B. 16
   - C. 32
   - D. 64

5. 程序计数器 PC 属于_____。
   - A. 运算器
   - B. 控制器
   - C. 存储器
   - D. I/O 接口

6. 计算机主频的周期是指_____。
   - A. 指令周期
   - B. 时钟周期
   - C. CPU 周期
   - D. 存取周期

7. 8086 CPU 的地址信号线是_____。
   - A. 单向的
   - B. 双向的
   - C. 单向、三态
   - D. 双向、三态

8. 8086 的 HOLD 引脚的功能是_____。
   - A. 中断请求
   - B. 总线请求
   - C. 中断响应
   - D. 总线响应

9. 在 CPU 中，跟踪后续指令地址的寄存器是_____。
   - A. 指令寄存器
   - B. 程序计数器
   - C. 地址寄存器
   - D. PSW

10. 以下叙述中正确的是_____。
    - A. 同一个 CPU 周期中，可以并行执行的微操作叫相容性微操作
    - B. 同一个 CPU 周期中，不可以并行执行的微操作叫相容性微操作
    - C. 同一个 CPU 周期中，可以并行执行的微操作叫相斥性微操作
    - D. 同一个 CPU 周期中，不可以并行执行的微操作叫相斥性微操作

11. 在做加法时，D7 为有进位且结果为正，则标志位 CF 和 SF 为_____。
    - A. 0 和 0
    - B. 0 和 1
    - C. 1 和 0
    - D. 1 和 1

12. 8086 CPU 有两种工作模式，即最大工作模式和最小工作模式，它由_____①_____决定。最小工作模式的特点是_____②_____，最大工作模式的特点是_____③_____。
    - ① A. BHE/S7
    - B. MN/MX
    - C. INTA
    - D. HOLD

② A. CPU 提供全部控制信号　　　　　B. 由编程进行模式设定

C. 不需用 8288 收发器　　　　　　　D. 需要总线控制器 8288

③ A. M/IO 引脚可直接引用　　　　　　B. 由编程进行模式设定

C. 需要总线控制器 8288　　　　　　D. 适用于单一处理机系统

13. 8088 CPU 工作于最小模式下，引脚 M/$\overline{\text{IO}}$、$\overline{\text{RD}}$、$\overline{\text{WR}}$ 为_____时，表示写 I/O 端口。

  A. 010     B. 001     C. 110     D. 101

14. RESET 信号有效后，8086 CPU 启动时执行的第一条指令的地址为_____。

  A. 00000H   B. 0FFFF0H   C. 0FFFFFH  D. 0FFFFH

15. 指令周期是指_____。

  A. CPU 从主存取出一条指令的时间

  B. CPU 执行一条指令的时间

  C. CPU 从主存取出一条指令加上执行这条指令的时间

  D. 时钟周期时间

16. 8086 的复位和启动操作是通过_____引脚上的触发信号来实现的。

  A. READY   B. CLK    C. RESET   D. ALE

17. 时钟周期、指令周期和总线周期时间长短的排序为_____。

  A. 时钟周期>指令周期>总线周期

  B. 总线周期>指令周期>时钟周期

  C. 指令周期>时钟周期>总线周期

  D. 指令周期>总线周期>时钟周期

18. 在下列各项中，选出 8086 的 EU 和 BIU 的组成部件，将所选部件的编号填写于后：

  EU_____

  BIU_____

  A. 地址部件 AU      B. 段界检查器

  C. ALU         D. 20 位地址产生器

  E. 24 位物理地址加法器   F. 指令队列

  G. 状态标志寄存器     H. 总线控制逻辑

  I.　控制单元       J.　段寄存器组

  K. 指令指针       L.　通用寄存器组

二、简答题

1. 画出 8086/8088 CPU 的寄存器结构，并说明它们的主要用途。

2. 8086 CPU 的 EU 与 BIU 是如何协同工作的？

3. 若一个程序段开始执行之前，(CS)=97F0H，(IP)=1B40H，则该程序段启动执行指令的实际地址是什么？

4. 若堆栈段寄存器(SS)=3A50H，堆栈指针(SP)=1500H，则这时堆栈栈顶的实际地址是什么?

5. 已知(SS)=20A0H，(SP)=0032H，将(CS)=0A5BH，(IP)=0012H，(AX)=0FF 42H，(SI)=537AH，(BL)=5CH 依次推入堆栈保存。(1)画出堆栈存放示意图；(2)写出入栈结束时 SS 和 SP 的值。

6. 求运算器在计算 F587H+159BH 的结果后对标志寄存器各标志位的影响。

7. 简述 8086 CPU 中 RESET 引脚的作用是什么?

8. 论述未来 CPU 的发展趋势。

运算与控制的核心硬件——中央处理器.pptx

# 第4章　处理器的指令系统与汇编程序

## 案例导学

### 汇编语言程序设计

要实现计算机的运算及控制功能，除硬件系统外，还需要有软件系统的支持。求解某个具体的问题，需设计解决该问题的算法并使用编程语言编写程序，基于硬件的编程语言有机器语言和汇编语言。例如，求解两个数的和：a+b，使用汇编语言指令所编写的程序段：

MOV AX, a
ADD AX, b
MOV [BX], AX

其中，AX 和 BX 都是 CPU 中的寄存器，MOV AX, a 指令用于向寄存器 AX 中传送数据 a，ADD AX, b 指令将 AX 中的数据 a 与 b 进行加运算，运算结果仍存放在 AX 中，MOV [BX], AX 指令则用于将运算结果传送到存储器中。

在实际应用中，汇编语言通常被应用在底层，例如，驱动程序、嵌入式操作系统和实时运行程序等都需要使用汇编语言，它具有占用内存少、执行速度快、效率高等优点。

## 4.1　指令集的派系

指令集是 CPU 中用来计算和控制计算机系统的一套指令的集合，每一种 CPU 在设计时都规定了一系列与其硬件电路相配合的指令系统。指令的强弱是 CPU 的重要指标，指令集是提高微处理器效率最有效的工具之一。指令集的先进与否，关系到 CPU 的性能发挥，它是体现 CPU 性能的一个重要标志。

在处理器的发展过程中，出现了两种类型的指令集处理器：复杂指令集计算机(Complex Instruction Set Computer，CISC)和精简指

指令集的派系.mp4

令集计算机(Reduced Instruction Set Computer，RISC)。

CISC 和 RISC 是目前设计制造微处理器的两种典型技术，它们都试图在体系结构、操作运行、软件硬件、编译时间和运行时间等诸多因素中做出某种平衡，以求达到高效的目的。早期的 CPU 全部采用 CISC 架构，后期的 CPU 更多地采用 RISC。

### 1. CISC 体系结构

在早期，编译器技术尚未出现，程序是以机器语言或汇编语言完成的。为了便于编写程序，计算机架构师编出只需要一条指令就可以完成一串复杂动作的指令。当时的看法是硬件比编译器更易设计，所以复杂的部分就被加进硬件。这种处理器设计原理最终成为复杂指令集计算机(CISC)。

CISC 微处理器对于科学计算及复杂操作的程序设计相对容易，编程和处理特殊任务的效率也较高，并且对汇编程序编译器的开发十分有利。CISC 的指令采用字节形式的代码表示，指令复杂的程度不同，其所占用的字节数也不同，即所谓指令长度不同。不同长度的指令占用不同数量的地址空间。因为一条指令可能包含数个操作步骤，导致不同指令执行的时间也不同，有的需要多个时钟周期才能执行完毕。

CISC 架构的微处理器，其复杂指令系统带来了复杂的操作进程、复杂的代码结构与复杂的指令空间，为了支持指令的操作，这种架构的 CPU 硬件结构复杂、面积大、功耗大，对工艺要求很高。

### 2. RISC 体系结构

随着计算机的功能越来越强大，计算机内部的元件也越来越多，且越来越复杂，CISC 架构的 CPU 指令也相应地变得十分复杂。统计证明，约有 80%的程序只用到了其中 20%的指令，而一些过于冗余的指令严重影响了计算机的工作效率。同时，复杂的指令系统必然带来结构的复杂性，不但增加了设计的时间与成本，还容易导致设计失败。此外，尽管超大规模集成电路技术已达到很高水平，但也很难把 CISC 的全部硬件做在一个芯片上。因而，针对 CISC 的这些弊病，设计者们提出了精简指令的设想，即指令系统应当只包含那些使用频率很高的少量指令，并提供一些必要的指令以支持操作系统和高级语言。按照这个原则发展而成的计算机就被称为精简指令集计算机(RISC)。

RISC 的设计理念是尽可能简化指令系统，提高程序运行速度，使大部分的常用指令可以在高速时钟下运行，以满足微处理器在嵌入式应用中的实时性要求。RISC 架构中的指令代码短、种类少、格式规范，并且采用流水线技术，因此其硬件结构简单，布局紧凑，在同样的工艺水平下能够生产出功能强大的 CPU。但在实现特殊或复杂功能时，汇编语言程序设计的难度加大，编程效率变低，此外，其对编译器的设计要求也更高。

就当前主流的 CPU 而言，Intel 公司所生产的大部分都是 x86 架构的处理器，属于 CISC 处理器，主要用于桌面应用。而嵌入式移动应用使用的 ARM 处理器则属于 RISC 架构。虽然从理论上说，RISC 在很多方面都优于 CISC，但在实践过程中发现 RISC 也存在着一些不如 CISC 的方面，例如对浮点运算等复杂指令的处理、兼容性等方面。但实际上，RISC 和 CISC 体系之间的差异已越来越小，更多的 CISC 芯片中运用了很多与 RISC 体系相关的技术以改善其自身性能，例如超流水线技术。可以说，CISC 和 RISC 体系优势的结合很可能成为 CPU 核心设计的趋势。

小贴士

**指令流水线技术**

指令流水线是指程序运行时多条指令重叠执行的一种并行技术。典型的 RISC 体系中一条指令的执行有五个基本步骤：IF(Instruction fetch，取指令)，ID(Instruction decode，指令解码)，EX（Execution，执行），MEM(Memory access，内存访问)，WB(Write-back，回写)。下图演示四条指令 I1～I4 在理想情况下并行执行的流水线，在该执行过程中每个部件都被充分利用。

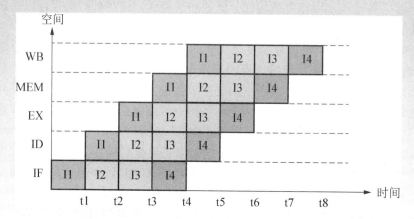

# 4.2  机器语言、汇编语言与高级语言指令

程序设计就是按照给定的任务要求，编写出能够完成该任务的指令序列的过程。完成同一个任务可以采用不同的方法和程序。由于计算机的配置不同，设计程序所使用的语言也不同。计算机程序语言虽然有上千种之多，但只有小一部分得到了广泛应用。从计算机语言的发展历程来看，大致可分为机器语言、汇编语言和高级语言三类。

高级语言与汇编语言.mp4

### 1. 机器语言

机器语言就是指令的二进制编码，是一种能够被计算机直接识别和执行的语言。机器语言是和 CPU 紧密相关的，机器语言中的指令只能是某一种 CPU 的指令集支持的指令，所以不同的 CPU 对应的机器语言就不同。用机器语言编写的程序不通用、不易读、易出错、难以维护，所以没有人使用机器语言编写程序。

### 2. 汇编语言

为了克服机器语言的不足，人们选用一些能反映机器指令功能的英文助记符来表示机器指令。例如 CPU 要完成一个加法操作，如果使用机器语言就是一串由 0 和 1 组成的二进制编码，但实际上可以用一个英文助记符"ADD"来替代机器指令。用助记符表示的指令就称为汇编指令或汇编语言，由汇编语言编写的程序称为汇编语言程序。当然，CPU 是不可能直接识别和执行汇编语言程序的，需要将其转换成机器语言才可以，这个转换过程叫作"汇编"，而这个转换工具同时也是一个计算机程序，叫作"汇编程序"或"汇编器"。所以提到"汇编"可能表示汇编语言源程序，也可能表示汇编器，这要根据上下文来判定。

汇编语言是计算机能提供给用户的最快而又最有效的语言，也是能利用计算机所有硬件特性并能直接控制硬件的语言。汇编语言程序具有效率高、占用存储空间小、运行速度快等优点，使用汇编语言可以编制出最优化的程序，但它的缺点也非常明显，即可读性差、可移植性差，而且与机器语言一样无法脱离硬件编程。所以说，汇编语言和机器语言都是面向"机器"，即面向硬件的语言，缺乏通用性。

### 3. 高级语言

高级语言是面向过程和问题的计算机程序设计语言，它的抽象层次更高，是独立于计算机硬件结构的通用程序语言。目前，在微控制器应用系统中使用最广泛的高级语言是 C 语言。同汇编语言一样，高级语言也不可能被计算机直接识别和执行，同样需要转换成机器语言。这一转换过程通常称为"编译"，转换的工具就叫作"编译器"。高级语言具有直观性强、易学易懂、通用性强等优点。汇编语言很难在不同的机器上通用，但高级语言可以在不同的机器上通过不同的编译器把其程序编译为可以在对应的机器上执行的机器代码。高级语言的语句功能很强大，其一条语句往往相当于多条汇编指令。当然，这同时也带来了其程序占用存储空间多、执行效率低等缺点。

在微控制器应用程序设计中，汇编语言是基础。在代码效率要求不高的场合，也可以使用高级语言进行编程。很多情况下，也可以采用两者结合的方式进行混合程序设计。

## 4.3　汇 编 指 令

指令寻址方式.mp4

数据传送指令.mp4

算术运算指令.mp4

逻辑运算与移位指令.mp4

控制转移指令.mp4

处理器控制指令.mp4

### 4.3.1 汇编指令格式

8086 微处理器的指令丰富、功能强大。为了减少指令所占存储空间和提高指令执行速度，每条指令尽可能短小，8086 采用最多 6 个字节的指令编码格式。这 6 个字节的内容一般分为两部分，即操作码和操作数。

- 操作码：用于指出计算机要进行什么操作，由 1～2 个字节组成。
- 操作数：用于指出如何找到参与操作的数据，由 0～4 个字节组成。

在 8086 汇编语言指令语句中通常使用如下格式来表示指令：

[标号:] 指令助记符 [目的操作数] [,源操作数];[注释]

其中方括号[ ]中的内容为可选项。指令格式各部分意义如下。

#### 1. 标号

标号用于为该指令所在地址命名，以便程序中其他指令可以引用该指令，为可选项。通常，当程序要从其他位置跳转至此处继续执行，才需要在此处为指令添加标号。标号后必须跟":"。可使用如下字符组成标号。

- 字母字符：A～Z、a～z。
- 数字字符：0～9。
- 专用字符：?、-、_、@、$、.。

标号的第一个字符必须是字母(A～Z、a～z)或某些专用字符，但专用字符中的点(.)除外。另外，一般汇编语言程序中会使用一些@符打头的专用字，因此应尽量避免在标号中使用@符。默认情况下，汇编语言程序不区分大小写字母。

#### 2. 指令助记符

指令助记符是指令名称的代表标识，为指令的必选项，它表明指令要完成的操作，如"MOV"表示传送指令，"ADD"表示加法指令等。CPU 在执行汇编语言源程序时，将使用其内部对照表将每条汇编指令的助记符翻译成对应的二进制代码(机器指令)。

#### 3. 操作数

操作数是完成指令操作时所需要的数据，指令包含的操作数有 0 个或多个，这是由不同的指令决定的。如果指令中有两个操作数，通常分别称它们为目的操作数和源操作数。因为此时这两个操作数不仅用于表明参与操作的源数据，而且用于表明操作结果如何处理，通常操作结果都存放在目的操作数中。

操作数可以由变量、常量、表达式或寄存器构成。例如指令：

```
ADD  AX,1020H
```

上述指令表示将十六进制数 1020H 与 AX 寄存器中的源数据相加，加运算的结果要存回到 AX 寄存器中，其中，1020H 被称为源操作数，AX 被称为目的操作数。

#### 4. 注释

注释部分通常用来说明指令的功能，以使程序更容易理解和阅读，为可选项。注释必

须以 ";" 开头，超过一行的注释，每行也都要以 ";" 开头。汇编程序对注释部分不做任何处理。例如：

```
MOV  AX, 1020H    ;将 1020H 传送到 AX 寄存器中
```

### 4.3.2 操作数寻址方式

我们已经知道，一条指令应指出两部分的内容，一部分是由操作码指出进行什么操作，另一部分指出操作数在什么位置，操作结果存放在何处。例如最简单的加法算式：a=3+5，其中的运算符 "+" 和 "=" 就表明要进行加法运算并赋值，加法运算的操作数是其中的 "3" 和 "5"，操作结果则存放于 "a" 变量中，即将 "8" 赋值给 "a"。

对于多数的汇编语言指令，操作中涉及的操作数和操作结果的存放位置也由指令本身指出。在汇编语言中有些指令语句直接就给出了操作数，指令被读入 CPU 后可直接执行；而有些指令语句则没有直接给出操作数，只给出了操作数的位置。如何根据给出的指令，寻找到操作数和操作结果存放的位置，就是操作数的寻址。

下面就 8086 汇编语言指令中操作数的几种常用寻址方式进行介绍。

#### 1. 立即数寻址(Immediate Addressing)

在汇编语言中有些指令直接就给出了操作数，通常使用数据文本表达式来表示操作数，这样的操作数寻址方式被称为立即数寻址。例如：

```
ADD  AX,100      ;将立即数 100 与累加器 AX 中的操作数相加，所得结果再存回 AX
MOV  BX,1040H    ;将立即数 1040H 送入 BX 寄存器，其中 10H 送入 BH，40H 送入 BL
```

采用立即数寻址方式时，操作数(立即数)就是指令的一部分，将被同时存放在内存的代码段中，如图 4-1 所示。当指令被读入 CPU 时，操作数也被读入 CPU，执行该指令时，可直接从 CPU 中获取该立即操作数，不需要额外取操作数的总线周期，因此采用立即数寻址方式的指令执行速度比较快。

图 4-1　立即数寻址

在 8086 汇编语言指令中，立即数可以是 8 位，也可以是 16 位二进制数，但只能是整数，且只能作为源操作数。

#### 2. 寄存器寻址(Register Addressing)

如果操作数已经存放在 CPU 内部的寄存器中，则称为寄存器寻址。例如：

```
MOV AL,BL        ;将 BL 寄存器中的操作数存放到 AL 中
INC CX           ;将 CX 寄存器中的操作数自加 1
```

采用寄存器寻址方式，操作数已经在 CPU 内部的寄存器中，因此不需要额外取操作数的总线周期，执行速度快，如图 4-2 所示。

图 4-2　寄存器寻址

寄存器寻址方式根据操作数的位数不同可分别使用 16 位寄存器 AX、BX、CX、DX、SI、DI、SP、BP，或 8 位寄存器 AH、AL、BH、BL、CH、CL、DH、DL。在同一条指令中，源操作数和目的操作数都可以采用寄存器寻址方式。

### 3. 直接寻址(Direct Addressing)

操作数的直接寻址方式是指操作数存放在内存中，指令直接给出操作数在内存中的地址标号或偏移地址，也称为有效地址(Effective Address，EA)。例如：

```
BYTE_DATA  DB  100,98,87
...
MOV AH, BYTE_DATA
```

MOV 指令表示从地址标号 BYTE_DATA 中读取一个字节的数据，传送到 AH，即将内存中 BYTE_DATA 标号处存储的 100 传送到 AH 寄存器。

如果知道操作数在内存中的有效地址，则可以使用如下指令(其中有效地址要用方括号将其括起)：

```
MOV AX, [1040H]        ;将 DS 数据段有效地址为 1040H 和 1041H 两个单元中的数据传送
到 AX 寄存器中，其中 1040H 单元的数据送入 AL，1041H 单元的数据送入 AH
```

采用直接寻址方式，操作数的有效地址将作为指令的一部分被同时读入 CPU 中，但操作数本身仍然存放在内存单元中，如图 4-3 所示。默认情况下，操作数都存放在数据段，指令中给出的有效地址也都是指数据段的相应单元。假设对于上述指令，此时的数据段寄存器 DS=1000H，则指令中有效地址 1040H 所指的物理单元地址为 DS 中的值左移 4 位加上有效地址，即：

```
(DS×10H)+EA=1000H×10H+1040H=10000H+1040H=11040H
```

计算出操作数在内存单元中的物理地址，CPU 需要额外的总线周期从相应的物理地址单元中读入操作数，再进行指令指定的操作。

图 4-3　直接寻址

如果操作数不在默认的数据段，而在代码段、堆栈段或者附加段，此时需要在指令前

添加操作数所在段的段寄存器名以标注，例如：

```
MOV  AX,CS: [1040H]      ;将 CS 段有效地址为 1040H 开始的两个单元中的数据传送到 AX
```

### 4. 寄存器间接寻址(Register Indirect Addressing)

寄存器间接寻址方式是指操作数存放在内存中，操作数所在内存单元的有效地址存放在 CPU 内部的某个寄存器中，指令中直接给出的是该寄存器名，并用方括号将其括起，如图 4-4 所示。

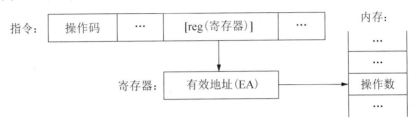

图 4-4　寄存器间接寻址

寄存器间接寻址方式可以使用的寄存器包括 BX、BP、SI 和 DI 中的任意一个，或 BX、BP 和 SI、DI 寄存器的组合。

(1) 使用 BX 寄存器进行的间接寻址——数据段基址寻址。

操作数所在内存单元的有效地址存放在 BX 寄存器中，并且默认段寄存器为 DS，因为 BX 为基址寄存器，所以这种间接寻址方式又称为数据段基址寻址。例如：

```
MOV AH, [BX]    ;将 DS 段 BX 寄存器所指内存单元中的数据传送到 AH 中
```

假设 DS=1000H，BX=1040H，则指令执行时，CPU 将根据 DS 和 BX 的值计算出操作数所在内存单元的物理地址为 11040H，然后利用一个总线周期，将内存 11040H 单元中的内容读入，再传送到 AH 寄存器。

(2) 使用 BP 寄存器进行的间接寻址——堆栈段基址寻址。

操作数所在内存单元的有效地址如果存放在 BP 寄存器中，此时有效地址的默认段为堆栈段，使用堆栈段寄存器 SS，这种间接寻址方式又称为堆栈段基址寻址。例如：

```
MOV AH, [BP]    ;将 SS 段 BP 寄存器所指内存单元中的数据传送到 AH 中
```

假设 SS=2000H，BP=1040H，则指令执行时，CPU 将根据 SS 和 BP 的值计算出操作数所在内存单元的物理地址为 21040H，然后利用一个总线周期，将内存 21040H 单元中的内容读入，再传送到 AH 寄存器。

(3) 使用 SI 或 DI 寄存器进行的间接寻址——变址寻址。

操作数存放在变址寄存器 SI 或 DI 指出的内存单元中，SI 和 DI 分别称为源变址寄存器和目的变址寄存器。以 SI 或 DI 作为寄存器进行的间接寻址方式又称为变址寻址，默认段为数据段。例如：

```
MOV AH, [DI]    ;将 DS 段 DI 寄存器所指内存单元中的数据传送到 AH 中
```

(4) 使用 BX、BP 和 SI、DI 寄存器的组合进行的间接寻址——基址加变址寻址。

操作数在内存中的有效地址等于一个基址寄存器(BX 或 BP)的值与一个变址寄存器(SI

或 DI)的值相加的结果，称为基址加变址寻址。这种寻址方式下，操作数所在的默认段寄存器取决于指令中所使用的基址寄存器，如果使用 BX 作为基址寄存器，则默认段寄存器为DS；如果使用BP作为基址寄存器，则默认段寄存器为SS。例如：

```
MOV  AX, [BX+SI]    ;将 DS 段中 BX 与 SI 寄存器中值相加的结果所指内存单元及其下一个单
元的数据传送到 AX 中
MOV  AX, [BP+SI]    ;将 SS 段中 BP 与 SI 寄存器中值相加的结果所指内存单元及其下一个单
元的数据传送到 AX 中
```

假设 DS=1000H，SS=2000H，BX=1120H，BP=1120H，SI=0020H，则指令 MOV AX, [BX+SI]中源操作数的有效地址 EA 为：

```
BX+SI=1120H+0020H=1140H
```

物理地址为：

```
(DS×10H)+EA=1000H×10H+1140H=11140H
```

指令的执行结果为：将内存 11140H 开始的两个单元的数据传送给 AX 寄存器；同理可得指令 MOV  AX, [BP+SI]的执行结果为：分别将内存 21140H 开始的两个单元中的数据传送给 AX 寄存器，注意该指令操作数的默认段寄存器为 SS。

对于寄存器间接寻址方式，如果寻址的操作数不在默认段中，而在其他段，则与直接寻址方式的指令相同，需要在指令前加相应段寄存器名标注。例如：

```
MOV AX, CS：[BX]
MOV AX, DS：[BP+SI]
```

另外，与直接寻址方式类似，寄存器间接寻址方式中的操作数在指令执行前也在内存中。CPU 执行指令时，需要先根据指令中指定寄存器中的内容和相应段寄存器中的内容，计算出操作数位于内存中的物理地址，然后利用一个或多个总线周期，从内存中读入操作数，再进行指令指定的操作。

### 5. 相对寄存器间接寻址(Relative Register Indirect Addressing)

采用寄存器间接寻址时，允许在指令中包含一个 8 位或 16 位的位移量，此时，操作数的有效地址为寄存器中的值与位移量相加的结果。可以将位移量看作是相对于寄存器指定单元的位移，因此把带位移量的寄存器间接寻址称为相对的寄存器间接寻址，其中位移量可为正向位移也可为负向位移，通常采用补码形式表示，如图4-5所示。

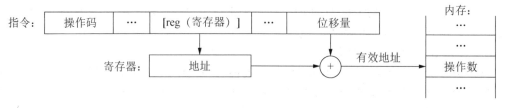

图 4-5  相对寄存器间接寻址

例如：

```
MOV  BX, [SI+20H]    ;将 SI 的内容与 20H 相加得到操作数的有效地址，将 DS 段该有效地址
单元中的数据传送给 BX
```

```
MOV  AH, [BP+SI+0110H]  ;将 BP 和 SI 的内容与 0110H 相加得到操作数的有效地址,将 SS
段该有效地址单元中数据传送给 AH
```

假设 DS=1000H,SS=2000H,BP=1200H,SI=0080H,则指令 MOV  BX, [SI+20H]中源操作数的有效地址 EA 为:

```
SI+20H=00A0H
```

物理地址为:

```
(DS×10H)+EA=1000H×10H+00A0H=100A0H
```

指令 MOV  AH, [BP+SI+0110H]中源操作数的有效地址为 1390H,物理地址为 21390H。

上例中的两条指令也可以写成:

```
MOV  BX, 20H[SI]
MOV  AH, 0110H[BP+SI]
```

相对寄存器间接寻址方式,尤其是相对基址加变址寻址方式为访问堆栈中的数组提供了方便,访问数组时可以使用基址寄存器 BP 存放栈顶地址,位移量即为栈顶到数组第一个元素之间的距离,使用变址寄存器(SI 或 DI)来访问数组中的每一个元素。

### 4.3.3 常用指令介绍

#### 1. 数据传送类指令

数据传送类指令主要用于实现 CPU 内部寄存器之间、CPU 与主存储器之间、CPU 与 I/O 端口之间的数据传送或交换。数据传送类指令是指令系统中最常用的一类指令。

(1) 传送指令 MOV(Movement)。

格式:MOV  DST, SRC

其中 DST 表示目的操作数,SRC 表示源操作数,指令执行的操作为将源操作数的内容传送给目的操作数。数据传送的方式可以是 CPU 内部 8 位寄存器之间、16 位寄存器之间,也可以是存储器与 CPU 内部寄存器之间,还可以将立即数传送至寄存器或存储器。例如:

```
MOV  AH, CH       ;将 CH 中内容传送给 AH
MOV  DS, AX       ;将 AX 中内容传送给 DS
MOV  [SI], BL     ;将 BL 中的数据传送到 SI 所指向的内存单元
MOV  AX, WORD PTR[BX]   ;将 BX 所指向的内存单元中的字数据,即 BX 和 BX+1 所指向的两
个单元的数据传送到 AX 中,其中 WORD PTR 为汇编语言伪指令,用于表示字存储单元
MOV  BL, 50H      ;将立即数 50H 传送到 BL 中
MOV  BYTE PTR[DI], 56H  ;将立即数 56H 传送到 DI 指向的字节单元,其中 BYTE PTR 为汇
编语言伪指令,用于表示字节存储单元
```

使用 MOV 传送指令,应注意以下几点。

① 源操作数和目的操作数的数据位数应保持相同,8 位源操作数对应 8 位目的操作数,16 位源操作数对应 16 位目的操作数。

② 立即数只能作为源操作数。当指令中源操作数为立即数时,其数据位数必须小于

等于目的操作数的位数。当立即数的位数小于目的操作数的位数时，指令将自动对立即数按符号位扩展。例如，指令 MOV　AX, 50H，指令执行完毕后 AX=0050H。

③ 不允许在两个内存单元之间直接传送数据，即两个操作数不能同时为存储器操作数。

④ 不允许将一个段寄存器的内容直接传送到另一个段寄存器，也不允许用立即数、地址标号直接为段寄存器赋值。此时，可以借助通用寄存器或进栈出栈指令来完成数据传送和赋值。段寄存器之间的内容传送，例如：

```
MOV  AX, ES
MOV  DS, AX        ;通过 AX 寄存器实现将 ES 中内容传送到 DS
```

将地址标号传送到段寄存器，例如：

```
MOV  AX, DATA
MOV  DS, AX        ;通过 AX 寄存器将地址标号 DATA 传送到 DS
```

⑤ CS 和 IP 寄存器不能作为目的操作数被改变。这是因为一旦改变了代码段寄存器 CS 和指令指针寄存器 IP 的值，就会使 CPU 从新的 CS 和 IP 给出的地址去取下一条指令，从而导致程序的错误运行。

⑥ 所有通用传送指令都不影响标志寄存器的各标志位。

(2) 堆栈操作指令 PUSH(Push word onto stack)和 POP(Pop word off stack)。

格式：进栈指令　PUSH SRC

　　　　出栈指令　POP DST

有关进栈指令和出栈指令的操作过程和寻址方式详见 3.7 节内容。

堆栈指令的操作数可以是 16 位的寄存器，也可以是内存中的字单元。例如：

```
PUSH AX           ;将 AX 的内容压入堆栈
PUSH CS           ;将 CS 的内容压入堆栈
PUSH [BX+DI]      ;将 BX+DI 所指字内存单元的内容压入堆栈
POP ES            ;将堆栈栈顶内容弹出送入 ES 中
```

使用堆栈指令时需要注意几个问题。

① 在程序中使用堆栈操作指令时，应预先定义堆栈段，并设置堆栈段寄存器 SS 和堆栈栈顶指针 SP。

② 8086 的堆栈指令按字进行操作，因此，栈顶指针 SP 的值每次的变化量为 2。

③ 8086 的出栈指令中，不允许 CS 和 IP 作为指令的操作数。

④ 堆栈中的内容按照先进后出的顺序进行传送。在调用子程序时保存寄存器内容，与子程序返回恢复寄存器内容时，应按相反顺序执行相应的进栈出栈指令。例如，一子程序开头是这样顺序的进栈指令：

```
PUSH  AX
PUSH  DI
PUSH  SI          ;将 AX、DI、SI 寄存器中的内容顺序压入堆栈
```

则子程序返回前，恢复寄存器的出栈指令应为：

```
POP  SI
POP  DI
POP  AX           ;将堆栈栈顶内容顺序弹出，分别送入 SI、DI、AX 寄存器
```

(3) 交换指令 XCHG(Exchange)。

格式：XCHG　OPR1, OPR2

交换指令执行的操作是将两个操作数 OPR1 和 OPR2 中的数据进行交换，以实现字节或字的交换。交换双方可以是 CPU 内部寄存器之间，也可以是寄存器与存储单元之间，但不能在两个存储单元之间直接进行交换。例如：

```
XCHG  AL, AH          ;交换 AL 与 AH 中 8 位数据
XCHG  AX, BX          ;交换 AX 与 BX 中 16 位数据
XCHG  [1020H],CX      ;将数据段 1020H 和 1021H 单元中的字数据与 CX 中的数据交换
```

同样，在使用交换指令时，CS 和 IP 寄存器不能作为指令的操作数。

(4) 换码指令 XLAT(Translate)。

格式：XLAT

　　　XLAT　SRC_TABLE

换码指令执行的操作是将 BX+AL 所指内存单元的数据再传送到 AL 中。XLAT 指令是字节的查表转换指令，可以根据内存数据表(SRC_TABLE)中元素的序号(AL)查出表中对应元素。

要实现查表转换，应预先在内存中定义好数据表，数据表的最大容量为 256 个字节，将数据表的首地址(偏移地址)传送给 BX 寄存器，并将要查找元素的序号存放在 AL 寄存器中。表中第一个元素的序号为 0，依次递增。在执行 XLAT 指令后，表中对应序号单元中的元素被存回 AL 寄存器中。

十进制数字 0~9 的 7 段显示码见表 4-1。

表 4-1　十进制数字 7 段显示码表

| | | 十 进 制 数 字 的 7 段 显 示 码 效 果 | | | | | | | | | |
|---|---|---|---|---|---|---|---|---|---|---|---|
| | | 0 | 1 | 2 | 3 | 4 | 5 | 6 | 7 | 8 | 9 |
| | | 0 | 0 | 0 | 0 | 0 | 0 | 0 | 0 | 0 | 0 |
| | g | 1 | 1 | 0 | 0 | 0 | 0 | 0 | 1 | 0 | 0 |
| | f | 0 | 1 | 1 | 1 | 0 | 0 | 0 | 1 | 0 | 0 |
| | e | 0 | 1 | 0 | 1 | 1 | 1 | 0 | 1 | 0 | 1 |
| | d | 0 | 0 | 0 | 0 | 1 | 0 | 0 | 1 | 0 | 0 |
| | c | 0 | 0 | 1 | 0 | 0 | 0 | 0 | 0 | 0 | 0 |
| | b | 0 | 0 | 0 | 0 | 0 | 1 | 1 | 0 | 0 | 0 |
| | a | 0 | 1 | 0 | 0 | 1 | 0 | 0 | 0 | 0 | 0 |
| 十六进制形式 | | 40H | 79H | 24H | 30H | 19H | 12H | 02H | 78H | 00H | 10H |

这 10 个数字的 7 段显示码各占用一个字节，其中字节的最高位都为 0，其余 7 位代表 7 段线的显示，0 代表显示，1 代表不显示。例如：该 7 段显示码表使用如下指令定义：

```
DISP_TABLE DB  40H,79H,24H,30H,19H,12H,02H,78H,00H,10H
```

上面利用伪指令 DB 在内存中定义 7 段显示码字节表，表中有 10 个数据，表的首地址标号为 DISP_TABLE。例如：求数字 5 的 7 段显示码值，可使用以下指令实现：

```
MOV  BX, OFFSET DISP_TABLE        ;取码表首地址传送到 BX 中
MOV  AL, 5                        ;将所求元素的序号传送到 AL 中
XLAT  DISP_TABLE                  ;查表转换
```

上述指令执行结束后，查表转换结果将存放在 AL 寄存器中，AL=12H。

### 2. 算术运算指令

算术运算包括加、减、乘和除 4 种。8086 系统中可以对字节或字数据进行算术运算。参加运算的两个操作数可以同时是无符号数，也可以同时是有符号数，另外，算术运算还可以在十进制数之间进行，因为 8086 系统提供了十进制数运算的调整指令。

(1) 不带进借位的加减法指令 ADD(Add)和 SUB(Subtraction)。

格式：ADD  DST, SRC

SUB  DST, SRC

不带进借位的加减法指令，只执行基本的加减法运算，加法指令 ADD 执行的操作是将源操作数的内容与目的操作数的内容相加，结果存入目的操作数；减法指令 SUB 是将目的操作数的内容减去源操作数的内容，结果存入目的操作数。ADD 和 SUB 指令执行后，源操作数内容不变，结果都存放在目的操作数中，并根据结果设置标志寄存器的 OF、SF、ZF、AF、PF 和 CF 标志位。

ADD 和 SUB 指令的操作数可以是字节或字，可以是无符号数或有符号数，源操作数可以存放在通用寄存器或存储单元中，也可以是立即数形式；目的操作数则只能存放在通用寄存器或存储单元中，不能是立即数。并且两个操作数不能同时为存储器操作数。例如：

```
ADD  AX, SI                   ;将 AX 内容与 SI 内容相加，结果存回 AX
ADD  WORD PTR[1410H], 0F87H   ;将 1410H 和 1411H 单元的字数据与 0F87H 相加，结
果存回 1410H 和 1411H 单元
SUB  BL, 86                   ;BL 内容减去 86，所得结果存回 BL
SUB  BX, [0260H]              ;BX 的内容减去 0260H 和 0261H 单元中的字数据，所得结果存回 BX
```

下面举例来看加减法指令的执行结果如何影响各状态标志位，分别假设 AL=8EH，BL=7AH，执行指令 ADD  AL,BL 查看其操作结果和各状态标志位的值。

指令运算过程为：

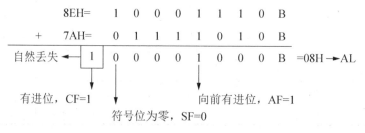

得到的运算结果为 AL=08H，各状态标志位根据结果置位，其中 CF=1，SF=0，AF=1，另外，因为结果不为零，所以 ZF=0；结果无溢出，OF=0；结果中有奇数个 1，PF=0。

再假设 AL、BL 不变，执行指令 SUB  AL, BL 查看其操作结果和各状态标志位的值。指令运算过程为：

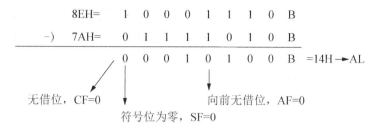

则运算结果为 AL=14H，各状态标志位根据结果置位，其中 CF=0，SF=0，AF=0，另外，因为结果不为零，所以 ZF=0；结果有溢出，OF=1；结果中有偶数个 1，PF=1。

(2) 带进借位的加减法指令 ADC(Add with carry)和 SBB(Subtraction with borrow)。

格式：ADC  DST, SRC

　　　SBB  DST, SRC

带进借位的加法和减法指令，功能与 ADD 和 SUB 类似，只是在指令执行时除两操作数相加或相减外还要再加上或减去进位标志(CF)值，结果保存在目的操作数中。ADC 和 SBB 指令主要用于多字节数据的加减运算中，如果低位字节相加或相减时产生了进位或借位，则在接下来的高位字节相加或相减时就应将该进位或借位也考虑进去。

(3) 增量和减量指令 INC(Increment by 1)和 DEC(Decrement by 1)。

格式：INC  DST

　　　DEC  DST

增量和减量指令为单操作数指令，指令执行的操作是将目的操作数加 1 或减 1，结果再送回目的操作数，并根据执行结果设置各标志位 OP、SF、ZF、AF 和 PF，但不影响进位标志 CF。

INC 和 DEC 指令的操作数可以是字节或字，且被 CPU 认为是无符号数，其操作数只能在通用寄存器或存储单元中，不能是立即数。例如：

```
INC  CX            ;将 CX 中内容加 1
INC  BYTE PTR[DI]  ;将 DI 所指单元的字节数据加 1
DEC  AL            ;将 AL 中内容减 1
DEC  [1260H]       ;将 1260H 单元中内容减 1
```

INC 和 DEC 指令一般用于循环程序中修改循环次数或地址指针。

(4) 取补指令 NEG(Negate)。

格式：NEG  OPR

NEG 指令用于求操作数的补数，指令执行的操作是用 0 减去该操作数，所得结果即为操作数的补，将此结果再存回操作数中，并按结果设置各状态标志位 OF、SF、ZF、AF、PF 和 CF。

NEG 指令的操作数可以是字节或字数据，其操作数只能在通用寄存器或存储单元中，不能是立即数。例如：

```
NEG  BX        ;求 BX 中数据的补
NEG  [1240H]   ;求 1240H 单元中数据的补
```

如果指令中求补的数为-128(1000 0000B)(8 位操作数)，或为-32768(1000 0000 0000 0000B)(16 位操作数)，则执行 NEG 指令后，操作数值不变，但溢出标志 OF 置为 1。这是由于求补后所得的结果+128 或+32768 超出了 8 位或 16 位有符号数的表示范围，即产生了溢出；如果指令中的操作数为零，则求补的结果仍为零，且进位标志 CF 置为 0，否则进位标志 CF 都置为 1。

(5) 比较指令 CMP(Compare)。

格式：CMP  DST, SRC

CMP 指令执行的操作是目的操作数减去源操作数，但不保存结果，而是根据结果设置各个状态标志位，因此指令执行后，两个操作数都不变。

CMP 指令要求参与比较的两个操作数必须同为无符号数或同为有符号数，指令的目的操作数可以是寄存器或存储器，源操作数可以是立即数、寄存器或存储器。例如：

```
CMP  AL, 0          ;比较 AL 中数据与 0 的大小
CMP  BX, DATA       ;比较 BX 中数据与 DATA 地址标号中字数据的大小
CMP  [DI], BX       ;比较 DI 指向的字数据与 BX 中数据的大小
```

CMP 指令根据结果所设置的各个状态标志位来判断两个数的大小。如果指令执行后：

① 零标志位 ZF=1，则表示两个操作数相等，即(DST)=(SRC)。

② 如果两个操作数都是无符号数，则需要判断进位标志 CF 位。

● 若 CF=0，则(DST)＞(SRC)

● 若 CF=1，则(DST)＜(SRC)

③ 如果两个操作数都是有符号数，则需要判断溢出标志 OF 和符号标志 SF。

● 若 OF=SF，则(DST)＞(SRC)

● 若 OF≠SF，则(DST)＜(SRC)

(6) 乘法指令(Multiplication)。

乘法指令分为无符号数乘法指令 MUL(Unsigned Multiplication)和有符号数乘法指令 IMUL(Signed Integer Multiplication)。

格式：MUL  SRC

　　　　IMUL SRC

乘法运算是双操作数的运算，但指令中只给出了一个操作数，另一个操作数则隐含在 AL 或 AX 寄存器中。指令中给出的操作数必须是寄存器或存储器操作数。如果指令中给出了一个 8 位的操作数，则执行 AL 与操作数的相乘，所得 16 位结果存放在 AX 寄存器中；如果指令中给出的是一个 16 位的操作数，则执行 AX 与操作数的相乘，所得 32 位结果存放在 AX 和扩展寄存器 DX 中，其中结果的低 16 位存放在 AX 中，高 16 位存放在 DX 中。例如：

```
MUL  BL             ;将 BL 中内容与 AL 中内容相乘，结果存入 AX
MUL  BYTE PTR[SI]   ;将 SI 指向的字节数据与 AL 中内容相乘，结果存入 AX
IMUL CX             ;将 CX 中内容与 AX 中内容相乘，结果存入 AX、DX
```

(7) 除法指令(Division)。

除法指令也分为无符号数除法指令 DIV(Unsigned Division)和有符号数除法指令

IDIV(Signed Integer Division)。

格式：DIV　SRC

　　　IDIV　SRC

除法指令的被除数隐含在 AX 或 DX 寄存器中，指令中给出的操作数是存放在寄存器或存储器中的 8 位或 16 位的除数。如果指令中给出的是一个 8 位的操作数，则使用 AX 除以该操作数，所得结果的商存放在 AL，余数存放在 AH 中；如果指令中给出的是一个 16 位的操作数，则将 DX 与 AX 寄存器中内容组合成 32 位的被除数(其中 DX 为高 16 位，AX 为低 16 位)，除以该操作数，所得结果的商存放在 AX，余数存放在 DX 中。例如：

```
DIV  BL              ;AX 中内容除以 BL 中内容，结果的商存入 AL，余数存入 AH
DIV  BYTE PTR[SI]    ;AX 中内容除以 SI 指向的字节数据，结果的商存入 AL，余数存入 AH
IDIV CX              ;将 DX 与 AX 中的 32 位数据除以 CX 中内容，结果的商存入 AX，余数存入 DX
```

在使用除法指令时，还需要注意以下几个问题。

① 除法指令规定被除数必须是除数的 2 倍长，不允许两个字长相等的操作数相除。如果被除数和除数的字长相等，则需要对被除数进行扩展。

- 对于无符号数，AL(AX)中的 8(16)位被除数要扩展成 16(32)位，只需将 AH(DX) 清 0。
- 对于有符号数，AH 和 DX 的扩展是符号位的扩展，即将 AL(AX)的最高位扩展到 AH(DX)的 8(16)位中。

为方便有符号数的扩展，8086 指令系统提供了位扩展指令 CBW 和 CWD。其中 CBW(Convert Byte to Word)用于将字节扩展成字，如果 AL 中数据的最高位为 0，则执行 CBW 指令后，AH=0；如果 AL 中数据的最高位为 1，则执行 CBW 指令后，AH=0FFH。

指令 CWD(Convert Word to Double Word)用于将字扩展成双字，如果 AX 中数据的最高位为 0，则执行 CWD 指令后，DX=0；如果 AX 中数据的最高位为 1，则执行 CWD 指令后，DX=0FFFFH。

② 在执行除法指令时，如果除数为 0，或所得结果的商超出一定范围，则 CPU 将立即自动产生一个类型号为 0 的内部中断。这里的商所超出的范围是指：

- 对于无符号数，字节除法中 AL 中的商大于 0FFH，或字除法中 AX 中的商大于 0FFFFH。
- 对于有符号数，字节除法中 AL 中的商超出-128～+127，或字除法中 AX 中的商超出-32768～+32767。

③ 除法运算后，各状态标志位都不确定。

### 3. 逻辑运算指令

逻辑运算指令包括：逻辑与指令 AND(Logical And)、逻辑或指令 OR(Logical Inclusive Or)、逻辑异或指令 XOR(Logical Exclusive Or)、逻辑取非指令 NOT(Logical Not)以及测试指令 TEST(Test or Non-Destructive Logical And)。

这些指令都用于对操作数的各个数据位进行布尔运算。在按位运算时，AND、OR、XOR 以及 TEST 指令的运算法则如表 4-2 所示。

表 4-2　逻辑运算法则

| 操作指令＼数据位 | 0 0 | 0 1 | 1 0 | 1 1 |
|---|---|---|---|---|
| AND | 0 | 0 | 0 | 1 |
| OR | 0 | 1 | 1 | 1 |
| XOR | 0 | 1 | 1 | 0 |
| TEST | 0 | 0 | 0 | 1 |

NOT 指令用于对数据位进行取反操作，0 取反变为 1，1 取反变为 0。

根据指令的上述运算法则，可以求出下面两个 8 位示例操作数的逻辑运算结果：

```
        00110110           00110110           00110110
AND     11011100   OR      11011100   XOR     11011100   NOT  11011100
        00010100           11111110           11101010        00100011
```

AND、OR、XOR 和 TEST 指令均为双操作数指令，其目的操作数可以位于寄存器或存储器中，源操作数可以是立即数，也可以是位于寄存器和存储器中，但指令中的两个操作数不能同时位于存储器中。指令执行的操作是将目的操作数与源操作数按位进行相应逻辑运算。对于 AND、OR 和 XOR 指令其运算的结果将保存在目的操作数中，而对于 TEST 指令，虽然对两个操作数进行的逻辑运算与 AND 指令执行的操作相同，但 TEST 指令不保存运算结果，而是要根据运算结果设置相应的状态标志位。AND、OR、XOR 和 TEST 指令都将根据各自逻辑运算的结果设置 SF、ZF 和 PF 位，同时会将 CF 和 OF 置 0，而 AF 不确定。

NOT 指令为单操作数指令，操作数可以位于寄存器和存储器中，指令执行的操作是对操作数按位取反，其操作结果仍回送至操作数中。NOT 指令不影响各状态标志位。

例如：

```
AND AL, 40H     ;将 AL 中内容与立即数 40H 相"与"，结果存回 AL
OR  AX, [0210H] ;将 AX 中内容与内存 0210H 和 0211H 单元中的字数据相"或"，结果存回 AX
XOR BX, DI      ;将 BX 和 DI 中内容相"异或"，结果存入 BX
TEST BL, 10H    ;将 BL 中内容与立即数 10H 相"与"
NOT [DI]        ;对 DI 所指向单元中的内容"取反"，结果存回该单元
```

在实际的程序设计过程中，上述逻辑运算指令都有其特殊用途。

(1) AND 指令常用于将操作数中某些特殊位清 0(也称屏蔽操作)，而只保留我们所关心的特殊位。例如：将 AL 寄存器的高 4 位屏蔽，只保留低 4 位，则可以使用指令：

```
AND  AL, 0FH
```

指令中与 0 相与的位被清 0，而与 1 相与的位被保留，从而实现该屏蔽操作。

(2) 与 AND 指令相反，OR 指令常用于将操作数中某些特殊位置 1，同时其余位保持不变。例如：将 AL 寄存器的高 4 位置 1，其余位不变，则可以使用指令：

```
OR  AL, 0F0H
```

指令中与 1 相或的位被置 1，而与 0 相或的位保持不变。

(3) XOR 指令常用于将操作数中某些特殊位取反。此时，只需将要取反的位与 1 异或，而其他保持不变的位与 0 异或即可。例如，将 AL 中的最高两位取反，其余位保持不变，可以使用指令：

```
XOR  AL, 0C0H
```

另外，XOR 指令的另一用途是将寄存器的内容清 0。当然，也可以使用 SUB 指令或 MOV 指令使寄存器的内容清 0。下面是这 3 条清 0 指令的比较：

```
XOR  AX, AX        ;将AX寄存器清0，指令占有2个字节，执行时间为3个时钟周期，并清除CF位
SUB  AX, AX        ;AX清0，指令占有2个字节，执行时间为3个时钟周期，并清除CF位
MOV  AX, 0         ;AX清0，指令占有3个字节，执行时间为4个时钟周期，不影响状态标志位
```

(4) TEST 指令中的两个操作数也执行与操作，所不同的是 TEST 指令不保存结果，因此 TEST 指令常用于检测操作数中的指定位是 1 还是 0，而且不会改变操作数。例如：检测 AL 中的最高位是 1 还是 0：

```
TEST  AL, 80H
```

指令中将需要检测的位与 1 相与，而其余位与 0 相与。对于检测结果则需要通过各状态标志位来体现，例如通过 ZF 位来判断，如果 ZF=0，则表示两个操作数相与的结果不为 0，因此 AL 的最高位为 1；如果 ZF=1，则表示两个操作数相与的结果为零，因此 AL 的最高位为 0。上述示例检测的是数据最高位，因此还可以通过 SF 位来判断，如果 SF=0，则表示两个操作数的最高位相与结果为 0，因此 AL 的最高位为 0；如果 SF=1，则表示两个操作数的最高位相与结果为 1，因此 AL 的最高位为 1。

#### 4. 移位指令

8086 系统中的移位指令包括：逻辑左移 SHL(Shift Logical Left)、算术左移 SAL(Shift Arithmetic Left)、逻辑右移 SHR(Shift Logical Right)和算术右移 SAR(Shift Arithmetic Right) 指令。移位指令用于对操作数进行左移或右移。

移位指令的目的操作数可以是 8 位或 16 位的寄存器或存储器，但不能是立即数。移动的位数可以是 1 位，也可以是多位。如果是 1 位，则 1 可以直接出现在指令中；如果是多位，则要求位数要先存放在 CL 寄存器中，指令中给出 CL 寄存器。例如：

```
SHL  BX, 1         ;将BX中数据逻辑左移1位
SAL  AL, CL        ;将AL中数据算术左移CL中指定的位数
SHR  [SI], 1       ;将SI所指向内存单元的数据逻辑右移1位
SAR  BYTE PTR[0220H], CL    ;将0220H单元中数据算术右移CL中指定的位数
```

移位指令中，SHL 和 SAL 指令执行的操作完全相同，都是将目的操作数顺序左移，操作数的最高位将移入 CF 标志中，同时最低位以 0 补充，如图 4-6 所示。

图 4-6　SHL/SAL 指令操作

SHR 指令是将目的操作数顺序右移，操作数的最低位将移入 CF 标志中，同时最高位以 0 补充，如图 4-7 所示。

SAR 指令与 SHR 指令的操作有些类似，也是将目的操作数顺序右移，操作数的最低位将移入 CF 标志中，只是操作数的最高位要保持不变，如图 4-8 所示。

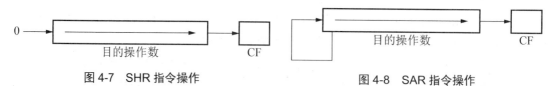

图 4-7　SHR 指令操作　　　　　　　图 4-8　SAR 指令操作

移位指令都将影响 CF、OF、SF、PF 和 ZF 位，其中 OF 位只在移位次数等于 1 时有意义，目的操作数在左移 1 位后，如果目的操作数新的最高位与 CF 位相等，则 OF=0，否则 OF=1；目的操作数在右移 1 位后，如果目的操作数新的最高位与次高位相等，则 OF=0，否则 OF=1。

实际上，逻辑移位指令是将操作数看作无符号数进行移位，而算术移位指令是将操作数看作有符号数进行移位。左移 1 位相当于将操作数乘 2，右移 1 位则相当于将操作数除以 2。一般情况下，用移位指令进行乘除运算比直接使用乘法和除法指令在执行速度上要快得多。

例如，将 AL 中数据乘以 2，如果使用如下所示的乘法指令，则执行时间需要 77～84 个时钟周期：

```
XOR  AH, AH    ;将 AH 清 0，3 个时钟周期
MOV  BL, 2     ;将 2 传送给 BL 寄存器，4 个时钟周期
MUL  BL        ;将 AL 与 BL 内容相乘，结果存入 AX，70～77 个时钟周期
```

如果使用如下所示的移位指令则执行时间只需要 5 个时钟周期：

```
XOR  AH, AH    ;将 AH 清 0，3 个时钟周期
SHL  AX, 1     ;将 AX 内容左移 1 位，2 个时钟周期
```

8086 系统中还包括 4 条循环移位指令：不带进位位的循环左移指令 ROL(Rotate Left) 和循环右移指令 ROR(Rotate Right)、带进位位的循环左移指令 RCL(Rotate Left Through Carry) 和循环右移指令 RCR(Rotate Right Through Carry)。

这 4 条循环移位指令与上述移位指令类似，目的操作数可以是 8 位或 16 位的寄存器或存储器，但不能是立即数。移位的次数如果是 1，则可以由指令直接指出；如果是多位，则要求位数要先存放在 CL 寄存器中，指令中给出 CL 寄存器。例如：

```
ROL  BX, 1             ;将 BX 中数据不带 CF 位循环左移 1 位
RCR  BYTE PTR[0220H], CL   ;将 0220H 单元中数据带 CF 位循环右移 CL 寄存器中指定的位数
```

ROL、ROR、RCL 和 RCR 指令执行的操作如图 4-9 所示，它们的主要区别是 CF 位是否参加循环。

循环移位指令只影响 CF 和 OF 位，其中 OF 位也只在移位次数等于 1 时有意义，其变化与移位指令中 OF 位的变化相同。

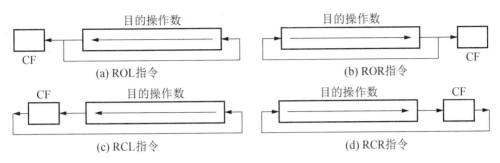

图 4-9　循环移位指令操作

### 5. 控制转移指令

一般情况下计算机执行程序是按顺序逐条执行，但在实际应用中经常需要根据不同的情况改变程序的执行顺序。有时可能需要跳过几条指令，有时可能要重复执行某几条指令，甚至有时需要从当前程序段转移到另一个程序段去执行。8086 系统中用于控制程序流程的指令包括转移指令、循环控制指令和中断指令等。

在具体介绍控制转移指令之前，先来简单了解一下指令的寻址方式。前面曾经学习过指令中操作数的寻址方式，是指寻找操作数地址的方式。指令的寻址方式则是指寻找 CPU 要执行的下一条指令的地址的方式。

8086 系统中，CPU 要执行的下一条指令的地址由 CS 和 IP 两部分组成。如果程序执行的过程中出现了一条控制转移指令，则 CPU 就需要改变 CS 和 IP 的值，或者只改变 IP 的值，从而使 CPU 可以跳转到其他位置继续执行程序。CS 和 IP 的值都需要改变的方式为段间寻址方式，只需要改变 IP 值的方式为段内寻址方式(相对位移量在-32768～+32767 之间)。为了进一步节省目标代码的长度，对于相对位移量在-128～+127 之间的段内短距离寻址指令，可以在指令的操作数前加运算符 SHORT 进行标识。

段内或段间寻址还可以分为直接寻址和间接寻址。直接寻址是指指令中直接给出转移的目标地址信息；间接寻址则是目标地址信息存储在寄存器中或内存单元中，指令中给出了寄存器名或内存单元地址。

(1) 无条件转移指令 JMP(Jump)。

格式：JMP　TARGET

JMP 指令可以使程序无条件地转移到指定的目标地址处。

例如：

① 段内直接转移：操作数是一个近地址标号，该标号在当前段内。

```
JMP NEXT        ; 使程序无条件转移到 NEXT 地址标号处继续执行
MOV AX, 0
    ⋮
NEXT: MOV  AX, 0FFH
```

其中 NEXT 是当前段内的一个地址标号，JMP 指令经过汇编后，将计算出其下一条指令(即 MOV　AX, 0)的地址与 NEXT 标号所代表的地址之间的相对位移量，在 CPU 执行 JMP 指令时，将所得位移量加到 IP 上，因此 CPU 将跳转至 MOV　AX, 0FFH 指令继续执行。

如果是段内短距离寻址，则可以在指令中使用 SHORT 运算符，如下所示：

```
JMP  SHORT NEXT       ;使程序无条件转移到 NEXT 地址标号处继续执行
:                     ;相对位移量在-128～+127 之间
NEXT: MOV AX, 0FFH
```

② 段内间接转移：操作数是一个 16 位的寄存器或存储器，寄存器或存储器中的内容作为 CPU 要执行的下一条指令的新的 IP 地址，而 CS 寄存器内容不变。

```
JMP  CX               ;CX 中的值作为 CPU 要执行的下一条指令的 IP 地址
JMP  WORD PTR[DI]     ;DI 所指内存单元的字数据作为 CPU 要执行的下一条指令的 IP 地址
```

③ 段间直接寻址：操作数是一个远地址标号，该标号在另一个段内。标号处的偏移地址将作为 CPU 要执行的下一条指令的新的 IP 地址，标号处的段地址则为新的 CS 段地址。

```
JMP  FAR PTR LABEL        ;FAR PTR 说明地址标号 LABEL 具有远程属性，LABEL 处的段地
址送 CS，偏移地址送 IP
```

④ 段间间接寻址：操作数是一个 32 位的存储单元，其中存储单元前两个字节的数据送 IP 寄存器，后两个字节的数据送 CS 寄存器。

```
JMP  DWORD PTR[DI]        ;将 DI 所指向的双字单元分别送 IP 和 CS，DWORD 用于表示双字
类型的数据单元
```

(2) 子程序指令。

如果某段程序需要在不同的地方多次反复地被执行，则可以将这段程序单独编写成子程序的形式，需要执行该程序段时就可直接调用该子程序。利用这种方式不仅可以大大节约源程序的存储空间，还可以简化程序的设计。8086 系统也为这种程序的设计方式提供了子程序的调用和返回指令。

① 子程序调用指令 CALL(Call A Procedure)。

格式：CALL  过程名

被 CALL 指令调用的过程可以在本段内，也可以在其他段，即 CALL 指令可以采用段内寻址方式，也可以采用段间寻址方式。

执行 CALL 指令时，对于段内或段间寻址方式，其 IP 或 CS、IP 的变化，与无条件转移指令 JMP 中 IP 或 CS、IP 的变化过程基本相同。所不同的是，执行 CALL 指令在修改 IP 或 CS、IP 之前，需要将原 IP 或 CS、IP 值(断点地址)保存在堆栈中。

② 子程序返回指令 RET(Return From Procedure)。

格式：RET

子程序体中一般总是包含返回指令 RET，该指令的执行将从堆栈中把保存在其中的断点地址弹出，使程序能够正确地返回原来被调用的位置。

如果子程序的调用为段内调用，则执行 RET 返回时将从堆栈栈顶弹出一个字到 IP 中；如果子程序的调用为段间调用，则 RET 返回时将从堆栈栈顶顺序弹出一个字到 IP 中，再弹出一个字到 CS 中。

(3) 条件转移指令。

多数条件转移指令都根据上一条指令对标志寄存器中标志位的影响来决定程序执行的流程，若指令所指定的条件满足则程序转移；否则程序继续顺序执行。在汇编语言程序设

计中，常利用条件转移指令来实现分支程序。

条件转移指令也为单操作数指令，用于指出转移的目标地址，地址转移范围为段内短距离转移(-128～+127)，不允许段间转移。条件转移指令见表 4-3。

表 4-3　条件转移指令

| 指令分类 | 助记符 | 指令功能 | 测试条件 |
|---|---|---|---|
| 标志位<br>条件转移指令 | JC | 进位标志位为 1，则转移 | CF=1 |
| | JNC | 进位标志位为 0，则转移 | CF=0 |
| | JE/JZ | 结果为 0，则转移 | ZF=1 |
| | JNE/JNZ | 结果不为 0，则转移 | ZF=0 |
| | JO | 产生溢出，则转移 | OF=1 |
| | JNO | 没有溢出，则转移 | OF=0 |
| | JP | 奇偶标志位为 1，则转移 | PF=1 |
| | JNP | 奇偶标志位为 0，则转移 | PF=0 |
| | JS | 符号标志位为 1，则转移 | SF=1 |
| | JNS | 符号标志位为 0，则转移 | SF=0 |
| 无符号数比较<br>条件转移指令 | JA/JNBE | 高于/不低于等于，则转移 | CF=0 且 ZF=0 |
| | JAE/JNB | 高于等于/不低于，则转移 | CF=0 或 ZF=1 |
| | JB/JNAE | 低于/不高于等于，则转移 | CF=1 且 ZF=0 |
| | JBE/JNA | 低于等于/不高于，则转移 | CF=1 或 ZF=1 |
| 有符号数比较<br>条件转移指令 | JG/JNLE | 大于/不小于等于，则转移 | SF=OF 且 ZF=0 |
| | JGE/JNL | 大于等于/不小于，则转移 | SF=OF 或 ZF=1 |
| | JL/JNGE | 小于/不大于等于，则转移 | SF=OF 且 ZF=0 |
| | JLE/JNG | 小于等于/不大于，则转移 | SF≠OF 或 ZF=1 |

例如，CPU 与外设接口之间的数据传输可以通过条件查询方式进行。在条件查询方式中，如果 CPU 要从某一端口读入数据，必须先测试端口的状态值，以便查看数据是否准备好，如果数据没有准备好，则继续测试，否则读入数据。

```
TST: TEST AL, 80H      ;检测 AL 的最高位，即某端口的状态位
     JNZ NEXT          ;如果 ZF=0(即数据准备好)，则跳转至 NEXT 处
     JMP TST           ;否则跳转至 TST 处继续测试
NEXT: IN AL, 20H        ;从 20H 端口读入数据
```

另外，条件转移指令还分为有符号数和无符号数的转移。例如，假设 AX 与 BX 中分别存放了两个有符号数，将其中较大值存于 AX 中。

```
    CMP AX, BX         ;两个有符号数进行比较
    JGE NEXT           ;如果 AX 中有符号数大，则程序转移至 NEXT 处
    XCHG AX, BX        ;否则将两个有符号数交换，使较大值存放在 AX 中
NEXT:   ...
```

如果上例中所比较的数据为无符号数，则只需将其中的条件转移指令 JGE 修改为 JAE 即可。

(4) 循环控制指令。

8086 系统中提供了用于在汇编语言程序中实现循环结构的几条指令，包括 LOOP、LOOPE/LOOPZ、LOOPNE/LOOPNZ 和 JCXZ。

这几条指令都使用 CX 寄存器作为计数器，用来控制循环执行的次数，并且指令的寻址方式都为段内短距离寻址。

① LOOP。

执行 LOOP 指令时，先将 CX 内容减 1，再判断 CX 是否为 0，如果不为 0 继续循环，否则退出循环，执行下一条指令。例如：

```
    MOV CX, 100     ;设置循环计数初值
NEXT: LOOP  NEXT     ;将 CX 减 1，如果不为 0，则继续执行 LOOP 语句
```

LOOP 指令执行循环时，需要 9 个时钟周期，退出循环时需要 5 个时钟周期，因此上例中的两条指令，只要设置好 CX 的初值，就可以构建一个最简单的延迟子程序。

② LOOPE/LOOPZ(Loop While Equal or Loop While Zero)。

执行 LOOPE/LOOPZ 指令时，先将 CX 内容减 1，再判断 CX 和标志位 ZF，如果 CX 不为 0 且 ZF=1，继续循环；如果 CX 为 0 或 ZF=0，则退出循环，执行下一条指令。

③ LOOPNE/LOOPNZ(Loop While Not Equal or Loop While Not Zero)。

执行 LOOPNE/LOOPNZ 指令时，先将 CX 内容减 1，再判断 CX 和标志位 ZF，如果 CX 不为 0 且 ZF=0，继续循环；如果 CX 为 0 或 ZF=1，则退出循环，执行下一条指令。

### 6. 中断

8086 系统中除了触发 CPU 的中断引脚可以引起硬件中断外，使用中断指令也可以使系统进入软件中断过程。8086 系统中包括 3 条中断指令。

(1) 中断指令 INT(Interrupt)。

格式：INT  n

指令中 n 为中断类型号，其值介于 0～255。执行该中断指令时，将根据 n 值计算出指令所对应的中断向量(即中断服务程序的入口地址)所在位置，进而转移到相应的中断服务程序继续执行。指令所执行的操作可描述为以下几个步骤。

① 将标志寄存器 FLAGS 压栈。

② 使 IF=0，TF=0。

③ 将当前 CS 寄存器的值压栈。

④ 将 n×4+2 所指内存单元中的字数据传送给 CS。

⑤ 将当前 IP 寄存器的值压栈。

⑥ 将 n×4 所指内存单元中的字数据传送给 IP。

(2) 溢出中断指令 INTO(Interrupt if overflow)。

格式：INTO

执行该指令时，系统将检测溢出标志 OF，如果 OF=1，则进入溢出中断过程，其中断的执行过程与指令 INT 4 相同；如果 OF=0，则不执行任何操作。

INTO 指令与 INT 4 指令执行的操作相同，两者的区别是 INTO 指令的目标代码占 1 个字节，而对于中断指令 INT n，除 n=3 的目标代码占用 1 个字节外，其余指令的目标代

码均占用 2 个字节。

(3) 中断返回指令 IRET(Interrupt return)。

与子程序返回指令 RET 类似，一般中断服务程序中都包含中断返回指令 IRET。IRET
指令的执行将依次从堆栈中弹出执行中断指令时被保存的 IP、CS 和 FLAGS 值，从而使系
统能够正确返回原来被中断的位置和状态继续执行。

### 7. DOS 功能调用

MS-DOS 是 IBM PC 系列计算机上最普遍的操作系统，它采用层次化模块结构，如
图 4-10 所示。

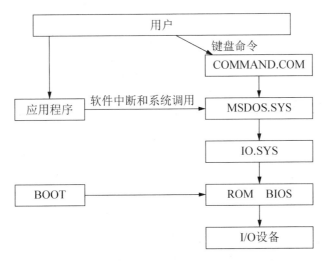

图 4-10  DOS 环境下的用户操作

MS-DOS 由 1 个引导程序 BOOT 和 3 个层次模块组成，这 3 个模块分别是输入输出模
块(IO.SYS)、文件管理模块(MSDOS.SYS)和命令处理模块(COMMAND.COM)。

从图中可以看出，MS-DOS 从两个层次上为用户提供了访问接口，普通用户可以通过
键盘命令在命令处理模块层次上进行访问；高级用户则可以通过软件中断和系统功能调
用，在文件管理模块层次上进行访问。

下面先来了解 DOS 的软件中断和系统功能调用。

(1) MS-DOS 常用软件中断。

MS-DOS 的主要系统功能都以中断服务程序的形式提供，用户可以按照指定的格式设
置好入口参数，再使用一条中断指令(INT n)，便可以调用某个中断服务程序，从而调用操
作系统的功能。MS-DOS 常用软件中断及其功能参数见表 4-4。

用户在使用 INT 25H 和 INT 26H 软件中断指令对磁盘进行读和写操作时，需要熟知磁
盘结构，准确设置入口参数，因此，这种读和写磁盘的操作除特殊用途外，基本上已不被
采用。

用户可以使用 INT 20H 和 INT 27H 两条中断指令来终止正在运行的程序，返回操作系
统。其中 INT 20H 返回方式只能用于扩展名为 COM 的文件，而不能用于扩展名为 EXE 的
文件；INT 27H 指令在退出程序时，被终止的程序将被看成是系统的一部分，在其他程序
装载运行时，这部分程序不会被覆盖，其他用户程序，还可以利用软件中断方式来调用这

个驻留程序。

表 4-4　MS-DOS 常用软件中断列表

| 软　件 | 功　能 | 入口参数 | 出口参数 |
|---|---|---|---|
| INT　20H | 程序正常退出 | | |
| INT　25H | 读盘 | AL=盘号<br>CX=所读扇区数<br>DX=起始逻辑扇区号<br>DS：BX=缓冲区首地址 | CF=1 出错 |
| INT　26H | 写盘 | AL=盘号<br>CX=所写扇区数<br>DX=起始逻辑扇区号<br>DS：BX=缓冲区首地址 | CF=1 出错 |
| INT　27H | 程序驻留退出 | DS：DX=程序长度 | |

(2) MS-DOS 系统功能调用。

MS-DOS 系统功能调用通常专指类型号为 21H 的软件中断，该类型号所对应的中断处理程序中包含了一系列常用的功能子程序，其实现的功能大致可以分为四类，即外部设备管理、文件管理、目录管理和其他功能。

所有系统功能调用的格式都一致：在 AH 寄存器中设置功能号；设置入口参数；执行 INT 21H 指令；根据出口参数分析功能调用情况。

根据 21H 中断所实现的系统功能分类其主要功能及对应参数见表 4-5。

表 4-5　MS-DOS 主要系统功能调用

| 功能分类 | 功能号 | 功　能 | 入口参数 | 出口参数 |
|---|---|---|---|---|
| 外部设备管理 | 01 | 键盘输入单字符 | | AL=输入字符 |
| | 07 | 直接控制台输入单字符(无回显) | | AL=输入字符 |
| | 08 | 键盘输入单字符(无回显) | | AL=输入字符 |
| | 0AH | 键盘输入字符串 | DS：DX=缓冲区首地址 | |
| | 0BH | 检测键盘是否有字符输入 | | AL=00H，无输入<br>AL=FFH，有输入 |
| | 02 | 显示器输出单字符 | DL=输出字符 | |
| | 06 | 直接控制台输入/输出单字符 | DL=FFH(输入)<br>DL=字符(输出) | AL=输入字符 |
| | 09 | 显示器输出字符串 | DS：DX=缓冲区首地址<br>(字符串要以$结束) | |
| | 05 | 打印机输出单字符 | DL=输出字符 | |

续表

| 功能分类 | 功能号 | 功 能 | 入口参数 | 出口参数 |
|---|---|---|---|---|
| 文件管理 | 0FH | 打开文件 | DS：DX=FCB 首址 | AL=00H，成功<br>AL=FFH，未打开指定文件 |
| | 10H | 关闭文件 | DS：DX=FCB 首址 | AL=00H，成功<br>AL=FFH，未找到指定文件 |
| | 14H | 顺序读取一个记录 | DS：DX=FCB 首址 | AL=00H，成功<br>AL=01H，文件结束<br>AL=02H，缓冲区太小<br>AL=03H，读取残缺记录 |
| | 15H | 顺序写一个记录 | DS：DX=FCB 首址 | AL=00H，成功<br>AL=FFH，磁盘满 |
| 目录管理 | 39H | 建立一个子目录 | DS：DX 指向路径名 | CF=0，成功；CF=1，失败 |
| | 3AH | 删除一个子目录 | DS：DX 指向路径名 | CF=0，成功；CF=1，失败 |
| | 3BH | 改变当前目录 | DS：DX 指向新路径名 | CF=0，成功；CF=1，失败 |
| | 00H | 终止运行的程序，返回操作系统 | | |
| 其他功能 | 4CH | 终止运行的程序，返回操作系统 | AL=退出码<br>退出码由 4DH 调用获取 | |
| | 4DH | 获取退出码 | | AX=退出码 |
| | 2AH | 读取日期 | | CX 和 DX 中为日期 |
| | 2BH | 设置日期 | CX 和 DX 中为日期 | AL=00H，成功<br>AL=FFH，失败 |

### 8. 处理器控制指令

处理器控制指令用于完成对 CPU 的简单控制功能，因此指令中一般不设置地址码。8086 系统处理器控制指令见表 4-6。

表 4-6 处理器控制指令

| 指 令 | 指令执行的操作 |
|---|---|
| CLC(Clear carry flag) | 执行 CLC 指令，将使进位标志 CF=0 |
| STC(Set carry flag) | 执行 STC 指令，将使进位标志 CF=1 |
| CMC(Complement carry flag) | 执行 CMC 指令，将使进位标志 CF 取反 |
| CLD(Clear direction flag) | 执行 CLD 指令，将使方向标志 DF=0 |
| STD(Set direction flag) | 执行 STD 指令，将使方向标志 DF=1 |
| CLI(Clear interrupt flag) | 执行 CLI 指令，将使中断标志 IF=0 |
| STI (Set interrupt flag) | 执行 STI 指令，将使中断标志 IF=1 |
| HLT(Halt) | 执行 HLT 指令后，CPU 将进入暂停状态，当系统中出现硬件中断且 IF=1 时或系统进入复位操作时，CPU 将退出暂停状态 |

续表

| 指　令 | 指令执行的操作 |
| --- | --- |
| NOP(No operation) | 执行 NOP 指令后，CPU 不进行任何操作，3 个时钟周期后 CPU 继续执行下一条指令 |
| WAIT (Wait while TEST Pin not asserted) | 执行 WAIT 指令后，CPU 将进入等待状态，并每隔 5 个时钟周期测试一次 TEST 引脚，直到该引脚信号变为有效(即低电平)为止，WAIT 指令通常与 ESC 指令联合使用 |
| ESC(Escape) | 执行 ESC 指令时，CPU 将读取一个存储器操作数，将其置于数据总线上交由其他处理器处理 |
| LOCK(Lock bus) | LOCK 指令可以作为一条前缀指令放置在任何指令之前，执行该指令时，将使 CPU 的 LOCK 引脚维持低电平，从而封锁总线，以禁止其他处理器对总线的访问，直到执行完其下一条指令。LOCK 指令常用于有共享资源的多处理器系统中 |

# 4.4　汇编语言程序设计

汇编语言基本语法规则.mp4

汇编伪指令.mp4

顺序程序.mp4

分支程序.mp4

循环程序.mp4

中断和 DOS 功能调用.mp4

## 4.4.1　伪指令

　　汇编语言是符号化的机器语言，它使用助记符来表示指令的操作码和操作数，用标号和符号来代表地址、常量和变量，比二进制数表示的机器语言要便于识别和记忆。汇编语言的一条语句对应一条机器语言指令。使用汇编语言编写的程序称为汇编语言源程序。汇编语言源程序不能由计算机直接运行，而必须使用"汇编程序"将其翻译成目标程序，这个翻译过程称为汇编过程，目标程序即机器语言程序，目标程序再经过"连接程序"连接、装配形成可执行程序，最后装入主存中运行。汇编语言源程序的汇编过程如图 4-11 所示。

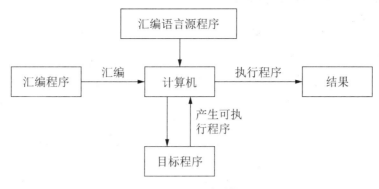

图 4-11  汇编过程

使用汇编语言编写程序,必须熟悉机器的指令系统、寻址方式、寄存器的设置和使用方法。汇编语言是面向机器的低级语言,CPU 不同的机器有不同的汇编语言。

汇编语言为程序员提供了直接控制处理器和控制输入/输出端口的方法。另外,汇编语言编写的程序具有效率高、占用内存小、运行速度快等特点。因此,汇编语言常被用来编写计算机系统程序、实时通信程序和实时控制程序等。

IBM PC 上可以使用多种汇编语言,最基本的汇编语言有小汇编(ASM)和宏汇编(MASM)。宏汇编的功能更强,具备翻译宏指令的功能,它对 ASM 是兼容的,但 MASM 占用更多的内存。下面通过一个规范的汇编语言源程序来介绍汇编语言的基本结构和语法。

例如,两个字数据相加,其汇编语言源程序如下:

```
       PAGE    60, 132       ;指定每页 60 行, 132 列
TITLE     对两个字数据求和    ;为源程序指定标题
;————————————————————————————————————————————
SSEG    SEGMENT  PARA  STACK 'Stack'    ;堆栈段开始
    DW  20H                ;定义堆栈段空间
SSEG    ENDS               ;堆栈段结束
;————————————————————————————————————————————
DSEG    SEGMENT  PARA  'Data'           ;数据段开始
AGRX    DW  1234H          ;定义被加数
AGRY    DW  5678H          ;定义加数
SUM DW  ?                  ;定义存放结果的空单元
DSEG    ENDS               ;数据段结束
;————————————————————————————————————————————
CSEG    SEGMENT  PARA  'Code'           ;代码段开始
MAIN    PROC    FAR
    ASSUME  CS: CSEG, DS: DSEG, SS: SSEG
    MOV  AX, DSEG          ;初始化 DS 寄存器
    MOV  DS, AX
    MOV  AX, AGRX          ;取被加数到 AX 寄存器
    MOV  BX, AGRY          ;取加数到 BX 寄存器
    ADD  AX, BX            ;两个数相加
    MOV  SUM, AX           ;存放结果
    MOV  AX, 4C00H
    INT  21H               ;程序正常退出
MAIN    ENDP               ;过程结束
```

```
CSEG    ENDS                    ;代码段结束
    END  MAIN                   ;源程序结束
```

由上例可以看出，汇编语言源程序的结构采用分段定义的形式。分段定义有利于用户按段来组织程序和存放数据。用户所定义的不同段将被存放在内存的不同位置，有利于存储器的管理。一个汇编语言源程序可以由若干个段组成，程序中的指令、数据以及堆栈都应当定义到具体的段中。在上述示例程序中一共包含三个段，第一个段标识为 SSEG，为程序定义的堆栈段；第二个段标识为 DSEG，用于存放与程序相关的数据及运行结果，为数据段；还有一个段标识为 CSEG，其中包含执行运算的指令代码，为代码段。

汇编语言源程序中每个段都可以包含若干条语句，这些语句被分为两种类型：指令性语句和指示性语句。

指令性语句是指 CPU 指令，即指令系统中的指令，如前面 4.3 节所介绍过的指令 MOV AX, 100 和 ADD  AX, BX 等。每一条指令性语句在汇编过程中都会产生相应的目标代码。

指示性语句又称为伪指令，这是因为指示性语句在汇编过程中主要用于完成如数据定义、存储空间分配、段定义、源程序结束等特定的功能，而不会产生任何目标代码。

### 1. 段定义伪指令 SEGMENT、ENDS 和段寄存器指定伪指令 ASSUME

(1) 段定义伪指令 SEGMENT 和 ENDS 用于在汇编语言源程序中定义段，段定义的一般格式为：

```
段名  SEGMENT  [定位方式]  [组合类型]  ['类别名']
    ⋮
段名  ENDS
```

其中，段名是用户自定义的标识符，不可缺省，而 SEGMENT 后面的参数为可选项。

● 定位方式：用于指定段的起始地址边界，有以下 4 种选项。

PARA——表示从一个节边界开始。通常 16 个字节称为一节，所以起始地址的低 4 位为 0，PARA 为段定义的默认选项。

BYTE——表示从字节边界开始，即可以从任意地址起始。

WORD——表示从字边界开始，即段的起始地址为偶数。

PAGE——表示从页边界开始。通常 256 个字节称为一页，所以起始地址的低 8 位为 0。

● 组合类型：用于指示程序当前段是否与其他段进行连接，有以下 6 种选择。

NONE——表示不与其他任何段连接，为段定义的默认选项。

PUBLIC——表示与其他段名相同段连接在一起形成一个段。

COMMON——表示与其他同名段重叠，共用一个段起始地址，段的长度是其中最长段的长度。

STACK——表示本段是堆栈段，连接方式同 PUBLIC，并且自动初始化堆栈段寄存器 SS 和堆栈指针 SP，SS 中为这个段的段基址，SP 中为该段的字节长度。源程序中至少要有一个 STACK 段，否则需要用指令初始化 SS 和 SP。

MEMORY——表示本段连接在其他所有段之后，即分配在存储器的高地址端。

AT 表达式——表示本段的起始地址由表达式的值给出，代码段除外，表达式的值应是 16 的倍数。如表达式 AT  11000H 表示本段的起始地址为 11000H。

- '类别名'：类别名为用户自定义标识符，它必须用单引号引起来。连接程序将类别名相同的各段组合在一起连续存放在存储器中。

(2) 段寄存器指定伪指令 ASSUME 用来建立段寄存器与源程序中各个段之间的关系，其定义格式为：

```
ASSUME   段寄存器名：段名 [, 段寄存器名:段名, …]
```

格式中"段寄存器名：段名"指出某个段寄存器所对应的段名。段寄存器名可以是 CS、DS、ES 或 SS，段名则是由 SEGMENT 伪指令所定义的段名，例如，DS：DATA，表示将段寄存器 DS 对应于 DATA 段，用于存储数据的数据段。

ASSUME 语句虽然对段寄存器进行了指定，但段寄存器的实际值(CS 寄存器除外)还需要使用传送指令在执行程序时进行赋值。

### 2. 数据定义伪指令 DB、DW、DD、DF、DQ、DT、? 和 DUP

数据定义伪指令 DB、DW、DD、DF、DQ 和 DT 用于存储单元分配、内存操作数的初始化、数值变量赋值、预留存储空间等。DB、DW、DD、DF、DQ 和 DT 分别用于定义字节、字、双字、6 个字节、8 个字节和 10 个字节，其定义的格式均可以参考 DB 伪指令的定义格式：

```
标识符   DB    表达式或数据项表    ;定义字节
```

格式中的表达式或数据项表的每一项都占用对应字节数，例如：

```
D1  DB  5AH                  ;为 D1 分配 1 个字节，初值为 5AH
D2  DW  1120H                ;为 D2 分配 1 个字，初值为 1120H
D3  DW  210*300              ;为 D3 分配 1 个字，存放表达式的值
D4  DB  'hello!'             ;为 D4 分配 6 个字节，存放字符串"hello! "
D5  DW  1000H, 2000H, 3000H  ;为 D5 分配 3 个字，顺序存放数据项
D6  DD  2.5, 3.2E+2          ;为 D6 分配 2 个双字，顺序存放 2 个浮点数
```

表达式或数据项表处也可以使用 "？"，则表示预留出对应字节数的存储空间，用于存放中间值或保存最终结果，例如：

```
R1  DB  ?            ;为 R1 预留出 1 个字节的存储空间
R2  DT  ?            ;为 R2 预留出 10 个字节的存储空间
```

如果需要预留出多个对应字节数的存储空间或重复定义某个数据，则可以使用重复定义符 DUP，例如：

```
S1  DB  5 DUP(?)      ;为 S1 预留出 5 个字节的存储空间
S2  DB  5 DUP(0)      ;为 S2 分配 5 个字节，初值都设为 0
S3  DW  20H, 30H, 2 DUP(40H)   ;为 S3 分配 4 个字，顺序存放 20H、30H 和 2 个 40H
```

上例中为标识符 S1、S2 和 S3 所分配的数据项和空间在内存中具体的存储格式，如图 4-12 所示。

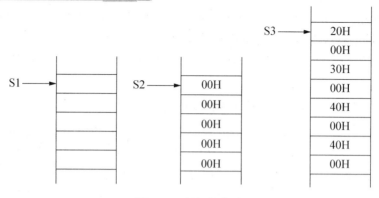

图 4-12　数据的存储

### 3. 符号定义伪指令 EQU、=和 LABEL

(1)　EQU 和=都是用于定义符号的伪指令，其定义格式为：

```
符号  EQU  表达式
符号  =     表达式
```

这两个伪指令的功能相同，为表达式定义一个标识符，以便程序中可以引用。表达式可以是常数、变量、标识符、指令助记符、字符串等。例如：

```
DATA1  EQU  100H      ;定义常量符号
DATA2  EQU  DATA1     ;定义标识符符号
DATA3  EQU  AX         ;定义寄存器符号
PI2    = 2*3.14        ;定义常量符号
:
MOV  DATA3, PI2        ;相当于 MOV  AX, 2*3.14
MOV  BX, DATA1         ;相当于 MOV  BX, 100H
MUL  BX
```

在汇编语言源程序中，用 EQU 伪指令定义的符号名不能被重新赋值，而用 "=" 定义的符号名可以被重新赋值。

(2) LABEL 伪指令用于定义标识符或变量的类型，其定义格式为：

```
符号  LABEL  类型
```

其中符号为标号或变量，标号的类型可以是 NEAR(近标号)或 FAR(远标号)；变量的类型可以是 BYTE(字节型)、WORD(字型)、DWORD(双字型)等。未经定义的变量名以原赋值定义时为准。例如：

```
ADDRESS1  LABLE  FAR     ;定义标号 ADDRESS1 为 FAR 类型
ADDRESS2: ADD  AX, BX    ;定义标号 ADDRESS2 为 NEAR 类型

LABA  LABLE  BYTE        ;变量 LABA 和 LABB 具有相同的段地址和偏移量
LABB  DW  1020H, 3040H   ;LABA 是字节类型，LABB 是字类型
```

对上例中字节类型数据或字类型数据进行调用时可以使用：

```
MOV  AL, LABA    ;  ⎫
MOV  AL, BYTE PTR LABB ; ⎬    调用字节数据
MOV  AX, WORD PTR LABA ; ⎫
MOV  AX, LABB    ;  ⎬    调用字数据
```

对于数据调用时所使用的 BYTE、WORD 以及指令 DWORD，为用于指定存储单元类型的伪指令，可分别将存储单元指定为字节型、字型和双字型，这些指令一般不单独使用，需要和 8086 指令以及运算符 PTR 一起使用。

### 4. 过程定义伪指令 PROC 和 ENDP

过程定义伪指令用于定义过程，即子程序，其定义格式为：

```
过程名  PROC [NEAR]/FAR
  ⋮
过程名  ENDP
```

其中，PROC 指示过程的开始，ENDP 指示过程的结束。所定义的过程如果为段内调用过程，则使用伪指令 NEAR 进行说明或缺省；如果为段间调用过程，则使用伪指令 FAR 进行说明。在一个过程的定义中，至少要有一条返回指令 RET，而 RET 不一定是定义过程中的最后一条指令，但它一定是过程执行时最后被执行的指令。

### 5. 定位伪指令 ORG 和源程序结束伪指令 END

(1) ORG 伪指令用于将其后所定义的内存数据和指令，从指定偏移地址处开始连续存放，直到出现下一条 ORG 指令，其定义格式为：

```
ORG  表达式
```

其中表达式的值为一个无符号数，例如：

```
ORG  20H      ;后续定义的内存数据和指令从 20H 处开始连续存放
ORG  $+20H    ;内存当前位置与 20H 相加，所得值即为后续数据和指令的开始存放位置
```

(2) END 伪指令用于指明汇编语言源程序的结束，其定义格式为：

```
END  地址标号
```

### 6. 连接伪指令 PUBLIC 和 EXTRN

一个汇编语言源程序可以由多个子模块组成，连接伪指令则用于子模块之间的连接和引用。

(1) 定义全局符号伪指令 PUBLIC。

汇编语言源程序中只能被本模块访问的符号为局部符号(内部符号)，既可被本模块访问，又可被其他子模块访问的符号为全局符号(外部符号)。PUBLIC 伪指令用于定义全局符号，其定义格式如下：

```
PUBLIC  符号名1 [, 符号名2, …]
```

其中符号名可以是常量符号、变量名、标号或过程名。例如：

```
PUBLIC  DATA1, VAR1, FAR_NEXT
DATA1   EQU 20H              ;DATA1 为常量符号
VAR1    DB  ?                ;VAR1 为变量名
:
FAR_NEXT: MOV  AL, BL       ;FAR_NEXT 为远地址标号
```

(2) 引用全局符号伪指令 EXTRN。

如果在本模块中需要引用其他模块中所定义的全局符号，则必须先使用伪指令 EXTRN 进行引用，其引用格式为：

```
EXTRN   符号名 1：类型 [，符号名 2：类型，…]
```

其中符号名必须与 PUBLIC 所定义的符号名一致。类型则由符号确定，符号为常量，则类型值可取 ABS；符号为标号或过程名，则类型值可取 NEAR 或 FAR；符号为变量，则类型值可取 BYTE、WORD、DWORD 等。例如，引用上例中 PUBLIC 所定义的全局符号，则可以使用如下语句：

```
EXTRN   DATA1: ABS, VAR1: BYTE, FAR_NEXT: FAR
```

再例如，PUBLIC 与 EXTRN 伪指令定义和引用全局子过程：

```
EXTRN   SUBPROC: FAR        ;引用远过程
MAIN  PROC FAR              ;主模块
:
CALL  SUBPROC              ;调用子过程
:
main  ENDP
;————————————————————————————————
PUBLIC  SUBPROC            ;定义全局过程
SUBPROC  PROC  FAR         ;远程子过程
:
RET
:
SUBPROC  ENDP
```

### 7. 记录定义伪指令 RECORD 与结构定义伪指令 STRUC/STRUCT

(1) 记录定义伪指令 RECORD。

RECORD 伪指令用于定义记录结构，其定义格式为：

```
记录名  RECORD  字段名 1：宽度[=表达式] [，字段名 2：宽度[=表达式]，…]
```

其中宽度为相应字段的二进制位数，表达式为该字段的初始值。如果记录中各字段宽度之和介于 1～8，则该记录为单字节记录；介于 9～16，则为双字节记录；介于 17～32，则为双字记录。

需要注意的是，RECORD 伪指令的定义并不分配实际的存储单元，它只是向汇编程序提供记录名及记录中各字段的相关信息。因此，在定义记录后，还需要利用初始化记录的方法来定义存储器变量，其定义格式为：

```
记录变量名   记录名  <[表达式, …]>
```

其中尖括号中的表达式是赋给记录中各字段的初始值，初始值的排列顺序应与各字段的定义顺序一一对应。例如：

```
REC1    RECORD  FLD1: 8='A', FLD2: 8='B', FLD3: 16='CD'
    ;定义双字记录 REC1，由三个字段组成，FLD1、FLD2 和 FLD3，长度分别为 8、8、16，初
始值分别为 01000001B、01000010B 和 01000011 01000100B
REC2    RECORD  FLD1: 4, FLD2: 4, FLD3: 8
    ;定义双字节记录 REC2，由三个字段组成，长度分别为 4、4、8，初始值为空
VAR1    REC2    <0, 15, 'A'>
    ;定义变量 VAR1，类型为 REC2 型，初始值为 0000 1111 01000001B
VAR2    REC2    10H DUP(<1, 9, 10H>)
    ;定义变量 VAR2，类型为 REC2 型，包含 10H 个数据项，每个数据项的初始值都为
0001 1001 10000000B
```

记录专用的运算符包括 WIDTH、移位运算和 MASK。

- WIDTH 用于返回记录或记录某一字段的宽度，例如：

```
MOV CL, WIDTH REC1      ;等价于 MOV CL, 32
MOV CH, WIDTH FLD2      ;等价于 MOV CH, 8
```

- 移位运算用于返回表示某字段移到所在记录的最右侧所需的移位次数。例如，对于 REC1：

```
MOV CL, FLD1            ;等价于 MOV CL, 8
```

- MASK 运算符用于返回各字段的屏蔽码，即该字段在记录中占用的二进制位，用 1 表示被占用的位。例如，记录 REC2 中各字段的 MASK 值分别为：

| 字段 | MASK 值(二进制) | 十六进制 |
|------|----------------|----------|
| FLD1 | 1111 0000 0000 0000 | F000 |
| FLD2 | 0000 1111 0000 0000 | 0F00 |
| FLD3 | 0000 0000 1111 1111 | 00FF |

(2) 结构定义伪指令 STRUC/STRUCT。

STRUC/STRUCT 伪指令用于定义结构，其定义格式为：

```
结构名  STRUC/STRUCT
...     ;字段定义列表
结构名  ENDS
```

结构可以作为一个存储体，存储包括在 STRUC 和 ENDS 两条伪指令之间的所有字段；结构中每个字段都可以由 DB、DW、DD 等伪指令来定义。例如，定义一个学生成绩结构：

```
SCORES  STRUC
    NUM DW  ?            ;学号字段
    ENGLISH DB  ?        ;英语成绩字段
    COMPUTER DB ?        ;计算机成绩字段
SCORES  ENDS
```

与 RECORD 伪指令相同，STRUC/STRUCT 伪指令的定义也不分配实际的存储单元，同样需要利用初始化结构的方法来定义存储器变量。例如：

```
STU_1   SCORES <1001, 85, 75>   ;定义一个 SCORES 结构变量 STU_1
MOV AL, STU_1.NUM               ;(AL)=1001
```

### 8. 其他常用伪指令

在 80x86 宏汇编语言中，除了上述常用的伪指令外，为了便于控制程序格式和列表输出，并对源程序做必要的说明，一些伪指令也经常会用到，见表 4-7。

表 4-7　其他常用伪指令

| 伪　指　令 | 说　　明 |
|---|---|
| PAGE | 位于源程序的起点，用于指定汇编程序列在一页中的最大行数和一行中最大字符数。例如：PAGE　60, 100 表示设置每页 60 行，每行 100 个字符。行数范围为 10～255，字符数范围为 60～132 |
| TITLE | 用于指定源列表文件每一页的标题，标题字符数应不超过 80 个字符 |
| NAME 和 END | 用于定义一个模块 |
| GROUP | 用于将程序中几个类型相同的段合成一个组，使它们位于一个物理段中(64KB) |
| . LIST 和. XLIST | 用于控制列表文件的输出。其中. LIST 用于将后面的源程序和目标代码列表输出；. XLIST 则用于禁止输出 |
| . RADIX | 对于没有加任何说明的常量，其默认基数都是十进制，使用该指令可以将基数修改为 2～16 的任意值 |
| %OUT | 用于在汇编时显示字符串，格式为 %OUT　<message> |
| EVEN | 用于在汇编时将段内地址指针指向偶数地址单元 |
| INCLUDE | 在汇编时用于将指定文件插入当前的源文件一起汇编 |
| COMMENT | 用于在源程序中插入多行注释 |
| 处理器伪指令 | 用于设置 CPU 的方式，缺省情况下只汇编 8086/8088CPU 的指令系统。如果需要用到其他处理器的指令系统，则必须使用处理器伪指令进行说明，如：. 286、. 386、. 486、. 8087、. 287 等 |

前面介绍了段定义伪指令，用于定义规范完整的段。从 MASM 5.0 开始，以后的版本中又提供了一组用于简化段定义的伪指令。使用这些伪指令可以使汇编语言源程序的设计更加简单方便。另外，如果需要将所编写的汇编语言源程序与高级语言源程序连接，则简化段定义方式可以很好地保证用户模块的兼容性。

下面是一个采用简化段定义方式的源程序示例，用于显示字符串"Hello！"。

```
.MODEL  SMALL                  ;定义存储模式为小型
.STACK  20H                    ;定义堆栈段，缺省大小为 1KB
.DATA                          ;定义近数据段
STRING  DB  'Hello!', 7, '$'   ;字符串数据定义
.CODE                          ;定义代码段
START:  MOV AX, @DATA
```

```
MOV DS, AX                              ;初始化段寄存器
LEA DX, STRING
MOV AH, 9
INT 21H                                 ;显示缓冲区中的字符串
MOV AX, 4C00H
INT 21H
END START
```

(1) 存储模式定义伪指令.MODEL。

.MODEL 伪指令用于定义源程序的存储模式，并产生默认段以及所要求的 ASSUME 语句，其定义格式如下：

```
.MODEL   存储模式
```

其中存储模式有以下几种。

- TINY：微型，其代码和数据位于一个段内(<=64KB)，一般用于编写.COM 程序。
- SMALL：小型，代码在一个段内(<=64KB)，数据在另一个段内(<=64KB)。小型存储模式是独立的汇编语言程序最常用的模式。在这种存储模式下，数据段寄存器可保持不变，所有转移都可认为是段内转移。
- MEDIUM：中型，源程序有任意个代码段，数据在一个段内。在这种存储模式下，数据段寄存器保持不变，但会出现段间转移的情形。
- COMPACT：紧凑型，代码在一个段内，有任意个数据段，没有大于 64KB 的数组。
- LARGE：大型，代码与数据均占用任意个段，没有大于 64KB 的数组。
- HUGE：巨型，代码与数据均占用任意个段，数组可大于 64KB。
- FLAT：平面型，不分段，但需要使用 80386/486 指令，因此在指定.MODEL FLAT 时需指定.386 或.486。

(2) 段定义伪指令.CODE、.DATA 和.STACK。

简化段定义伪指令说明一个段的开始，同时也表示上一个段的结束，如上例所示。伪指令 END 则说明最后一个段的结束和程序的结束。

(3) 代码段的开始伪指令.STARTUP 和结束伪指令.EXIT。

MASM 6.0 引入.STARTUP 和.EXIT 伪指令来简化程序的初始化和结束。代码段中使用.STARTUP 伪指令来产生代码，从而初始化各段寄存器，使用.EXIT 伪指令产生功能为 4CH 的 INT　21H 代码结束程序。

如果代码段起点不使用.STARTUP，则必须初始化段寄存器，并为 END 伪指令指定一个起始地址，否则不需要给出起始地址。

| 例 1： | 例 2： | 例 3： |
|---|---|---|
| .CODE | .CODE | .CODE |
| START: | MAIN  PROC | .STARTUP |
| ⋮ | ⋮ | ⋮ |
| **END　START** | MAIN  ENDP | .EXIT |
|  | **END　MAIN** | **END** |

实际上所有的主程序(主模块)或子程序(子模块)，不论是使用简化段，还是使用完整

段，定义方式都必须使用 END 伪指令结束。

.EXIT 伪指令可以产生返回值，其中返回值 0，用于表示没有问题；返回值 1，用于表示有错误而终止了程序的执行。该伪指令将产生代码：

```
MOV AL, 返回值        ;产生的返回值被传送给 AL 寄存器
MOV AH, 4CH
INT 21H              ;系统功能调用中的 4CH 号功能，表示程序终止
```

MASM 源程序可以包含许多由段组成的模块，其中只有一个主模块，其他均为子模块。主模块中可以包含用简化段伪指令定义的代码段、数据段和堆栈段，而子模块只能包含数据段和代码段。主模块或子模块如果采用简化段定义方式，则都需要用.MODEL 伪指令指定其存储模式。

## 4.4.2  操作数的基本组成

常量、变量、标号和表达式是指令和伪指令语句中操作数的基本组成部分。

### 1. 常量

常量操作数可以有以下几种类型。

- 二进制数，如：10010001B，数据以字母 B 结尾。
- 八进制数，如：72O，数据以字母 O 结尾。
- 十进制数，如：128，数据可以以字母 D 结尾，也可以省略字母 D。
- 十六进制数，如：6AH，数据以字母 H 结尾。另外，当一个十六进制数据是以 A～F 其中某个字符开头的，则必须在数据前加"0"，以将其与标识符进行区分，如：0A120H。
- 实数，如：3.2E-2，数据由整数、小数和指数三部分组成，指数部分由字母 E 开始，数据一般用十进制数形式给出。
- 字符串，如：'Y'，数据为用引号括起来的一个或多个字符，这些字符以 ASCII 码形式在内存中进行存储。

### 2. 变量

变量代表某个存储区域，因此变量在指令中可以作为存储器操作数，而该操作数可以通过修改其存储区域中的数据随时进行修改。例如：

```
M1 DB 30H
M2 DB 'Hello!'
```

上例中 M1 和 M2 即为利用伪指令定义的变量，在程序运行过程中可以被随时修改。

### 3. 标号

标号代表一条指令的符号地址，常用作控制转移类指令的操作数。例如：

```
NEXT: ADD  SI, 02H
LOOP  NEXT
```

程序中 NEXT 即为指令 ADD   SI, 02H 的标号，也为指令 LOOP 的操作数。

#### 4. 表达式

表达式可以作为汇编语言中的数据。表达式由操作数和运算符组成，其中的操作数可以是常量、变量和标号，也可以是一个表达式。表达式最终代表一个值，其运算过程不是在执行程序时完成，而是在汇编过程完成。表达式中的运算符可以划分为以下几类。

(1) 算术运算符。

算术运算符包括加(+)、减(−)、乘(*)、除(/)、模除(MOD)、左移(SHL)和右移(SHR)。除加减运算外，所有参与算术运算的数据必须是整数。例如：

```
ADD  AL, NUM*2          ;将 AL 中的值与表达式 NUM*2 的值相加，结果存于 AL
MOV  BL, 21H SHL 2      ;BL 的值为 84H
```

(2) 逻辑运算符。

逻辑运算符包括与(AND)、或(OR)、异或(XOR)和非(NOT)，只能对常量进行逻辑运算。逻辑运算符与 8086 系统中的逻辑指令助记符有完全相同的符号表示形式，但它们在指令中的位置不同，各自的执行时间也不相同，例如：

```
AND  AL, NUM AND 0F0H      ;AND 指令的源操作数是一个 AND 运算符连接的表达式
```

上述指令中，运算符 AND 连接了变量 NUM 和数值 0F0H，如果其中的 NUM 为17H，则汇编过程后可以得到表达式 NUM　AND　0F0H 的结果为 10H，在指令执行过程中，指令再将 10H 与 AL 中内容相与，结果存回 AL。

(3) 关系运算符。

关系运算符包括相等(EQ)、不等(NE)、大于(GT)、小于(LT)、大于等于(GE)和小于等于(LE)。关系表达式中的两个操作数可以是常量，也可以是同一段中的存储单元地址，其结果只有两种情况：如果表达式关系成立，则汇编后表达式值为 0FFFFH；如果表达式关系不成立，则汇编后表达式值为 0。例如：

```
MOV AX, 10 GE 0FH      ;该指令相当于 MOV  AX, 0
```

(4) 取值运算符。

取值运算符包括 SEG、OFFSET、TYPE、LENGTH 和 SIZE。取值运算符的操作数必须是存储器操作数，即变量或地址标号，用于获取段基址、偏移地址或存储单元类型属性等。

- SEG。

SEG 用于获取变量或地址标号所在段的段基址，例如：

```
MOV AX, SEG DATA
MOV DS, AX
```

上例中的两条指令用于传递数据段的段基址，第一条指令中表达式 SEG　DATA 用于获取标号 DATA 所在段的段基址值，再在指令执行时传值给 AX，第二条指令用于将该段基址值传送给数据段寄存器 DS。

- OFFSET。

OFFSET 用于获取变量或地址标号所在段内的偏移地址，例如：

```
MOV BX, OFFSET DISP_TABLE      ;获取 DISP_TABLE 标号所在段的偏移地址，传送给 BX
```

- TYPE。

TYPE 运算符用于获取变量或地址标号的类型属性。

如果是变量，则汇编程序返回该变量类型包含的字节数：DB 的 TYPE 值为 1；DW 的 TYPE 值为 2；DD 的 TYPE 值为 4。

如果是地址标号，则汇编程序返回代表该标号类型的数值：地址标号类型为 NEAR，则返回值-1(FFH)；为 FAR，则返回值-2(FEH)。例如：

```
VAR1    DB   10  DUP(?)
VAR2    DW   20  DUP(?)
VAR3    DW   1020H, 3040H
   ...
LAB:        MOV AL, TYPE    VAR1     ;执行结果(AL)=1
    MOV    BL, TYPE    VAR2        ;(BL)=2
    MOV    CL, TYPE    LAB         ;(CL)=0FFH
```

- LENGTH。

LENGTH 运算符用于获取变量中所定义的元素项数。如果变量使用重复定义符 DUP 进行说明，则返回 DUP 定义的项目数；如果变量没有使用 DUP 说明，则返回数值 1。

例如，对上例中定义的变量 VAR1、VAR2 和 VAR3，执行下列指令：

```
    MOV AH, LENGTH VAR1    ;执行结果(AH)=10
    MOV BH, LENGTH VAR2    ;(BH)=20
    MOV CH, LENGTH VAR3    ;(CH)=1
```

- SIZE。

SIZE 运算符用于获取变量中定义的元素所占的总字节数，该字节数应等于变量的 LENGTH 和 TYPE 值的乘积，而且仅当所引用的变量是使用 DUP 说明时才有效。

例如，对于变量 VAR1、VAR2 和 VAR3，其 SIZE 值分别为：

```
    MOV AL, SIZE  VAR1     ;执行结果(AL)=10
    MOV BL, SIZE      VAR2       ;(BL)=40
    MOV CL, SIZE      VAR3       ;(CL)=2
```

(5) 属性运算符。

属性运算符包括 PTR、THIS 和段跨越操作符。

- PTR。

PTR 运算符用于指定所引用的变量、地址标号或地址表达式的临时类型属性。例如：

```
BTE DB  10H, 20H
WRD DW  3040H
    ...
    MOV AX, WORD PTR BTE    ;将变量 BTE 临时指定为字类型，执行结果(AX)=2010H
    MOV BL, BYTE PTR WRD    ;将变量 WRD 临时指定为字节类型，(BL)=40H
    JMP DWORD PTR [BX]      ;取 BX 指向的四个单元的内容，进行段间转移
```

- THIS。

THIS 运算符用于对当前变量、地址标号或地址表达式指定新类型属性，它的功能与 PTR 运算符类似，只是格式不同，THIS 运算符可以和 EQU 或 "=" 伪指令一起使用。例如：

```
NUM EQU  THIS BYTE          ;将变量 NUM 定义为字节类型，相当于 NUM  LABEL  BYTE
```

数据在内存中的存储格式如图 4-13 所示。

```
LAB1      EQU THIS  BYTE
LAB2      DW  1020H, 3040H
   ...
      MOV AL, LAB1    ;(AL)=20H
      MOV AX, LAB2    ;(AX)=1020H
```

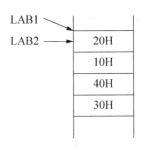

图 4-13　内存分配

上例中 LAB1 和 LAB2 都指向同一个数据单元，但 THIS
运算符将 LAB1 所指向的区域指定为字节类型，数据按字节进
行存取；而 DW 伪指令将 LAB2 所指向的区域定义为字类
型，数据则按字进行存取。因此，在该数据区域中要进行字节存取，须使用 LAB1；进行
字存取，须使用 LAB2。

● 段跨越操作符。

段跨越操作符用于跨越当前默认段，为变量、地址标号或地址表达式指定临时的段属
性。例如：

```
MOV AX, ES: [BX]      ;将 ES 段 BX 指向的字数据传送到 AX
```

指令中的 ES：用于跨越默认段 DS，临时指定 ES 为当前段。

(6) 其他运算符。

● HIGH 和 LOW。

HIGH 和 LOW 用于从变量或标号中分离出高位字节和低位字节。例如：

```
DATA    DW  2040H
   MOV AL, HIGH  DATA       ;(AL)=20H
   MOV AH, LOW   DATA       ;(AH)=40H
```

● SHORT。

SHORT 运算符在转移指令中用于表示段内短转移，转移的目标地址与本指令之间的
距离为-128～+127。例如：

```
   JMP SHORT  NEXT
      ...
NEXT:        ...
```

### 4.4.3　基本的结构化程序设计

#### 1. 顺序程序

顺序结构是最简单的一种程序结构，程序将按语句顺序执行。

例如，将输入的大写字符转换成小写字符输出：

```
.MODEL  SMALL
.STACK 200H
.DATA
   S_INPUT DB  'PLEASE  INPUT  A-Z: $'
   S_OUT  DB  0DH, 0AH, 'CONVERT  RESULT: $'
.CODE
```

```
    START:  MOV AX, @DATA
    MOV DS, AX
    MOV AH, 9            ;调用 21H 中断的 9 号功能显示字符串
    LEA DX, S_INPUT      ;DX 指向要显示的字符串的首地址
    INT 21H              ;显示 S_INPUT 所指向的字符串
    MOV AH, 1            ;调用 1 号功能接收一个字符
    INT 21H              ;接收的字符保存在 AL 寄存器中
    PUSH AX              ;将 AX(包含接收的字符)压栈
    MOV AH, 9
    LEA DX, S_OUT        ;再次调用 9 号功能显示字符串
    INT 21H              ;显示 S_OUT 所指向的字符串
    POP AX               ;将 AX 内容弹出栈
    MOV DL, AL
    ADD DL, 20H          ;将输入的大写字符转换为小写字符
    MOV AH, 2            ;调用 2 号功能显示 DL 中的字符
    INT 21H
    MOV AX, 4C00H        ;调用 4CH 功能，终止程序
    INT 21H
    END START
```

### 2. 分支程序

在实际应用中，经常需要根据不同情况进行不同的处理，相应地就需要在程序中应用分支结构。分支结构主要由两大元素构成：判断和转移。在汇编语言指令系统中，CMP 指令、TEST 指令、循环移位指令以及其他任何可能影响状态标志位的指令都可以用于判断；无条件转移和有条件转移指令可以用于转移。

例如，求三个数中的最大值：

```
.MODEL   SMALL
.STACK   200H
.DATA
    NUM DB  10000110B, 12, 8FH  ;定义数据 A, B, C
    MAX DB  ?
.CODE
    START:     MOV AX, @DATA
    MOV DS,    AX
    MOV AL,    NUM            ;取第一个数据 A，存入 AL
    CMP AL,    NUM[1]         ;将 A 和 B 两个数据进行比较
    JGE NEXT1                 ;如果 A 大，则程序跳转至 NEXT1
    MOV AL,    NUM[1]         ;否则将数据 B 存入 AL
    NEXT1:     CMP AL, NUM[2] ;比较 (AL) 和 C 的大小
    JGE NEXT2                 ;如果 (AL) 大，则程序跳转至 NEXT2
    MOV AL,    NUM[2]         ;否则将数据 C 存入 AL
    NEXT2:     MOV MAX, AL    ;(AL) 即为最大值，进行保存
    MOV AX,    4C00H
    INT 21H
    END START
```

### 3. 循环程序

在实际应用中除常用到分支结构外，还经常用到循环结构。比如分支结构中所介绍的求最大值的例子，示例中只给出三个数据，如果要比较的数据比较多时，则最好的方式就是通过循环来实现判断转移的过程。汇编语言指令系统中可以用于循环结构的指令有LOOP 指令和条件循环指令。

例如，使用冒泡排序法排列一组数据：

```
.MODEL  SMALL
.STACK  200H
.DATA
    NUM DB  12, 3, -4, -25, 2, 31, 0, -5, -10, 19
.CODE
    START:  MOV AX, @DATA
    MOV DS, AX
    MOV CX, 9                  ;设置内外循环计数器为数据个数减 1
    LOOP2:  PUSH CX            ;将外循环计数值压栈
    MOV BX, 0                  ;设置数据序列指针 BX
    LOOP1:  MOV AL, NUM[BX]    ;读取数据存入 AL(进入内循环)
    INC BX                     ;数据指针加 1，指向下一个数据
    CMP AL, NUM[BX]            ;两个相邻数据进行比较
    JGE NEXT                   ;如果 (AL)大，则程序跳转至 NEXT
    XCHG AL, NUM[BX]           ;否则交换两个数据，使(AL)为较大值
    MOV NUM[BX-1], AL
    NEXT: LOOP LOOP1           ;如果内循环没结束则返回 LOOP1 继续
    POP CX                     ;否则取出外循环计数值
    LOOP LOOP2                 ;如果外循环没结束则返回 LOOP2 继续
    MOV AX, 4C00H              ;否则程序结束
    INT 21H
    END START
```

### 4. 子程序

如果一段程序在一个或多个程序中多次使用，则可以将这段程序单独提取出来，存放在内存的某个区域，当需要执行该程序段，则使用控制指令转向该程序段执行，执行结束后，再返回原来的程序继续执行。像这样单独提取出来的程序称为子程序，调用子程序的程序则称为主程序。控制从主程序转向子程序的过程称为"子程序的调用"，而控制从子程序返回主程序的过程称为"子程序的返回"。

子程序的调用过程是通过 CALL 指令实现的，子程序的返回则通过 RET 指令完成。为了使子程序的结构清晰，一般可以使用过程定义伪指令 PROC 和 ENDP 来定义子程序。

例如，通过子程序的递归求 3！：

```
.MODEL  SMALL
.STACK  200H
.DATA
    NUM DB  3
    RES DW  ?
.CODE
```

```
START:  MOV AX, @DATA
MOV DS, AX
MOV AH, 0
MOV AL, NUM            ;取数据，递归参数
CALL FACTOR            ;调用子程序进行阶乘运算
MOV RES, AX            ;存结果
MOV AX, 4C00H
INT 21H


FACTOR PROC    NEAR
CMP AX, 1              ;比较 AX 中数值是否等于 1
JNZ TURN              ;不等则进行跳转
RET                   ;否则返回
TURN: PUSH AX          ;AX 中数值不等于 1 则将 AX 压栈
DEC AL
CALL FACTOR           ;将 AL 减 1 后递归调用子程序
POP CX                ;当 AX 等于 1 时程序返回到此处
MUL CL                ;将栈中内容弹出，并依次相乘
RET                   ;返回主程序
FACTOR  ENDP
END START
```

上述子程序的递归调用过程中，堆栈空间的变化过程及返回过程如图 4-14 所示。

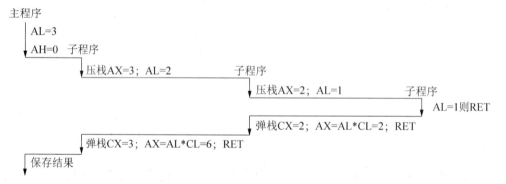

图 4-14 子程序的递归调用

递归调用是指子程序直接或间接调用自身。上例中主程序初始化 AX=3，调用 FACTOR 子程序，在子程序中判断 AL!=1，则 AX=3 被压栈，再将 AL 减 1，AL=2；再次调用 FACTOR 子程序，判断 AL!=1，则 AX=2 被压栈，再将 AL 减 1，AL=1；第三次调用 FACTOR 子程序，判断 AL=1，则开始返回，返回的位置在 POP 指令处。第一次返回从堆栈中弹出 2 到 CX 中，CL=2，进行乘运算 AL*CL=1*2=2，并将结果保存至 AX，AX=2；再次返回，仍返回到 POP 指令处，从堆栈中弹出 3 到 CX 中，CL=3，进行乘运算 AL*CL=2*3=6，并将结果保存至 AX，AX=6；最后返回到主程序，得到并保存运算结果 AX=6。

# 本 章 小 结

(1) 指令是让微处理器完成某种操作的命令, 一个微处理器所有指令的集合即为该处理器的指令系统。不同的微处理器有不同的指令系统。在汇编语言中每一条指令都使用助记符来表示。

(2) 编写汇编语言源程序, 需了解微处理器指令系统, 包括汇编语言指令格式、操作数的寻址方式、堆栈与堆栈操作、汇编语言程序设计等内容。

# 复习思考题

## 一、单项选择题

1. 下面描述 RISC 指令系统基本概念不正确的句子是_____。

    A. 选取使用频率高的一些简单指令, 指令条数少

    B. 指令长度固定

    C. 指令格式种类多, 寻址方式种类多

    D. 只有取数/存数指令访问存储器

2. 高级语言的特点是_____。

    A. 独立于具体计算机硬件         B. 不需编译

    C. 执行速度快                  D. 一种自然语言

3. 在指令的地址字段中, 直接指出操作数本身的寻址方式, 称为_____。

    A. 隐含寻址     B. 立即寻址     C. 寄存器寻址     D. 直接寻址

4. 在寄存器间接寻址方式中, 操作数在_____中。

    A. 通用寄存器     B. 程序计数器     C. 主存单元     D. 堆栈

5. MOV AX, ES: [BX][SI]源操作数的物理地址是_____。

    A. (DS)+(BX)+(SI)              B. (ES)+(BX)+(SI)

    C. (SS)+(BX)+(SI)              D. (CS)+(BX)+(SI)

6. 假定(SS):2000H, (SP)=0100H, (AX)=2107H, 执行命令 PUSH AX 后, 存放数据 21H 的物理地址是_____。

    A. 20102H        B. 20101H        C. 200FEH        D. 200FFH

7. 8086CPU 在执行 MOV AL, [BX]指令的总线周期内, 若 BX 存放的内容为 1011H, 则 BHE 和 A0 的状态是_____。

    A. 0, 0          B. 0, 1          C. 1, 0          D. 1, 1

8. AL=FBH, BL=12H, 则指令 MUL BL 执行后, AX=_____。

    A. 11A6H        B. 1123H        C. 22B6H        D. 1023H

9. 在 CMP AX, DX 指令执行后, 当标志位 SF、OF、ZF 满足逻辑关系(SF OF)+ZF=0 时, 表明_____。

A. (AX) > (DX)　　　　B. (AX) ⩾ (DX)　　　　C. (AX) < (DX)　　　　D. (AX) ⩽ (DX)

10. 设 CL=05H，要获得 CL=0AH，可选用的指令是＿＿＿＿＿＿。

A. XOR CL,0FH　　　B. NOT CL　　　　　　C. OR CL,0AH　　　D. AND CL,0FH

## 二、综合题

1. 有如下定义的语句：

DATA1　EQU　　　　62H
DATA2　EQU　　　　20H
DATA3　EQU　　　　5

求下列表达式的值。

(1) DATA1 * DATA3

(2) (DATA1+10) * (DATA3-10)

(3) DATA1/DATA3

(4) DATA1 MOD DATA3

(5) DATA1 AND DATA2

(6) DATA1 OR DATA2

(7) (DATA2 GE DATA3) OR (DATA3 GE DATA1)

2. 数据段有如下定义：

BUFA　　　DB　4,5,3,'453'
BUFB　　　DB　0
LTH　　EQU　BUFB-BUFA

请问 LTH 的值是多少？

3. 编写程序，在由 20 个元素组成的数组中寻找第一个等于 AL 寄存器中内容的元素，求出它是第几个元素，保存在 DX 寄存器中，如果未找到用 0 表示。

4. 在以 DATA 开始的区域中存放 10 个字数据，编写程序，求其中正数、负数的个数，分别存放在 SI 和 DI 寄存器中。

5. 编制程序，用查表法求 Y=X*X-2*X。

6. 将内存单元中一个 8 位二进制数转换为十六进制数并显示输出。

7. 已知一个多字节数据存放在以 NUM 开始的连续单元中，数据长度存放在 LEN 单元中，编制程序计算它的绝对值并原地存放。

8. 从键盘上输入一字符串，并在下一行以该字符串的相反顺序显示输出。

9. 设内存中有一个字节数组 ARR，编制程序，将数组中的数据按升序排列。

10. 设数据区中有一串英文字符，编制程序将大写转换成小写，小写转换成大写并输出。

运算与控制的软件支持——处理器的指令系统与汇编程序.pptx

# 第5章 计算机系统中的存储器

## 学习要点

1. 掌握存储器系统的分级结构及分类。
2. 了解主存储器的基本组成与结构，掌握主存储器的容量扩展。
3. 了解高速缓冲存储器、虚拟存储器的工作原理。
4. 了解存储器的相关发展技术。

## 核心概念

主存储器 ROM RAM Cache 虚拟存储器 外存储器 固态存储

## 案例导学

### 存储器的设置机制

冯·诺依曼体系计算机的基本工作原理被称为"存储程序原理"，程序和数据都被事先存放在存储器中，再由 CPU 调用读取。计算机中的存储器分为内存和外存，CPU 只能直接访问内存，因此，存放在外存中的程序和数据必须被调入内存。

为了进一步提高 CPU 的访问速度，在计算机的内存设置中增加了 Cache(高速缓冲存储器)。Cache 中的内容是内存中部分内容的复制。CPU 访问内存之前首先判断该内容是否在 Cache 中，如果在则直接访问 Cache，否则再访问内存，并复制相应内容到 Cache 中。

为了解决内存容量小的问题，计算机系统中通常还会设置虚拟内存。虚拟内存可以看作是对实际内存的扩展，通常都是系统物理外存中的一部分空间。当系统实际内存空间不足时，暂时不被访问的程序或数据会被暂存在虚拟内存中。

在 CPU 访问存储器的过程中，无论是访问内存、Cache 或是虚拟内存，都涉及地址转换的问题。访问内存，需进行逻辑地址和物理地址的转换；访问 Cache，需进行 Cache 地址和主存地址之间的映像与变换；访问虚拟内存，需进行虚实地址的转换。

## 5.1 概　述

CPU 寻址空间与存储器编址.mp4

存储器的分段管理.mp4

存储器的分级管理.mp4

存储器的分类.mp4

存储器的性能指标.mp4

### 5.1.1　存储器的分类

计算机系统中的存储器有不同的分类方式,最常见的是按存储介质进行分类,也可以按存取方式或等级进行分类。

#### 1. 按存储介质分类

(1) 半导体存储器。

半导体存储器是由半导体器件作为存储元件组成的存储器。常见半导体存储器有两大类,双极型和 MOS 型(金属氧化物)。双极型半导体存储器集成度低、功耗大、存取时间短、价格高;MOS 型半导体存储器又分为静态存储器(SRAM)和动态存储器(DRAM),SRAM 读写速度快,通常用来做高速缓冲存储器,DRAM 需要刷新,通常用来做内存。

(2) 磁介质存储器。

磁介质存储器利用带磁性的磁层来记录数据,通过磁头在磁层上的移动进行读或写操作。磁介质存储器的优点为存储容量大、单位价格低、记录介质可以重复使用;缺点为体积大、机械结构复杂、存取速度较慢等。因此,磁介质存储器通常在计算机系统中用作辅存,用以存放系统软件、大型文件、数据库等大量程序与数据等,如磁盘、磁带、磁芯等。

(3) 光盘存储器。

光盘存储器是由热传导率很小、耐热性很强的圆形有机玻璃制成的,在其表面有保护层,以保护记录面。写数据时,使用激光在存储介质表面上烧蚀出刻痕;读数据时,则利用强度较弱的激光照射盘面,利用盘面刻痕的不同反射率来表示数据。常用的光盘存储器包括 CD(光盘)、CD-ROM(光盘只读存储器)、CD-R(可刻录光盘)、CD-RW(可重写光盘)、DVD(数字视盘)、DVD-R(可刻录 DVD)、DVD-RW(可重写 DVD)。

#### 2. 按存取方式分类

(1) 随机存储器(Random Access Memory,RAM)。

随机存储器具有以下特点:数据可读可写,对存储器中任一存储单元进行读写操作所需要的时间基本一样,即按地址存取,存取时间与存储单元的物理位置无关;RAM 存储器依赖电容器存储数据。若不做特别处理,数据会随时间流失,因此需定时刷新;RAM 存储器中的数据具有易失性,当系统断电或关闭电源时,RAM 中的数据将丢失;现代的 RAM 存储器是所有访问设备中写入和读取速度最快的;静电会干扰 RAM 存储器内电容器的电荷,以致数据流失,甚至烧坏电路。因此在触碰 RAM 存储器前,应先去除静电。

(2) 只读存储器(Read Only Memory,ROM)。

只读存储器中的数据只能读不能写,其所存数据一般是装入整机前事先写好的。ROM

中所保存的数据稳定，断电后所存数据也不会改变；其结构较简单，读出较方便，因而常用于存储各种固定程序和数据。ROM 按制作工艺和使用特性又可分为固定只读存储器(ROM)、可编程只读存储器(PROM)、可擦除可编程只读存储器(EPROM)和电可擦除可编程只读存储器($E^2PROM$)。

(3) 顺序访问存储器(Sequential Access Memory，SAM)。

顺序访问存储器需按物理位置的先后顺序来访问存储器中的数据，即存取时间与存储单元的物理位置有关，如磁带。

### 3. 按等级分类

(1) 主存储器。

主存储器简称主存、内存，通过内存总线与 CPU 连接，用来存放正在执行的程序和处理的数据，可以和 CPU 直接交换信息。

(2) 辅助存储器。

辅助存储器简称辅存、外存，需通过专门的接口电路与主机连接，不能和 CPU 直接交换信息，用来存放暂不执行或还不需处理的程序或数据。

(3) 高速缓冲存储器。

在计算机的存储系统中，高速缓冲存储器是指介于 CPU 与主存之间的缓冲存储器，其容量比较小，但速度比主存高得多，接近于 CPU 的速度。Cache 用于解决 CPU 与主存之间数据传送速度不匹配的问题。目前随着 CPU 集成度的不断提高，Cache 也常集成在 CPU 芯片内部。

(4) 虚拟内存。

计算机操作系统通过硬件和软件的结合，将程序或数据所使用的内存地址映射为虚拟地址，并将其输入计算机内存中的物理地址，该虚拟地址空间可以超过真实主存储器的容量，从而为计算机提供比实际主存储器更多的存储容量。虚拟内存的容量一般来自于外存。

## 5.1.2　存储器的主要性能指标

(1) 存储容量。

存储容量是指存储器能够存放信息的总数量，现在通常以字节为单位。在存储容量的计量单位中，位表示一个二进制位，记作 bit，简写为 b；一个字节为 8 个二进制位，记作 Byte，简写为 B。常用的存储容量计量单位如下：

1KB=1024B

1MB=1024KB =1024×1024B

1GB=1024MB =1024×1024×1024B

1TB=1024 GB =1024×1024×1024×1024B

1PB=1024 TB =1024×1024×1024×1024×1024B

……

(2) 存取速度。

存储器的存取速度通常与存取时间、存取周期和存储带宽有关。

① 存储时间。

数据存入存储器称为写操作。从存储器中取出数据称为读操作。读写操作统称为"访问"。从存储器接到读(或写)申请命令到从存储器读出(或写入)数据所需要的时间称为存取时间，可表示为 $T_A$。

② 存储周期。

CPU 连续两次访问存储器所需要的最短时间间隔，用 $T_M$ 表示。一般来说，存取周期总是大于最大存取时间($T_M>T_A$)，因为在数据写入或读出后，存储器的读写电路和存储体及连线都需要有一段稳定和恢复时间。

③ 存储带宽。

存储器被连续访问时，每秒钟可传送数据的最大位数，可表示为 $B_M$，单位为位/秒(bps)。存取周期为 $T_M$，若每次可读/写数据 W 位，则存储带宽可表示为：

$$B_M=W/T_M$$

为提高存储带宽，可以通过以下方法实现：缩短存取周期；增加存储字长，使每个存取周期可读/写更多的二进制位数；增加存储体。

(3) 可靠性。

存储器的可靠性是指在规定时间内存储器无故障工作的情况，一般用平均无故障时间(MTBF)来衡量。MTBF 越长，则表示存储器的可靠性越高。

(4) 性价比。

存储器的单位价格：设 C 是具有 S 位存储容量的存储器的总价格，使用 P 表示每个存储位的价格，则有 P=C/S；性能主要包括存储器容量、存储周期和可靠性等。

性价比是一个综合性指标，对于不同的存储器有不同的要求。对于外存储器，一般要求容量大，而对缓冲存储器则要求存取速度非常快，而容量不一定大。因此性价比是评价整个存储器系统很重要的指标。

## 5.1.3  存储器的分层管理

计算机中的存储器系统通常是由容量不同、速度不同、单位价格不同的存储器组成的。这些存储器在计算机系统中形成了多层存储结构，如图 5-1 所示。

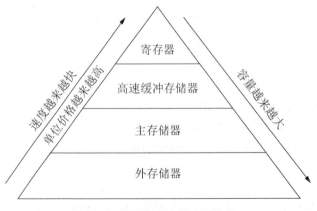

图 5-1  存储器的多层存储结构

在图 5-1 所示的多层存储结构中，寄存器位于 CPU 内部，存取速度最快，为纳秒级，容量最小，约为几十到几百字节；高速缓冲存储器的存取速度次于寄存器，容量约为几千到几兆字节；主存储器的存取速度次于高速缓冲存储器，容量从微型计算机的几百兆、几吉到巨型计算机的几十吉字节；外存储器的存取速度最慢，在毫秒级，但容量最大。

### 1. 多层存储结构的形成

冯·诺依曼结构计算机中，程序和数据都存放在存储器中，因此 CPU 需要不断地访问存储器，存储器的存取速度将直接影响计算机的工作效率。要提高计算机的效率，CPU 对存储器的要求是容量大、速度快、成本低，但在一个存储器中同时兼顾这三方面的要求是困难的；另一方面，在某一段时间内，CPU 只运行存储器中部分程序和访问部分数据，其中大部分是暂时不用的。

由于上述两方面原因，在计算机系统中采用多层存储结构，其中寄存器在 CPU 内部，用于暂存当前正在执行程序中的数据、计算结果等；CPU 可以直接访问 Cache 和主存储器，不能直接访问外存储器，大量的程序和数据都存放在容量最大的外存储器中。要访问或处理外存储器中的信息，则必须先将相应的信息从外存储器调入主存储器或 Cache 中才能被 CPU 处理，如图 5-2 所示。

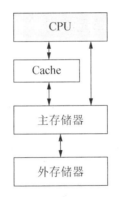

图 5-2　存储器系统的分层管理

### 2. Cache 与主存储器

在图 5-2 中，Cache 是介于 CPU 与主存之间容量更小、速度更快的存储器，是对主存中一部分内容的复制。当 CPU 对主存某地址单元进行访问时，需先通过地址映像变换机制判断该地址所在的数据块是否已经在 Cache 中，若在则直接访问 Cache，称为"命中"，若未命中则 CPU 访问主存，并同时将主存中包含该地址的数据块调入 Cache 中，以备 CPU 的进一步访问。

从 CPU 的角度来看，如果 Cache 的命中率高，则对存储器的访问速度接近于 Cache，而容量和单位价格接近于主存储器。而在主存储器与外存储器的层次中，访问速度接近于主存储器，容量和单位价格接近于外存储器。存储器系统的这种分层结构很好地满足了计算机系统中 CPU 对存储器速度、容量和成本的要求。

### 3. 虚拟存储器

在主存储器与外存储器的存储层次中，还涉及虚拟存储器。虚拟存储器也称虚拟内存。计算机中所运行的程序需先调入主存再由 CPU 执行，若执行的程序占用主存的空间很大，则会导致存储空间消耗殆尽。为解决该问题，Windows 中运用了虚拟存储器技术，即将一部分硬盘空间作为主存使用。当内存耗尽时，计算机会自动调用硬盘来充当内存。若计算机运行程序或操作所需的随机存储器(RAM)不足时，则 Windows 会用虚拟存储器进行补偿。它将计算机的 RAM 和硬盘上的临时空间组合。当 RAM 运行速率缓慢时，它便将数据从 RAM 移动到称为"分页文件"的空间中。将数据移入分页文件可释放 RAM，以便完成工作。一般而言，计算机的 RAM 容量越大，程序运行得越快。若计算机的速率由于 RAM 可用空间匮乏而减缓，则可尝试通过增加虚拟内存来进行补偿。但是，计算机从 RAM 读取数据的速度要比从硬盘上读取快，因而扩增 RAM 容量是最佳选择。

# 5.2 半导体主存储器

主存储器是计算机多层存储结构中的核心部件，用于存放计算机正在执行的程序和当前所需要的数据等。主存储器可被 CPU 随机访问，现代计算机中的主存储器基本上都是半导体存储器。

## 5.2.1 半导体主存储器的组成及单元结构

### 1. 半导体主存储器的组成

半导体主存储器.mp4

如图 5-3 所示，半导体主存储器的基本组成为虚线框住的部分，主要包括存储体、地址寄存器 MAR、地址译码器、读写驱动器、数据寄存器 MDR 和时序/控制电路等。

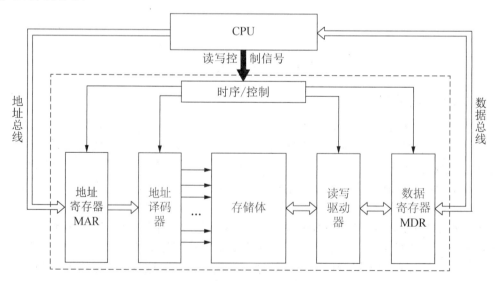

图 5-3　半导体主存储器的组成

存储体一般由大量的存储单元有规则地组合而成，也可称作存储矩阵。存储体中的每一个存储单元，都有唯一的地址编号与之对应。CPU 访问主存储器时，首先形成地址信号，通过地址总线传送到地址寄存器 MAR，地址信号经过地址译码器译码后会选中存储体内唯一的存储单元，根据 CPU 发送的读写控制信号即可对相应的存储单元进行读或写数据的操作。数据的读写操作通过读写驱动器、数据寄存器 MDR 和数据总线完成。

### 2. 存储单元结构

存储单元由基本存储电路构成。一个基本单元电路只能存放一位二进制信息。为保存大量信息，存储器中需要将许多基本单元电路按一定的顺序排列成阵列的形式。存储体中基本单元电路的排列方式通常有两种：字结构和位结构。

字结构方式：在同一芯片上存放一个字的多个位的结构称为字结构。微型计算机的每一存储单元通常包含 8 位信息，如果将每一个存储单元包含的位都制作在同一个芯片上，则 1024(128×8) 个基本单元电路可以组成 128 个字存储矩阵，编号从 0～127，如图 5-4(a) 所示。

每一个存储单元都有一个唯一编号，称为该存储单元的地址，而存储单元内部保存的二进制代码则被称为该存储单元的内容。图 5-4(a) 所示的每一个存储单元包含 8 位信息，各个二进制位依次用 $D_0$～$D_7$ 表示，其中 $D_7$ 为最高有效位，$D_0$ 为最低有效位。这种基本单元电路排列方式的优点是一旦选中某个存储单元，其包含的各位信息可从同一个芯片上同时读出。缺点是芯片封装所需的外引线(数据线)较多，使成本增高、合格率降低。除了上述 N×8 位的结构外，还有 N×4 位的结构，统称为字结构，该结构通常用于较小的静态随机存储器(SRAM)中。

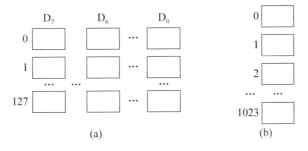

**图 5-4　存储器的字位结构示意图**

位结构方式：在同一片芯片上存放多个字的同一个二进制位的结构称为位结构，如图 5-4(b) 所示，有 1024 个基本单元电路可以作为 1024 个字的某一位 Di(i=0, 1, …, 7)。若地址信号选中了该芯片的某一个存储单元，则只能从该存储芯片读出一个二进制位信息，其他的位信息则可同时从其他芯片中读出，将从多个芯片中读出的各个二进制位组合在一起，即可得到一个字的全部信息。这种结构方式的优点是芯片封装所需的引出线较少(只有一位数据线)，缺点是需要多个芯片组合在一起才能工作。该结构通常用于动态随机存储器(DRAM)和大容量的静态随机存储器(SRAM)中。

## 5.2.2　存储器的扩展

单个存储器芯片的存储容量有限，为满足实际的存储容量需求，存储器通常由若干个芯片连接扩展而成。存储器的扩展分为三种情况：① 位扩展：在存储芯片的位数不能满足存储器的要求时，可进行位扩展，例如，将 8K×1b 的存储芯片扩展成 8K×8b 的存储器；② 字扩展：当存储芯片容量不能满足存储器的要求时，可进行字扩展，例如，将 2K×8b 的存储芯片扩展成 16K×8b 的存储器；③ 字和位同时扩展：存储芯片的容量和位数都不能满足存储器的要求时，可同时进行字和位的扩展，例如，将 2K×4b 的存储芯片扩展成 8K×8b 的存储器。

(1) 位扩展：将存储器的位数从 m 位扩展为 n 位，此时需 n/m 个存储芯片。

如图 5-5(a)所示的存储芯片，芯片的地址线从 $A_0 \sim A_{13}$，共 14 位，可寻址范围为 $2^{14}$=16K，而数据线 $D_0$ 的位数只有一位，因此为 16K×1b 的存储芯片，可用于存储 16K 字节的其中 1 个二进制位。如果将 16K×1b 的存储芯片扩展成 16K×8b 的存储器，即地址位数不变，数据位数从 1 位扩展成 8 位，需要 8 个 16K×1b 的存储芯片。

位扩展时各芯片的连接方式为：将多片存储器芯片的地址线(Ai)、片选端($\overline{CE}$)、读写控制端($\overline{WE}$)并联，数据端(Di)单独引出。如果将其扩展为 16K×8b 的存储器，需要 16/2=8 个芯片，如图 5-5(b)所示。

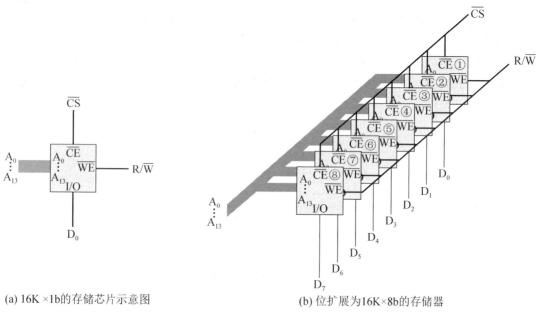

(a) 16K ×1b的存储芯片示意图　　　　　　　　(b) 位扩展为16K×8b的存储器

**图 5-5　存储器芯片及其位扩展**

(2) 字扩展：当存储器达不到地址范围要求时，则增加地址线位数。从 mK 字扩展成 nK 字的存储器，需要 n/m 个存储芯片。

例如，将 16K×8b 的存储器芯片扩展成 64K×8b 的存储器。16K×8b 的存储器芯片其地址线位数为 14 位，数据线位数为 8 位；64K×8b 的存储器要求地址线位数为 16 位($2^{16}$=64K)，数据线位数仍然为 8 位。由 16K×8b 的存储芯片扩展成 64K×8b 的存储器，需要 64/16=4 个芯片。

字扩展时各芯片的连接方式为：将各个芯片的地址线(Ai)、数据线(Di)、读写控制端($\overline{WE}$)并联，片选端($\overline{CE}$)则单独引出通过译码器连接，连接结果如图 5-6 所示。

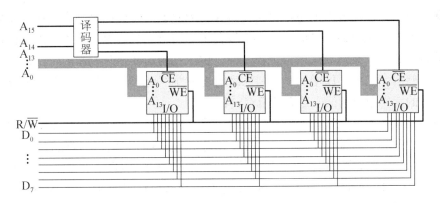

图 5-6　字扩展为 64K×8b 的存储器

如图 5-6 所示的字扩展连接中，4 个芯片的片选端 $\overline{\text{CE}}$ 单独引出，与 2-4 译码器连接，扩展出 2 位数据线 $A_{14}$ 和 $A_{15}$。$A_{14}$ 和 $A_{15}$ 共有 4 种状态：00、01、10、11，每种状态都可以选中一个存储芯片进行操作。

(3) 字和位同时扩展：地址线和数据线位数同时进行扩展。使用 L 字×K 位的存储芯片要扩展成 M 字×N 位存储器，需(M/L)×(N/K)个存储芯片，分 M/L 组，每组 N/K 个芯片。

1K×4b 存储器芯片扩展为 4K×8b 存储器，一共需要 4 组，每组 2 个芯片，如图 5-7 所示。

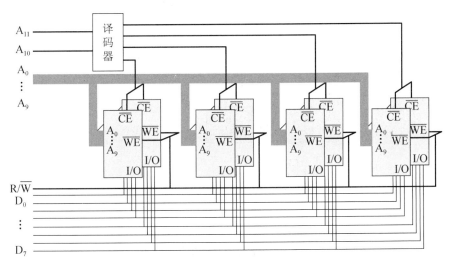

图 5-7　字和位的同时扩展

## 5.2.3　RAM 和 ROM

半导体主存储器按照存储器的读取方式，主要分为随机存储器(RAM)和只读存储器(ROM)。随机存储器又可以分为动态随机存储器(DRAM)和静态随机存储器(SRAM)。

### 1. 动态随机存储器

动态随机存储器的存储矩阵采用动态存储单元。动态存储单元一般通过在电容上存储电荷来保存数据。但电容上的电荷会慢慢流失，因此要及时向电容补充电荷，以免数据丢失。为此，动态随机存储器 DRAM 中都设置了"刷新"控制电路，用于周期性地将存储矩阵里的数据读出，经过放大后再重新写回。由于这种需要定时刷新的特性，因此被称为"动态"存储器。这样不仅增加了控制电路的复杂性，也严重地影响了读/写速度，使动态随机存储器的工作速度远低于静态随机存储器。

动态存储单元的电路结构有多种，结构简单、应用也较为广泛的是 MOS 型单管动态存储单元，如图 5-8 所示。数据信息以电荷形式存储在 MOS 管的栅极电容 $C_s$ 上，若 $C_s$ 中存有电荷，则表示信息为"1"，否则即为"0"。单管 $T_1$ 用作开关，当字选择线(行选择线)为高电平时，$T_1$ 导通。同理，当位选择线(列选择线)为高电平时，$T_2$ 导通。当地址码选中该单元时，由地址译码器产生的译码信号使该单元的字选择线和位选择线均变为高电平，则该单元的 $T_1$ 和 $T_2$ 管导通，进而可实现对该单元的读写操作。写数据时，若输入数据 D(数据输入/输出线)为 1(高电平)，$C_s$ 被充电为高电平；若 D 为 0，则 $C_s$ 被放电变为低电平；读数据时，通过连在位选择线上的刷新放大器读取电容 $C_s$ 上的电压值，放大并折合为数据"0"或"1"输出；刷新时，对读数据时所选中的存储单元和同一行上所有基本存储单元中的电容，其刷新放大器都会将这些电容上的电压值读出之后立即重新写回。

动态存储单元的电路结构简单，集成度比静态随机存储器高得多。

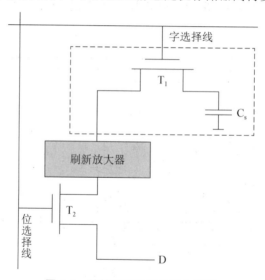

图 5-8　单管动态存储单元电路图

### 2. 静态随机存储器

动态随机存储器的一个存储单元只需一个晶体管和一个小电容，而静态随机存储器的基本存储单元一般需要 4~6 个晶体管和其他零件。因此，SRAM 的集成度较低，同样面积的硅片可以做出更大容量的 DRAM，同时，SRAM 的价格也比较贵。但 SRAM 不需要刷新电路即能保存它内部所存储的数据，具有功耗低、性能高等特性。除此以外，SRAM 还具有读写速度快、可靠性高、可低电压存储等优点。由于 SRAM 具有高速和静态的特性，通常可以以 20ns 或更快的速度工作，因此常被用作高速缓冲存储器。

典型的 NMOS 静态随机存储器存储单元电路图如图 5-9 所示，有 $T_1 \sim T_6$ 共 6 个 MOS 管。$T_1$ 和 $T_2$ 的输入、输出交叉耦合组成双稳态触发器，用于存储一个二进制数据位，$T_3$ 和 $T_4$ 起着负载电阻的作用。例如，$T_1$ 管导通，则 $T_2$ 管一定处于截止状态，输出端为低电平，则存储数据"0"；反之，$T_2$ 管导通，则存储的数据是"1"；$T_5$ 和 $T_6$ 能使触发器与外部电路连通或隔离，连通时还可以传送读写的数据信号，由字选择线控制；位选择线通过外部电路的控制，再控制 $T_5$ 和 $T_6$ 管传送信号至数据的输入输出线 D 和 $\overline{\text{D}}$。写数据时，地址译码器通过字选择线和位选择线选通某个存储单元，数据总线 D 上的数据引起存储单元中双稳态触发器的翻转，如果不再次进行写操作，新的稳定状态则一直保持下去，因此存储单元中就保存了最后一次写入的数值；读数据时，选通某存储单元后，其中所存储的数据被送到数据总线 D 读出，此时并不影响双稳态触发器的现时状态，因此称为非破坏性读出。

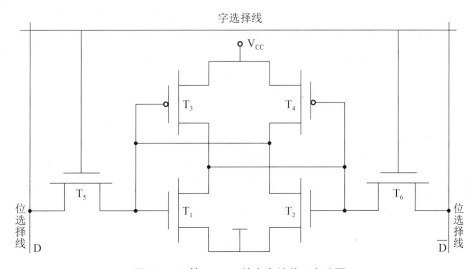

图 5-9　六管 NMOS 静态存储单元电路图

### 3. 半导体只读存储器

　　前面所介绍的 DRAM 和 SRAM 都为可读可写的随机存储器，其特点是断电时，存储器中所存储的数据都会消失，所以也被称为易失性存储器。而只读存储器中所存储的数据是固定的，在断电或故障停机后所存储的数据不会改变和丢失，因此 ROM 被称为非易失性存储器。ROM 的另一个特点是在系统运行期间，其中所存储的数据只能读出而不能写入。ROM 中数据的写入通常是在脱机或非正常工作的状态下用人工方式或电气方式写入的。

　　ROM 的基本结构和 RAM 大体相同，由存储矩阵、地址译码器和数据缓冲器等部分组成。ROM 的存储矩阵实质上是由单向选择开关所构成的基本存储电路排列而成，多采用 N×8b 或 N×4b 的结构。所谓单向选择开关是指连接于字选择线与位选择线之间的耦合元件，可以采用二极管，也可以采用双极型或 MOS 型三极管作单向选择开关。存储矩阵中基本存储单元电路的编址方式与 RAM 一样，ROM 也是由行和列译码信号复合选中某一基本存储电路，如果片选信号有效，则被选中单元电路所存储的数据将被送到数据输出端(连接数据总线)。

只读存储器又可分为可编程只读存储器(PROM)、可擦除可编程只读存储器(EPROM)、电可擦除可编程只读存储器($E^2PROM$)、闪存(Flash)等多种类型。

(1) 可编程只读存储器。

可编程只读存储器的典型产品是"双极型熔丝结构"，以熔丝的接通和断开状态来分别表示数据 1 和 0。在出厂时，熔丝都处于接通状态，一般认为初始的存储数据全为 1，用户根据需要可以将其中某些单元的数据修改为 0，修改的方式是给这些单元通以足够大的电流，并维持一定的时间，熔丝即可熔断，从而实现数据状态的变化，即实现对其"编程"的目的。断开的熔丝不可能再复原，因此 PROM 属于一次性写入的只读存储器，而且断电后其中所存储的数据也不会丢失。

(2) 可擦除可编程只读存储器。

可擦除可编程只读存储器可重复进行擦除并写入新数据，解决了 PROM 只能写入一次的弊端。EPROM 封装后的表面开有石英玻璃窗口，透过该窗口进行紫外线照射即可擦除其中所保存的数据，使所有存储单元的数据都变为1(高电平)。EPROM 的擦除操作要用到擦除器，数据的写入操作也要使用专用的编程器，且写数据必须要加一定的编程电压($V_{PP}$=12～24V)。EPROM 的缺点是其数据只能整体被擦除后再写入。数据写入后，应使用不透光的贴纸或胶布把窗口封住，以避免受到外界紫外线的照射而使数据受损。

(3) 电可擦除可编程只读存储器。

不同于 EPROM 的整体擦除，电可擦除可编程只读存储器可以以字节(Byte)为最小修改单位。$E^2PROM$ 使用电子信号修改其内容，不需要借助其他设备。因此 $E^2PROM$ 在使用上更方便，常用作主板上的 BIOS 存储器，或在接口卡中用来存放硬件配置信息的存储器等。

$E^2PROM$ 的修改次数有限，因此使用寿命是 $E^2PROM$ 的一个重要参数。

(4) 闪存。

闪存最早出现在 20 世纪 80 年代中期，是一种高密度、非易失性的读/写半导体存储器，它在价格和功能上都介于 EPROM 和 $E^2PROM$ 之间。与 $E^2PROM$ 相同，Flash 存储器也采用电擦除技术。而一整块 Flash 芯片的擦除操作比 EPROM 的擦除要快得多，只需要几秒钟。闪存不能按字节擦除，但也无须整体擦除，可按固定区块擦除，块大小一般为16KB 到 20MB，按块擦除的速度很快。闪存的写入操作必须在空白区域进行，如果目标区域已经有数据，则必须先擦除后写入，因此擦除操作是闪存的基本操作。

闪存卡(Flash Card)是利用闪存技术存储电子信息的存储器，体积小巧，犹如一张卡片，可作为手机、家用电器、数码相机、掌上电脑、MP3 等各种小型数码产品的存储介质。根据不同的生产厂商和不同的应用，闪存卡有 Smart Media(SM 卡)、Compact Flash(CF卡)、Multimedia Card(MMC 卡)、Secure Digital(SD 卡)、Memory Stick(记忆棒)、XD-Picture Card(XD 卡)和 Micro Drive(微硬盘)等不同类型。

小贴士

**BIOS 和 CMOS**

BIOS（基本输入输出系统）实际上是固化在一个 ROM 或 NVRAM（非易失性存储器）芯片中的程序。主要包括：POST 自检和硬件自检程序；操作系统启动程序；CMOS 设置程序；硬件 I/O 和中断服务等。

CMOS 是一个随机存储器 RAM 芯片，用来保存计算机基本启动信息，如日期、时间、启动设置，以及计算机的硬件配置等信息。CMOS 芯片一般都集成在主板的南桥芯片组里，因为 RAM 属于易失性存储器，因此，主板上装有电池，专门为 CMOS 供电。CMOS 中的内容可利用 BIOS 程序进行修改设置。

# 5.3　高速缓冲存储器

在计算机系统的整个运行过程中，一方面，CPU 需要不断地访问主存储器，因此，主存储器的存取速度将直接影响计算机的工作效率；另一方面，在某一段时间内，CPU 只会运行主存储器中部分程序和访问部分数据，其中大部分数据是暂时不用的。介于上述原因，存储系统采用了分层管理机制，并在 CPU 与主存储器之间增加了高速缓冲存储器 (Cache)。Cache 的容量比较小，但速度比主存快得多，接近于 CPU。

### 1. Cache 的访问机制

CPU 对 Cache 的访问机制如图 5-10 所示。Cache 中的内容是主存中一部分数据块的映像。

当 CPU 要访问数据或指令时，首先向地址总线发出要访问单元的主存地址，该地址会经过"主存-Cache 地址映像变换机构"进行映像判断，判断该地址所在的数据块是否已经存在于 Cache 中，若存在，则将主存地址变换为 Cache 地址，CPU 可以直接访问 Cache 存储器的相应单元，此时被称为访问"命中"；若不存在，即"未命中"，则 CPU 需访问主存，并同时将主存中包含该地址的数据块调入 Cache 中，以备 CPU 的进一步访问。其中，"命中"时 CPU 与 Cache 之间的数据交换是以"字"为单位，"未命中"时 Cache 与主存之间的数据交换是以"数据块"为单位，一个数据块由若干个定长字组成。

在将主存数据块调入 Cache 的过程中，若 Cache 未满，则数据块将被直接调入；若 Cache 已满，则需要运行一定的 Cache 替换算法，用新数据块替换掉 Cache 中的部分数据块，并映像变换为相应的 Cache 地址。

### 2. Cache 的地址映像与变换

在 Cache 的访问机制中，CPU 访问数据或指令时，送出的都是主存地址，若 CPU 访问命中，则直接读取 Cache 中的内容，此时涉及的问题是如何将主存地址转换为 Cache 的地址；若 CPU 的访问未命中，则 CPU 需访问主存，并同时将主存中包含该地址的"数据块"调入 Cache 中，而此时涉及的问题则是如何将主存的数据块装入 Cache，需遵循怎样的规则。上述过程中所描述的即 Cache 的地址映像与变换问题。

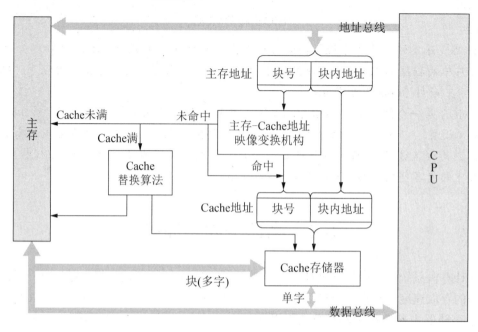

图 5-10　Cache 的访问机制

　　具体来说，地址映像就是将主存的数据块按照某种规则装入或定位在 Cache 中，通常采用直接映像、全相联映像和组相联映像三种方式。

　　地址变换是当主存的数据块按照相应的映像规则装入 Cache 之后，将主存地址变换成 Cache 地址的过程。

　　(1) 直接映像。

　　假设主存空间被分为 $0 \sim (2^{m-c}-1)$ 共 $2^{m-c}$ 个区，以及 $0 \sim (2^m-1)$ 共 $2^m$ 个数据块，每个区包含 $2^c$ 个块，每块大小均为 $2^b$ 个字；Cache 的存储空间被分为 $0 \sim (2^c-1)$ 共 $2^c$ 个同样大小的数据块。

　　直接映像中主存中的任何一个块在 Cache 中都有且仅有一个固定的位置与之对应，即主存每个区内的第 n 个块都会被固定地映像到 Cache 的第 n 个块，例如，主存 2 区中的块 1(即块 $2^{c+1}+1$)将被映像到 Cache 的块 1，2 区中的块 $2^c-1$(即块 $2^{c+2}-1$)将被映像到 Cache 的块 $2^c-1$。主存 0 区的块 0、块 1、…、块 $2^c-1$ 将被直接映像到 Cache 的块 0、块 1、…、块 $2^c-1$；主存 1 区的块 $2^c+0$、块 $2^c+1$、…、块 $2^{c+1}-1$ 也将被直接映像到 Cache 的块 0、块 1、…、块 $2^c-1$；主存 $2^{m-c}-1$ 区的块 $2^{m-1}+0$、块 $2^{m-1}+1$、…、块 $2^m-1$ 也将被直接映像到 Cache 的块 0、块 1、…、块 $2^c-1$，如图 5-11 所示。

　　因此，直接映像就是把主存中的第 i 块直接映像到 Cache 中的第 j 块，其中：

$$j = i \bmod 2^c$$

　　而主存的第 i 块位于第 k 个区，其中：

$$k = [\, i/2^c \,]$$

　　"[ ]" 表示取整。

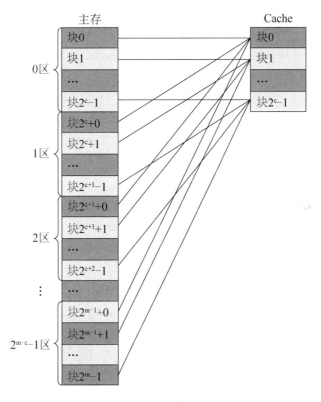

图 5-11　直接映像

直接映像地址变换过程如图 5-12 所示，其中主存地址分为 3 个段：区号、主存区内块号和块内地址，Cache 地址分为 2 个段：Cache 块号和块内地址。因为直接映像中主存每个块都将被映像到 Cache 中固定的位置，所以只需要确定 Cache 中的块属于主存的哪个区即可。图中的区号表即为 Cache 块号与主存区号的对应表，即 Cache 相应块号中所保存的数据属于主存的哪个区。

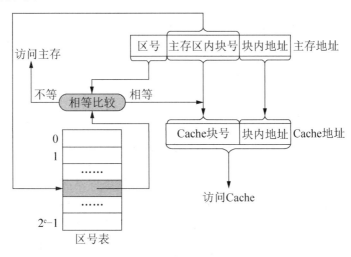

图 5-12　直接映像地址变换

在地址变换过程中，将主存地址中的"区号"段与区号表中对应的"区号"进行比较，如果相等，则访问命中，主存地址中的"主存区内块号"将直接变换为"Cache 块号"，主存地址中的"块内地址"也将直接变换为 Cache 地址的"块内地址"，从而形成 Cache 地址直接访问 Cache；如果不相等，则访问未命中，需根据主存地址访问主存。

直接映像方式的地址映像和地址变换方式简单，访问数据时，只需检查区号是否相等即可，因此访问速度比较快，硬件设备简单、成本低。但直接映像方式中主存的每个数据块都只能被映像到 Cache 的固定位置，因此 Cache 空间利用率比较低，而且替换操作频繁，命中率比较低，只适合于大容量 Cache。

(2) 全相联映像。

全相联映像中主存的数据块和 Cache 的数据块之间是多对多的映像关系，即主存的每一个块都可以映像到 Cache 的任何一个块。如图 5-13 所示，主存仍然可被分为 $0\sim(2^m-1)$ 共 $2^m$ 个数据块，每块大小均为 $2^b$ 个字；Cache 也同样可以被分为 $0\sim(2^c-1)$ 共 $2^c$ 个同样大小的数据块。

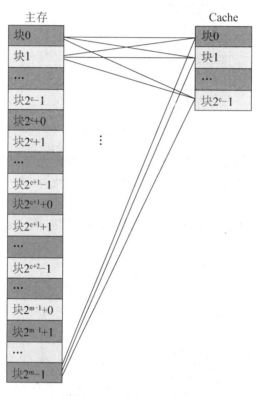

图 5-13 全相联映像

全相联映像地址变换过程如图 5-14 所示，其中主存地址分为 2 个段：主存块号和块内地址，Cache 地址也分为 2 个段：Cache 块号和块内地址。因为全相联映像中主存每个块都可以被映像到 Cache 中任一块，所以只需要确定 Cache 中有没有所要访问的主存块即可。图中的目录表即为主存块号与 Cache 块号的对应表，即主存块号映像到的 Cache 块号。

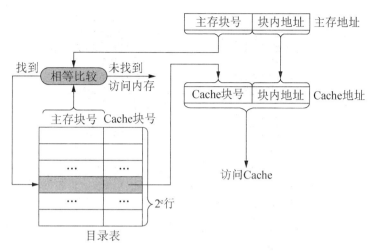

图 5-14　全相联映像地址变换

在地址变换过程中，将主存地址中的"主存块号"段与目录表中对应的"主存块号"一列进行相联比较，如果找到则访问命中，将目录表中相应的"Cache 块号"变换为 Cache 地址中的"Cache 块号"，主存地址中的"块内地址"将直接变换为 Cache 地址的"块内地址"，从而形成 Cache 地址访问 Cache；如果在目录表中没有找到主存地址中的"主存块号"，则访问未命中，需根据主存地址访问主存。

全相联映像与直接映像相比，地址映像方式灵活，块冲突率低，只有在 Cache 中所有块都被装满后才会出现冲突，因此 Cache 的利用率高。但全相联映像的地址变换机构复杂，相联比较过程慢、成本高，适合于小容量的 Cache。

(3) 组相联映像。

组相联映像方式是直接映像与全相联映像的结合，将主存和 Cache 的数据块进行分组，组间采用直接映像，而组内则采用全相联映像的一种方式。

如图 5-15 所示，假设 Cache 仍被分为 0 ~(2^c−1)共 2^c 个块，同时将 2^c 个块分成 2^{c'} 个组，每组包含 2^r 个块，显然有 c' = c − r 成立；主存则被划分为 2^{m-c+r} 个区，每个区也分成 2^{c'} 个组，每组包含 2^r 个块。例如，分别位于主存第 0 区、1 区、…、2^{m-c+r}-1 区的组 0 将采用直接映像方式被映像到 Cache 的组 0；主存第 0 区、1 区、…、2^{m-c+r}-1 区的组 1 也将被映像到 Cache 的组 1；以此类推。可以看出，主存的各组与 Cache 的各组之间为多对一的关系。而在每个组内部则采用全相联映像方式，即主存组 0 中的块可以被映像到 Cache 组 0 中的任何一块，主存组 1 中的块可以被映像到 Cache 组 1 中的任何一块，即主存组 n 内的各块与 Cache 组 n 内的各块之间是多对多关系。

由上描述，Cache 块地址 j 与主存块地址 i 之间的关系(映像函数)可表示为：

$$j = (\,i \bmod 2^{c'}\,) \times 2^r + k \quad (0 \leqslant k \leqslant 2^r-1)$$

其中 k 为可选参数。同时，还有下列表达式成立：块 i 映像到 Cache 的组号：$i \bmod 2^{c'}$；该组内的首块块号：$(\,i \bmod 2^{c'}\,) \times 2^r + 0$；该组内的最后一块块号：$(\,i \bmod 2^{c'}\,) \times 2^r + 2^r-1$。

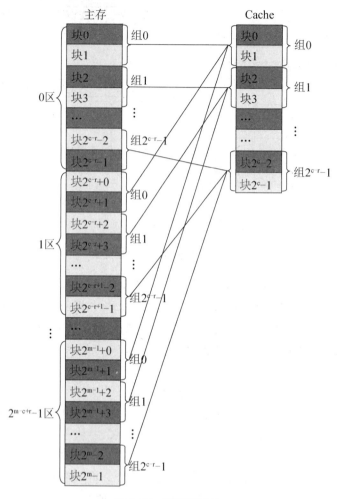

图 5-15   组相联映像

组相联映像地址变换过程如图 5-16 所示，其中主存地址分为 4 个段：区号、组号、组内块号和块内地址，Cache 地址分为 3 个段：组号、组内块号和块内地址。组相联映像方式中组间采用直接映像，即主存中的每个组都将被映像到 Cache 中固定的组。图中的目录表为按组号排列的对应表，每个组内包含 $2^r$ 行对应信息，为主存区号、主存组内块号与Cache 组内块号的对应表，用于组内的相联比较。

在地址变换过程中，以主存地址中"组号"段访问目录表，找到相应组，将组内 $2^r$ 行对应信息与主存地址中的"区号"＋"组内块号"段进行相联比较，如果找到有相等项，则访问命中，将目录表中 Cache 的"组内块号"变换为 Cache 地址中的"组内块号"段，将主存地址中的"组号"和"块内地址"段直接变换为 Cache 地址中的"组号"和"块内地址"段，从而形成 Cache 地址访问 Cache；如果相联比较没有找到相等项，则访问未命中，需根据主存地址访问主存。

组相联映像方式中，假设每个组中有 n 个块，则称为 n 路组相联，n 也称为相联度。一般来说，相联度越大，Cache 空间的利用率就越高，块冲突概率就越低，失效率也就越低。但在实际应用中，相联度越大，也会使 Cache 的复杂度和代价越高，因此相联度并不是越大越好。目前，绝大多数计算机中 Cache 的相联度都小于等于 4。

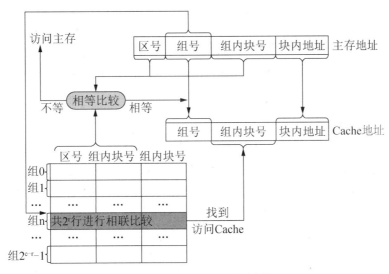

图 5-16  组相联映像地址变换

组相联映像方式中，块的冲突概率比较低，块的利用率大幅度提高，块失效率也明显降低，但实现难度和造价要比直接映像方式高。

例如：将主存容量分为 4096 个数据块，Cache 的容量分为 64 个数据块，每个数据块大小为 128 个字，主存与 Cache 之间采用组相联映像方式，其中每 4 块为一组，试问：

(1) Cache 地址和主存地址位数各为多少位？

(2) 主存地址 31A0H 如果访问命中，对应的 Cache 地址是多少？

解析：

(1) Cache 存储器共 64 块，每 4 块为一组，可以分为：64 / 4 = 16 组，$2^4 = 16$，因此组号占 4 位；每 4 块为一组，$2^2 = 4$，因此组内块号占 2 位；每块大小为 128 个字，$2^7 = 128$，因此块内地址占 7 位，Cache 地址共有：$4 + 2 + 7 = 13$ 位。

主存共有 4096 块，与 Cache 相同，每 4 块一组，每 16 组为一区，因此可以划分为：4096 / 64 = 64 个区，$2^6 = 64$，因此区号占 6 位，区内组号也占 4 位，组内块号占 2 位，块内地址占 7 位，主存地址共有：$6 + 4 + 2 + 7 = 19$ 位。

(2) 主存地址：31AEH，转换为 19 位二进制地址如下：

$$\underbrace{000001}_{区号}\quad\underbrace{1000}_{组号}\quad\underbrace{11}_{组内块号}\quad\underbrace{0101110}_{块内地址}$$

如果访问命中，按照组间直接影像的地址变换方法，则主存地址的组号和块内地址直接变换为 Cache 地址的组号和块内地址；组内采用全相联映像，则组内块号字段可能变换为 00、01、10、11 四种块号，因此所有可能的 Cache 地址的二进制形式如下：

$$
\underbrace{1000}_{\text{组号}}\quad \underbrace{\begin{matrix}0\,0\\0\,1\\1\,0\\1\,1\end{matrix}}_{\text{组内块号}}\quad \underbrace{0101110}_{\text{块内地址}}
$$

转换为十六进制，则主存地址 31A0H 访问命中所有可能的 Cache 地址是：102EH、10AEH、112EH、11AEH。

### 3. Cache 的替换算法

在 Cache 的访问机制中，如果访问未命中，则 CPU 需直接访问主存数据块，同时将该数据块调入 Cache。在数据块的调入过程中，若 Cache 未满，则数据块将被直接调入；若 Cache 已满，则需要运行一定的 Cache 替换算法，用新数据块替换掉 Cache 中的部分数据块，并映像变换为相应的 Cache 地址。

对直接映像方式来说，因为每个主存块在 Cache 中的映像位置固定，所以只要替换 Cache 特定位置上的原主存块即可。而对全相联和组相联映像方式，则需要使用一定的替换算法从 Cache 中替换一个数据块。下面列举几种常用的替换算法。

(1) 先进先出替换算法(First In First Out，FIFO)：FIFO 算法选择替换最早调入 Cache 的块。

(2) 近期最少使用替换算法(Least Recently Used，LRU)：LRU 算法选择替换 Cache 中最近最少使用的块。

(3) 随机替换算法(Random，RAND)：RAND 算法随机选择替换 Cache 中的块。用随机数发生器产生需替换的块号。

(4) 最优化替换算法(Optimal，OPT)：在 OPT 算法下，程序需运行两次，第一次用于分析 CPU 访问的地址流，第二次才真正运行程序，用最有效的方式来进行块替换，以达到最优的目的。

OPT 算法中程序需运行两次，显然这是不现实的。因此，OPT 算法只是一种理想化的算法。实际上，经常把 OPT 算法用来作为评价其他替换算法好坏的标准。FIFO 算法的优点是容易实现，但最早调入的块，也可能是需要频繁访问的块，因此不符合局部性规律；LRU 能够比较好地反映程序局部性规律，命中率相对较高；RAND 算法简单，易于实现，但命中率比较低。

例如：Cache 由 3 个块构成，CPU 访问的块地址流为：2 3 2 1 5 2 4 5 3 2 5 2，试分别描述在 FIFO、LRU 和 OPT 替换算法下，Cache 中块的调入和替换过程，以及命中率。

解析：在 CPU 的访问过程中，包括调入、命中、替换操作，假设 Cache 初始为空，在 FIFO、LRU 和 OPT 替换算法下，Cache 块的访问过程如图 5-17 所示。

图 5-17 中各替换算法中灰色数据块为访问命中数据块。在 FIFO 算法中，12 块地址流中命中 3 块，命中率为 25%；在 LRU 算法中，12 块地址流命中 5 块，命中率为 41.7%；在 OPT 算法中，12 块地址流命中 6 块，命中率为 50%。

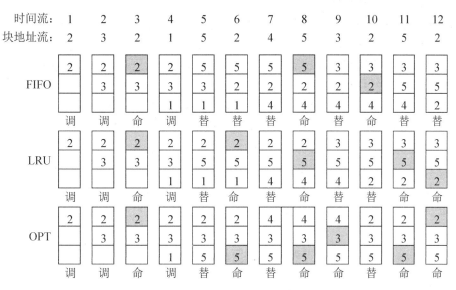

图 5-17　Cache 的调入及替换过程示意图

### 4. CPU 对 Cache 的写入策略

Cache 中的数据块是主存部分数据块的副本，CPU 对 Cache 的写操作可能会导致主存内容和 Cache 内容的不一致，写入策略则用于保证主存与 Cache 的一致性。

(1) 直写式：CPU 向 Cache 写入的同时也写入主存。

(2) 回写式：CPU 暂时只向 Cache 写入。Cache 中的每一个数据块都设置"修改标志位"，该数据块被修改过，则该标志位设为 1。当数据块被替换时，通过判断该标志位是否为 1，决定是否将该数据块的内容写回主存对应位置。

直写式和回写式都可借助缓存器完成，缓存器用来暂时存放将要写回主存的内容，使得 CPU 不必等待被替换的块写回主存，便可进行下一个操作。

### 5. Cache 的发展

在存储器的分层结构中，Cache 是介于 CPU 内部的寄存器与主板上的主存之间的存储器。在 386 时期，系统时钟频率达到 20MHz 以上时，使用 DRAM 内存会有显著延迟，延迟最高甚至能达到 120ns，为提高系统性能，开始使用小容量的 Cache，而当时使用 SRAM 设计的 Cache 虽然价格高，但速度很快，延迟大约在 10ns。这个时期的 Cache 设计在 CPU 外部，通常位于主板上，作为用户可升级的一个特性。部分版本的 Intel 386 可以扩充 16~64KB 的外部 Cache。

到 486 时期，已经在 CPU 内核中直接集成了一个 8KB 的 Cache，被称为 L1 级缓存，而主板上的 Cache 被称为 L2 级缓存。二级缓存通常比一级缓存速度要慢，但容量大，通常为 256KB。一直到 Pentium MMX 之后，随着内存升级为 SDRAM，以及计算机系统中总线时钟频率和 CPU 时钟频率越来越高，导致主板上二级缓存的速度仅略高于主存，因此主板上缓存的配置在 x86 系统中开始逐渐消失。Pentium Pro 时期，二级缓存也被集成到 CPU 的内部，并且与 CPU 的频率相同。

随着 AMD K6-2 和 AMD K6-III 处理器的出现，主板上的缓存又开始继续流行。其中

AMD K6-III 处理器的内部集成了 256KB 大小的 L2 级缓存，同时在主板上也配置了最大 2MB 的缓存，即 L3 级缓存。多核处理器出现后，L3 级缓存也被集成在 CPU 的内核。在新的处理器中，三级缓存越来越大，通常都在几十兆字节。Intel 公司最近推出的 Haswell 微体系结构中还包含 L4 级集成 Cache。

因为 Cache 的速度一般比主存快 5～10 倍，如果 CPU 访问 Cache 的命中率高，则 CPU 对主存的访问速度接近于 Cache，可以大大提高 CPU 的运行效率。在拥有三级缓存的 CPU 中，只有约 5%的数据需要从主存调取，这就进一步提高了 CPU 的效率。

早期 Cache 的设计主要考虑成本、随机访问性和平均执行速率。最近对 Cache 的设计还考虑了能耗、容错等特性。现在设计人员开始考虑使用 eDRAM(嵌入式 DRAM)和 NVRAM(非易失性 RAM)等新兴内存技术设计 Cache。

# 5.4　虚拟存储器

## 1. 虚拟存储器的概念

虚拟存储器是存储器的分层体系中"主存—外存"层次的进一步发展。如果说高速缓冲存储器用于提高主存的速度，虚拟存储器则是用于提高主存的容量。虚拟存储体系允许用户使用比实际主存容量大的地址空间来访问主存，即指令中的指令地址码所能访问的范围可以大于实际主存的容量，这种指令的地址码称为虚拟地址或逻辑地址，其对应的存储容量称为虚拟容量。而实际主存的地址则称为实地址或物理地址，所对应的存储容量称为主存容量。虚拟容量一般来自于外存。

实际上，虚拟存储体系中包含两部分存储器，一部分为速度较快但容量较小的主存，另一部分则为速度较慢但容量很大的外存，通过存储体系中软件和辅助硬件的管理，两部分存储器可以被看作一个整体。系统运行程序时，CPU 以虚拟地址来访问主存，由辅助硬件找出虚拟地址和实际地址之间的对应关系，并判断该虚拟地址所指示的存储单元内容是否已装入主存。如果已在主存中，则通过地址变换，CPU 可直接访问主存的实际单元；如果不在主存中，则需把包含访问内容的存储块从外存调入主存后再由 CPU 访问。如果主存已满，则需运行替换算法从主存中将暂不运行的一块存储块调回外存，再从外存调入新的一块存储块到主存。

如图 5-18 所示为虚拟存储器的运行示例。假设主存中有系统程序和各应用程序在运行，而且主存已满，此时，若还需运行"演示文稿"程序，则需执行一定的替换算法，将主存中的一部分程序替换到位于外存的虚拟内存中。

虚拟存储系统在访问主存时，每次都要进行虚、实地址的转换，通过地址映像表对程序进行定位，并且完成主存与外存之间数据的调入调出工作。

一般将程序分割成若干较小的段或页，运行相应的映像机制来指明程序的某段或某页是否已装入主存，若已装入，则同时指明其在主存中开始的位置；若未装入，则到外存中调入某段或某页，并建立起地址的映像关系。这样，程序在执行时，就可通过映像表，将程序的虚地址转换成实地址再访问主存。

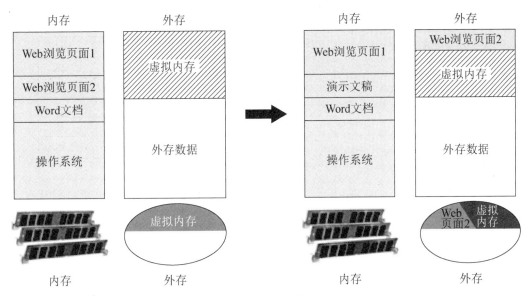

图 5-18　虚拟存储器的运行示例图

从上述描述可以看出，虚拟存储体系和主存—Cache 的存储体系有很多相同之处。不过，主存—Cache 存储体系的控制完全由硬件实现，所以对各类程序员是透明的；而虚拟存储体系的控制是软硬件相结合的，对于设计存储管理软件的系统程序员来说不透明，而对于应用程序员来说是透明的。

### 2. 虚拟存储器的管理方式

虚拟存储器的管理方式分为段式管理、页式管理和段页式管理。

(1) 段式管理。

按程序的逻辑结构或模块将程序划分为多个段，各段的大小可以不等，每个段都以该段的起点为 0 开始编址。在段式虚拟存储系统中，虚地址由段号和段内地址(偏移量)组成。虚地址到主存的实地址的变换通过段表实现。每个程序都将设置一个段表，段表的每一项对应一个段。每个表项的字段包括：段号对应程序所划分的程序段；装入位表示该段是否已经调入主存；段首则表示如果该段已经调入主存，则该段在主存中的首地址；段长用于记录该段的实际长度。设置段长字段是为了保证访问某段的地址空间时，段内地址不会超出该段长度导致地址越界而破坏其他段的数据。

如图 5-19 所示，假设某程序被划分为六个段，对应段号 0～5，各段独立编址且各段长度不同。假设 CPU 要访问该程序的段 0，访问时所使用的是虚地址(段号+段内地址)。首先通过地址寄存器获取"段表首地址"，在段表中找到"段号 0"，可见其"装入位"状态为 1，则段 0 已经在主存中，在段表中找到该段的"段首"和"段长"分别为 4096 和 2K，根据段首地址及虚地址中的段内地址，转换为实地址即可访问主存中的程序段 0。

段式管理中虚实地址的变换过程如图 5-20 所示，由"段表首地址"+"段号"可查看到段表中相应段的装入位；根据段表中的"装入位"确定所要访问的程序段是否在主存中，若不在需从外存调入；若在，则从段表中找到其相应的"段首"，再与虚地址中的"段内地址"相加，即可得到该段在主存中的实地址。

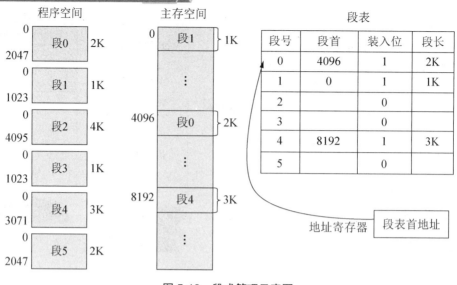

图 5-19 段式管理示意图

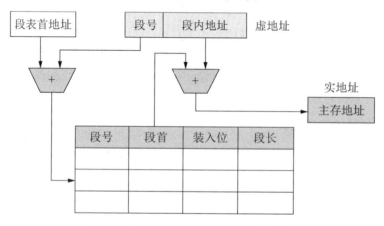

图 5-20 段式管理虚实地址变换示意图

段式管理有许多优点,例如程序段的逻辑独立性强,使程序易于编译、管理、修改及保护,也便于多道程序的共享;另外,段长可以根据需要动态改变,允许自由调度,可以有效地利用主存空间。但段式管理中由于各逻辑段的长度并不固定,因此对主存空间的分配比较麻烦,在空间分配时,主存空间在段间会留下许多碎片,造成主存存储空间的浪费等。

(2) 页式管理。

在页式管理中,每个程序被划分为固定大小的多个页,主存空间和虚拟空间(程序空间)也被划分成相同大小的页,页面的大小一般为 $2^n$ 个字节、512 个字节到几千 KB 字节之间。虚拟空间所划分的页可称为虚页,主存空间所划分的页可称为实页。CPU 访问程序时使用的是虚拟地址,由虚页号+页内地址两部分组成,经地址影像机构可由虚拟地址转换为实地址访问主存空间,实地址由实页号+页内地址两部分组成。

如图 5-21 所示,假设程序 1 在程序空间占有 3 个虚页,虚页编号为 0~2,各虚页可被装入内存空间的不同位置,对应不同的实页。为能够将虚地址正确转换为实地址,每个程序都有一个页表,用于记录程序的各个虚页号、装入位及装入内存后对应的实页号。例如，虚页 0 在页表中对应转换为实页 4，虚拟地址中的页内地址转换为实地址中的页内地址，从而转换成实地址由 CPU 访问，地址变换过程如图 5-22 所示。

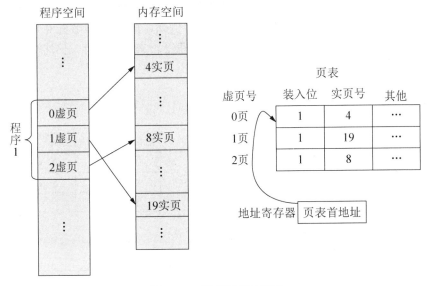

图 5-21　页式管理示意图

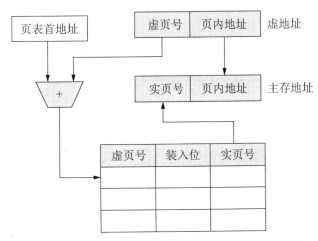

图 5-22　页式管理虚实地址变换示意图

(3) 段页式管理。

页式管理的主要特点是主存利用率高，且对虚拟空间的分配和管理容易实现，但模块化性能差；段式管理的主要特点是程序的模块化性能好，但主存利用率不高，对虚拟空间的分配和管理比较困难。段页式管理是将段式管理和页式管理相结合的一种折中方案。在段页式管理中，程序按其逻辑结构划分为若干个大小不等的段，然后再将每个段划分为若干个大小相等的页，每个程序都有一张段表，而程序中的各个段都有一张相应的页表。同时，主存空间也被划分为若干个同样大小的页，虚拟内存和主存之间的信息调度以页为基本传送单位。

如图 5-23 所示，假设程序 1 按逻辑结构被划分为 3 个段——段 0～2，每个段被划分为大小相同的页，例如段 0 被划分为 3 个虚页——虚页 0～2，段 1 只包含 1 个虚页，段 2 被划分为 2 个虚页——虚页 0～1；程序 1 有一张段表，记录各个段的状态，该段对应页表的首地址及页表大小等；通过表中段 0 的页表首地址可找到对应该段的页表，页表中记录了该段各个虚页的状态和对应在主存空间的实页号。例如，段 0 中的虚页 0 对应主存实页号 2，段 0 中的虚页 1 对应主存实页号 5，而段 0 的虚页 2 没有装入主存，仍然在虚拟空间中。

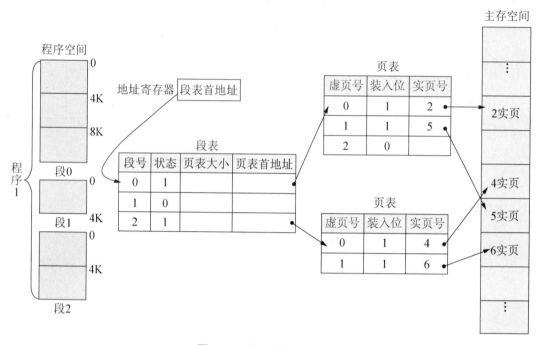

图 5-23 段页式管理示意图

段页式管理的虚实地址变换过程如图 5-24 所示，CPU 访问程序时，形成的虚地址包含 3 个字段：段号、页号、页内地址。通过"段号"及段表首地址，可以在程序的段表中查找到该段号所对应的页表首地址，再通过虚地址中的"页号"及页表首地址，在对应页表中查找到该页号所对应的实页号，该实页号即转换为实地址的"实页号"字段，虚地址中的"页内地址"变换为实地址中的"页内地址"，从而形成实地址访问主存。

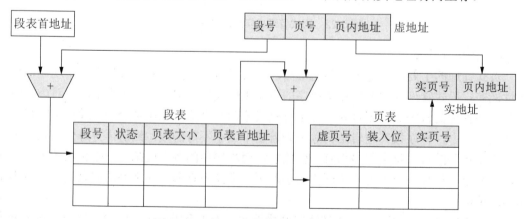

图 5-24 段页式管理虚实地址变换示意图

段页式存储管理技术对当前的大、中型计算机系统来说，算是最通用、最灵活的一种方案，这种管理方式能够更有效地利用主存空间，为多道程序的运行提供方便，但段页式管理在硬件成本和管理上需要更高的开销。

### 3. 快表和存储保护

在虚拟存储器的管理方式中，页表一般也都存放在主存中。因此，CPU 每次访问程序都会对主存进行两次访问，第一次访问用于读取页表项，生成实地址；第二次才会根据实地址访问主存中存放的程序或数据。而页表一般都很大，因此在实际的系统运行过程中，对 CPU 性能的影响也很大。

快表(TLB)的设计则用于解决上述问题。快表是一个专用的高速缓冲器，其内容是页表部分内容的副本，用于存放近期经常使用的页表项。CPU 访问程序时，快表和页表同时查，如果快表命中，则可以直接访问快表完成虚实地址的转换；只有在快表偶尔不命中时，才需要通过访问页表来完成虚实地址的转换。

## 5.5　内存技术的发展

FPM DRAM(Fast Page Mode DRAM)又称快页内存，是传统 DRAM 的改进型产品。传统 DRAM 在存取一个数据位时，必须送出行地址和列地址各一次。而 FRM DRAM 在触发行地址后，如果 CPU 要访问的地址在同一行内，则可以只输出列地址而不必再输出行地址。通常，程序和数据在内存中的排列地址都是连续的，这样输出行地址后连续输出列地址就可以访问所需的程序和数据。FPM 将存储体内部隔成许多页面，页面大小从 512B 到数 KB 不

内存技术进展.mp4

等，在读取一个连续区域内的数据时，就可以通过快速页切换模式直接读取，从而大大提高了读取速度。但 FPM 内存在从某一页面切换到另一页面时，会占用额外的时钟周期。FPM 内存在 Intel 286～486 时代很流行。

在 486 时期，还出现了 EDO 内存(Extended Data Out DRAM，扩展数据输出内存)，其工作原理与 FPM 内存基本类似，但 EDO 内存大大地缩短了数据的存取时间。FPM 在存取数据时必须先输出地址并使其稳定一段时间后，才能读写有效的数据，而下一个数据的地址必须等待本次读写操作完成才能输出。EDO 内存则可以在将数据发给 CPU 的同时访问下一个页面，大大缩短了等待输出地址的时间，EDO 内存还取消了主板与内存两个存储周期之间的时间间隔，每隔 2 个时钟脉冲周期传输一次数据，其存取速度一般比 FPM 模式快 15%左右。EDO 内存多用在早期的 Pentium 主板上。

现在市场上用于个人电脑的内存主要有三大类：一种是 SDRAM，一种是目前主流的 DDR 内存，还有一种是 RDRAM。这三种内存都属于 DRAM。

(1) SDRAM。

SDRAM(Synchronous DRAM，同步动态随机存储器)是现在常见的内存之一，其工作速度与系统总线速度同步。SDRAM 内存根据其性能进行标称，比如 PC100 和 PC133 就是依据 SDRAM 内存的运行频率来进行划分的，单位都是 MHz(兆赫兹)。SDRAM 的主流规

范是 PC133，也就是说这是运行在 133MHz 的 SDRAM，意味着每秒运行 133 百万次，那么每次的运行时间就是差不多 7.5ns，即内存的时钟周期为 7.5ns。加快内存的时钟频率也就缩短了内存的时钟周期，比如平时需要两个周期才能完成的工作，现在虽然还是要两个时钟周期，但由于内存时钟频率的加快，所花费的时间就少了很多，因此计算机的运行速度就得到了提高。

(2) DDR。

DDR SDRAM(Dual Data Rate SDRAM)简称 DDR，即双倍速率 SDRAM。DDR 内存采用了双时钟差分信号等技术，使其在单个时钟周期内的上、下沿都能进行数据传输，所以具有比 SDRAM 多一倍的传输速率和内存带宽。DDR SDRAM 有 184 个引脚，可以通过引脚上的"缺口"进行辨别，DDR 只有一个缺口，DDR-266 型内存如图 5-25 所示，早期的 SDRAM 有两个缺口。

图 5-25　通用型 DDR-266 内存

DDR 和 SDRAM 一样采用频率进行标称。JEDEC(固态技术协会)制定的标准中，DDR 运行频率主要有 100MHz、133MHz、166MHz、200MHz 等规格，非 JEDEC 制定下的规格还有 250MHz、300MHz、350MHz 等。由于 DDR 内存具有双倍速率传输数据的特性，因此在 DDR 内存的标识上采用了工作频率×2 的方法，也就是 DDR200、DDR266、DDR333 和 DDR400 等。

DDR 内存的标称还可以用其带宽来表示。内存带宽严格地说应该分为内存理论带宽和内存实际带宽两种。这里讨论的是内存的理论带宽，它的计算公式是：内存带宽=内存运行频率×8Byte(64bit)。那么 DDR266 的内存带宽就可以换算为 266×8Byte=2128MB/s，所以 DDR266 通常也被称为 PC2100，同理，DDR200 也可以称为 PC1600，而 DDR333 可称为 PC2700，DDR400 可称为 PC3200。用内存的带宽来表示比用运行频率表示更能体现内存的性能。

(3) DDR2。

DDR2 SDRAM(Double Data Rate 2)是由 JEDEC 协会开发的新生代内存技术标准，它与上一代 DDR 内存技术标准相比，虽然均采用了在时钟的上升沿/下降沿同时进行数据传输的基本方式，但 DDR2 内存却拥有两倍于上一代 DDR 内存的预读取能力，即 4bit 的数据预读取。换句话说，DDR2 内存每个时钟能够以 4 倍外部总线的速度读/写数据，并且能够以内部控制总线 4 倍的速度运行。DDR2 存储芯片针对台式机有 240 个引脚，用于笔记本的有 200 个引脚，运行频率标准有 DDR2-400、DDR2-533、DDR2-667、DDR2-800、DDR2-1066 等规格。

此外，DDR2 标准规定所有 DDR2 内存均采用 FBGA 封装形式，不同于 TSOP/TSOP-II 封装形式，FBGA 封装可以提供更为良好的电气性能与散热性，为 DDR2 内存的稳定工作与未来频率的发展奠定了坚实基础。

DDR2 引入了三项新的技术，它们是 OCD、ODT 和 PostCAS。OCD(Off-Chip Driver)：也就是所谓的离线驱动调整；ODT：内建核心的终结电阻器；PostCAS：它是为了提高 DDR2 内存的利用效率而设定的。

(4) DDR3。

DDR3 为第三代双倍数据率同步动态随机存取存储器(Double-Data-Rate)，属于 SDRAM 家族的存储器产品，提供了相较于 DDR2 SDRAM 更高的运行性能与更低的电压，是 DDR2 SDRAM(4 倍数据率同步动态随机存取存储器)的后继者(增加至 8 倍)，也是现时流行的存储器产品。常见的标准规格有 DDR3-800、DDR3-1066、DDR3-1333、DDR3-1600、DDR3-1866、DDR3-2133 等。

DDR3 SDRAM 为了更省电、传输效率更快，使用了 SSTL 15 的 I/O 接口，运作 I/O 电压为 1.5V，采用 CSP、FBGA 封装形式包装，除了延续 DDR2 SDRAM 的 ODT、OCD、Posted CAS 新技术外，另外新增了更为精进的 CWD、Reset、ZQ、SRT、PASR 功能。

CWD 作为写入延迟之用；Reset 提供了超省电功能的命令，可以让 DDR3 SDRAM 存储器颗粒电路停止运作，进入超省电待命模式；ZQ 则是一个新增的终端电阻校准功能，新增的这个线路脚位提供了 ODCE(On Die Calibration Engline)用来校准 ODT(On Die Termination)内部中断电阻；新增了 SRT(Self-Reflash Temperature)可编程化温度控制存储器时钟频率功能，SRT 让存储器颗粒在温度、时钟频率和电源管理上得到优化，可以说在存储器内就具备电源管理的功能，同时让存储器颗粒的稳定度也大为提升，确保存储器颗粒不至于出现工作时钟频率过高导致烧毁的状况；同时 DDR3 SDRAM 还加入了 PASR (Partial Array Self-Refresh)局部 Bank 刷新的功能，可以说针对整个存储器，Bank 做了更有效的数据读写改进，以达到省电功效。

(5) DDR4。

DDR4 为第四代双倍数据率同步动态随机存取内存，是一种高带宽的电脑内存规格，提供比 DDR3/DDR2 更低的供电电压以及更高的带宽，但由于电压标准、物理接口等诸多设计与 DDR3 等产品不一致，因此 DDR4 也不支持向下兼容。

与 DDR3 相比，DDR4 SDRAM 拥有更高的模块密度、更高的时钟频率以及数据传输速率。而且，在性能提升的前提下，由于 DDR4 更高的内存制程颗粒只有 1.05～1.2V 的供电电压(DDR3 供电电压为 1.2～1.65V)，因此比 DDR3 的功耗更低。

台式机 DDR4 内存的引脚数量为 288 个，笔记本的 DDR4 内存引脚为 260 个，其引脚边缘包含弯曲部分，所以不是所有引脚都同时插入卡槽，因此能够降低插入压力。2012 年，JEDEC 正式确定 DDR4 的标准后，其起始数据传输率为 2133MT/s，上限值暂定为 4266MT/s。

在 2016 年的英特尔开发者论坛上，还讨论了 DDR5 SDRAM 的未来。相应的规范在 2016 年年底前完成，但在 2020 年之前，预计不会有可用的 DDR5 模块。另外，还提出了一些其他旨在取代 DDR4 的内存技术。2011 年，JEDEC 发布了第二代 Wide I/O(Wide I/O 2) 标准，它保留了第一代 Wide I/O 矽穿孔(TSV)架构，采用垂直堆叠方式封装内存。这种内存布局为 DDR4 提供了更高的带宽和更好的性能，并允许使用短信号长度的宽接口。它的主要目标是替换高性能嵌入式和移动设备(如智能手机)中所使用的各种移动 DDRx SDRAM

标准。Wide I/O 2 使用非常宽的并行内存接口，宽度为 512 位(相比之下 DDR4 为 64 位)。从长远来看，专家推测非易失性的 RAM 类型，如 PCM(相变存储器)、RRAM(电阻式随机访问存储器)以及 MRAM(磁阻式随机访问存储器)，或将取代 DDR4 SDRAM 及其后续产品。

DDR～DDR4 内存在外观上的差异如图 5-26 所示。

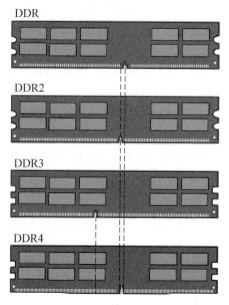

图 5-26　DDR～DDR4 内存外观

# 5.6　外存技术的发展

### 1. 磁表面存储器

磁表面存储器利用涂覆在具有两种不同的磁化状态载体表面的磁性材料来表示二进制信息的"0"和"1"。将磁性材料均匀地涂覆在圆形的铝合金或塑料载体上就成为磁盘，涂覆在聚酯塑料带上就成为磁带。

外存技术进展.mp4

在磁表面存储器中，利用磁头来形成和判别磁层中的不同磁化状态。磁头实际上是由软磁材料做铁芯外绕读写线圈的电磁铁。写入信息时，在读写磁头的写线圈中通过一定方向的脉冲电流，使磁头铁芯内产生一定方向的磁通，在磁头缝隙处产生很强的磁场形成一个闭合回路，磁头下的一个很小区域被磁化形成一个磁化元(即记录单元)，写入数据时实际上是通过磁头改变磁化元的方向来记录数据，如图 5-27 所示。

目前计算机系统中最常用的磁表面存储器为硬盘。硬盘首先由 IBM 公司于 1956 年开始使用，20 世纪 60 年代初成为通用式电脑中主要的辅助存储设备，随着技术的进步，硬盘成为服务器及个人电脑的主要组件。

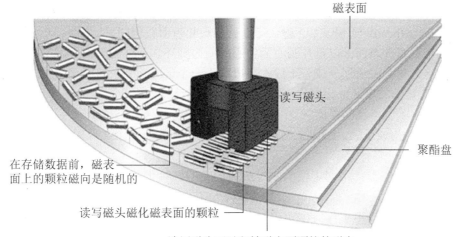

磁表面

读写磁头

聚酯盘

在存储数据前，磁表
面上的颗粒磁向是随机的

读写磁头磁化磁表面的颗粒

读写磁头可以翻转磁表面颗粒的磁向。
磁表面颗粒的磁向排列记录了数据

图 5-27　磁表面存储器读写原理

　　硬盘的物理结构一般由磁头与磁盘、电动机、主控芯片与排线等部件组成；当主电动机带动磁盘旋转时，副电动机将一组磁头带动到相对应的磁盘上，画出一个与磁盘同心的圆形轨道(磁轨)，确定读取正面还是反面的碟面(柱面)，这时由磁头的磁感线圈感应碟面上的磁性与使用硬盘厂商指定的读取时间或数据间隔定位扇区，从而得到该扇区的数据内容，如图 5-28 所示。

　　(1) 磁盘盘片之间绝对平行，都固定在一个称为盘片主轴的旋转轴上。

　　(2) 每个盘片的存储面上都有一个磁头，与盘片之间的距离只有 $0.1\sim0.3\mu m$。

　　(3) 所有的磁头连在一个磁头控制器上，由磁头控制器负责各个磁头的运动。

　　(4) 磁头沿盘片做径向运动，盘片以每分钟数千转的速度高速旋转，磁头对盘片上的指定位置进行数据的读/写操作。

　　图 5-29 所示是单片盘片的俯视图，磁盘盘片是存储数据的载体，整体磁盘分为面、磁道、扇区等。

空气过滤片

主轴

音圈马达

永磁铁

磁盘

磁头

磁头臂

图 5-28　硬盘的物理结构

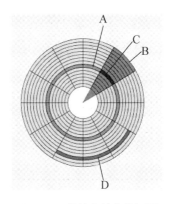

A

C

B

D

图 5-29　单片盘片的俯视图

A—磁道；B—扇面；C—扇区；D—簇(扇区组)

(1) 面：按照磁盘面的多少，依次称为 0 面、1 面、2 面等。每个面对应一个读写磁头，称为 0 磁头(head)、1 磁头、2 磁头等。磁头数和盘面数相同。

(2) 磁道：盘片表面上以盘片圆心为中心的同心圆环。从外向内编号。

(3) 扇区：每个磁道划分成若干段，每段称为一个扇区。一个扇区存放 512B 的数据。硬盘上每个磁道上的扇区数相同，这样硬盘存储容量计算公式为：

$$硬盘容量 = 柱面数×磁头数×每道扇区数×512B$$

一组扇区就构成了簇。磁盘上文件的最小单位就是簇，一个文件通常存放在一个或多个簇中。

(4) 柱面：不同盘片相同半径的磁道组成的空心圆柱体称为柱面。柱面数等于每个面的磁道数。

(5) 着陆区：硬盘不工作时磁头停放位置的区域，通常指定一个靠近主轴的内层柱面作为着陆区。着陆区不存储数据，可以避免硬盘受到震动时以及在开、关电源瞬间磁头紧急降落时所造成的数据丢失。硬盘在电源关闭时会自动将磁头停在着陆区内。

硬盘的参数指标见表 5-1。

表 5-1　硬盘的参数指标

| 参数 | 说　明 | 常见指标值 |
|---|---|---|
| 容量 | 硬盘容量=磁头数×柱面数×扇区数×512B<br>硬盘厂商在标称硬盘容量时通常取 1GB=1000MB，因此在 BIOS 中或在格式化硬盘时看到的容量会比厂家的标称值要小 | 有 80GB、200GB、500GB、1TB、2TB、4TB 等规格 |
| 转速 | 硬盘每分钟旋转的圈数(rpm，每分钟的转动数)是区别硬盘档次的重要标志。转速越高数据传输速率越快，但同时噪音、耗电量和发热量也越大 | 有 7200rpm、10000rpm、15000rpm 等规格 |
| 缓存 | 当硬盘接收到 CPU 指令控制开始读取数据时，硬盘上的控制芯片会控制磁头把正在读取的簇的下一个或数个簇中的数据读到缓存中，当 CPU 指令需要读取下一个或几个簇中的数据时，磁头就不需要再次去读取数据，而是直接把缓存中的数据传输过去，由于缓存的速度远远高于磁头的速度，所以能够达到明显改善性能的目的 | 有 2MB、8MB、16MB、32MB、64MB 等规格 |
| 平均寻道时间 | 硬盘的平均寻道时间(Average Seek Time)是指硬盘的磁头移动到盘面指定磁道所需的时间，单位是 ms(毫秒) | 有 5.2ms、8.5ms、8.9ms、12ms 等规格 |
| 传输速率 | 包括磁头把数据从盘片读入缓存的速度，以及磁头把数据从缓存写入盘片的速度。可用于评价硬盘的读写速度和整体性能。与接口有关 | 有 133MB/s、300MB/s、320MB/s、750MB/s 等规格 |

硬盘按数据接口不同，大致分为 ATA(IDE)、SATA、SCSI、SAS、FC 等。

(1) ATA(Advanced Technology Attachment)，是传统的 40-pin 并行数据线接口，接口速度最大为 133MB/s。因为并口线的抗干扰性差，且排线占用空间较大，不利于电脑内部散热，已逐渐被 SATA 所取代。

(2) SATA(Serial ATA)，是使用串口的 ATA。SATA 比 ATA 的数据线细得多，有利于机箱内的空气流通，整理线材也比较方便。SATA 抗干扰能力强，且对数据线的长度要求比 ATA 低很多，支持热插拔等。2009 年 5 月发布 SATA 3.0 标准，最高传输速度可达 600MB/s，2013 年 8 月发布 SATA 3.2 标准，传输速度达 1.97GB/s。

(3) SCSI(Small Computer System Interface)，是小型机系统接口，经历多年的发展，包括光纤通道、SAS(串行 SCSI)、iSCSI(互联网 SCSI)、SRP(SCSI 远程协议)、USB Attached SCSI(可 USB 连接的 SCSI)等多种标准，接口形式多种多样。SCSI 硬盘广泛应用于工作站、个人电脑以及服务器，因此会使用较为先进的技术，如碟片转速高达 15000rpm，且资料传输时 CPU 占用率较低，但比相同容量的 ATA 及 SATA 硬盘更加昂贵。

(4) SAS(Serial Attached SCSI)是新一代的 SCSI 技术，和 SATA 硬盘相同，都是采取串行技术以获得更高的传输速度，2013 年 3 月发布的 SAS-3 标准传输速率可达 12.0 Gb/s。此外，由于 SAS 硬盘可以与 SATA 硬盘共享同样的背板，因此在同一个 SAS 存储系统中，可以用 SATA 硬盘来取代部分昂贵的 SAS 硬盘，节省整体的存储成本。但 SATA 存储系统并不能连接 SAS 硬盘。

(5) FC(Fibre Channel)，拥有此接口的硬盘在使用光纤连接时具有热插拔性、高速带宽(1～128Gb/s)、远程连接等特点；内部传输速率比普通硬盘更高。受限于其高昂的售价，通常用于高端服务器领域。

### 2. 光存储

CD 光盘、DVD 光盘等光存储介质，采用的存储方式都与软盘、硬盘相同，是以二进制数据的形式来存储信息。而要在这些光盘上储存数据，需要借助激光把电脑转换后的二进制数据用数据模式刻在扁平、具有反射能力的盘片上。为了识别数据，光盘上定义激光刻出的小坑代表二进制的"1"，而空白处则代表二进制的"0"，如图 5-30 所示。

图 5-30　光存储介质上的数据

DVD 盘的记录凹坑比 CD-ROM 更小，且螺旋储存凹坑之间的距离也更小。DVD 存放数据信息的坑点非常小，而且非常紧密，最小凹坑长度仅为 0.4μm，每个坑点间的距离只是 CD-ROM 的 50%，并且轨距只有 0.74μm，如图 5-31 所示。

CD 光驱、DVD 光驱等一系列光存储设备，主要部分就是激光发生器和光监测器。光驱上的激光发生器实际上就是一个激光二极管，可以产生对应波长的激光光束，经过一系列的处理后射到光盘上，然后经由光监测器捕捉反射回来的信号，从而识别实际的数据。如果光盘不反射激光则代表那里有一个小坑，那么电脑就知道它代表一个"1"；如果激光被反射回来，电脑就知道这个点是一个"0"。电脑就可以将这些二进制代码转换成原来的程序。当光盘在光驱中做高速转动，激光头在电机的控制下前后移动时，数据就源源不断地被读取出来。

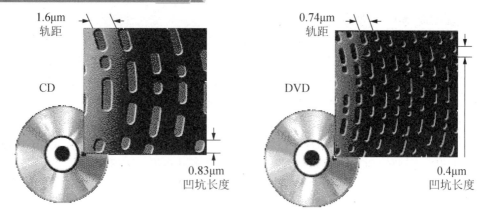

图 5-31　CD 和 DVD 参数对比

### 3. 固态存储

固态硬盘(简称 SSD)是一种永久性存储器的电脑存储设备。固态硬盘的存储介质分为两种：一种是采用闪存(Flash)作为存储介质，另外一种是采用 DRAM 作为存储介质。

基于闪存的固态硬盘(Ide Flash Disk、Serial ATA Flash Disk)采用 Flash 芯片作为存储介质，这也是通常所说的 SSD，可以制作成多种外观，例如：笔记本硬盘、微硬盘、存储卡、优盘等样式，如图 5-32 所示。这种 SSD 固态硬盘最大的优点就是可以移动，而且数据保护不受电源控制，能适应各种环境，但是使用年限不高，适合个人用户使用。在基于闪存的固态硬盘中，存储单元又分为两类：SLC(Single Layer Cell，单层单元)和 MLC(Multi-Level Cell，多层单元)。SLC 的特点是成本高、容量小、速度快，而 MLC 的特点是容量大、成本低、速度慢。MLC 的每个单元是 2bit 的，相对 SLC 整整多了一倍。不过，由于每个 MLC 存储单元中存放的资料较多，结构相对复杂，出错的概率会增加，必须进行错误修正，这个动作导致其性能大幅落后于结构简单的 SLC 闪存。SLC 闪存的优点是复写次数高达 100000 次，比 MLC 闪存高 10 倍。此外，为了保证 MLC 的寿命，控制芯片都采用智能磨损平衡技术算法，使得每个存储单元的写入次数可以被平均分摊，达到 100 万小时故障间隔时间(MTBF)。

图 5-32　固态硬盘组图

基于 DRAM 的固态硬盘：采用 DRAM 作为存储介质，目前应用范围较窄。它仿效传统硬盘的设计，可被绝大部分操作系统的文件系统工具进行卷设置和管理，并提供工业标准的 PCI 和 FC 接口用于连接主机或者服务器。应用方式可分为 SSD 硬盘和 SSD 硬盘阵列两种。它是一种高性能的存储器，使用寿命很长，美中不足的是需要独立电源来保护数据安全。

与传统硬盘相比，固态硬盘具有下列优点：①启动快，没有电机加速旋转的过程；②不用磁头，快速随机读取，读延迟极小；③相对固定的读取速度，由于寻址时间与数据存储位置无关，因此磁盘碎片不会影响读取时间；④写入速度快(基于 DRAM)，硬盘的 I/O 操作性能佳，能够明显提高需要频繁读写的系统的性能；⑤无噪音；⑥低容量的基于闪存的固态硬盘在工作状态下的能耗与发热量较小，但高端或大容量产品能耗较高；⑦出现机械错误的可能性很低，不怕碰撞、冲击和震动；⑧工作温度范围大；⑨体积小。

当然，固态硬盘也有一些缺点，如成本高、最大容量低；由于不像传统硬盘那样被屏蔽于法拉第笼中，固态硬盘更易受到某些外界因素的不良影响，例如断电(基于 DRAM 的固态硬盘尤甚)、磁场干扰、静电等；写入寿命有限(基于闪存)，闪存写入寿命一般为 1 万到 10 万次，特制的可达 100 万到 500 万次，然而整台计算机寿命期内文件系统的某些部分的写入次数仍将超过这一极限；数据损坏后难以恢复，一旦在硬件上发生损坏，如果是传统的磁盘或者磁带存储方式，通过数据恢复也许还能挽救一部分数据，但是如果是固态存储，一但芯片发生损坏，要想在碎成几瓣或者被电流击穿的芯片中找回数据几乎不可能；能耗较高，基于 DRAM 的固态硬盘在任何时候的能耗都高于传统硬盘，尤其是关闭时仍需供电，否则数据将会丢失。

# 本 章 小 结

(1) 存储器系统是计算机系统的重要组成部分，用于存放程序和数据。存储器一般分为内存和外存，内存中存放正在执行的程序或正在处理的数据，外存以文件形式长期保存数据和程序。

(2) 8086 系统中内存储器分段进行管理和存储，内存可划分为四个逻辑段：代码段、数据段、堆栈段、扩展段。每个逻辑段最多可为 64KB，段内仍然按 16 位寻址。段与段之间可以是连续的，也可以是分开的或重叠的。

(3) 存储器系统的分级管理：根据 CPU 访问存储器的方式，同时为了提高 CPU 的访问效率，存储器系统进行了分级管理。存储器系统划分的级别从外至内分为：外存、虚拟内存、内存、Cache、CPU 寄存器。存储器的分级管理解决了速度、容量和价格之间互相协调的问题，因此被广泛应用于现代计算机系统中。

# 复习思考题

一、单项选择题

1. 某 4K×8b 的存储器芯片在计算机存储器系统中的首地址(最低地址)为 8000H，则该芯片在系统中的末地址(最高地址)为_____。

　　A. 87FFH　　　　　B. 17FFFH　　　　　C. 12000H　　　　　D. 8FFFH

2. 采用虚拟存储器的主要目的是_____。

    A. 提高主存的存取速度          B. 提高辅存的存取速度

    C. 增大外存的存储容量          D. 当作内存不足的补充

3. 主存储器与 CPU 之间增加 Cache 的目的是_____。

    A. 解决 CPU 与主存的速度匹配问题

    B. 扩大主存的容量

    C. 增加 CPU 中寄存器的数量

    D. 增大 CPU 访问存储器的空间

4. 高速缓存(Cache)一般是指_____。

    A. 硬盘与主存之间的缓存         B. 外设与 CPU 之间的缓存

    C. CPU 与显卡之间的缓存        D. CPU 与主存之间的缓存

5. 在页式存储管理中，将虚地址转换成实地址的地址转换操作是由_____完成的，主存与辅存之间数据的调入调出是由_____完成的。

    A. 硬件和硬件             B. 操作系统和硬件

    C. 用户程序和操作系统        D. 硬件和操作系统

6. 某一 DRAM 芯片，其存储容量为 512K×8b，该芯片的地址线和数据线的数目分别为_____和_____。

    A. 8，512         B. 512，8         C. 18，8         D. 19，8

7. 磁盘上各磁道的存储容量_____，存储密度_____，靠近中心磁道其存储密度_____。

    A. 相同、不同、低          B. 相同、不同、高

    C. 不同，相同、不变        D. 不同、不同、高

8. 硬盘不同、盘片相同构成的所有磁道称为_____。

    A. 盘面        B. 簇          C. 磁道        D. 柱面

9. 常见微机中，硬盘驱动器的接口标准有_____。

    A. ISA         B. SCSI         C. USB         D. EIDE

10. DVD 光盘能做到容量更大，其根本原因是_____。

    A. 使用了双面双层存储结构

    B. 采用了大压缩比的编码

    C. 使用了更长波长的激光读取数据

    D. 采用了较大直径的盘片

二、综合题

1. 半导体存储器分为哪几种类型？试述它们的主要区别和用途。

2. 存储器的层次结构主要体现在什么地方？为什么要分这些层次？计算机如何管理这些层次？

3. 一个容量为 16K×32b 的存储器，其地址线和数据线的总和是多少？当选用下列不

同规格的存储芯片时，各需要多少片？

　　1K×4b，2K×8b，4K×4b，16K×1b，4K×8b，8K×8b

　　4.　什么是存储器的带宽？若存储器的数据总线宽度为 32b，存取周期为 200ns，则存储器的带宽是多少？

　　5.　某机字长为 32 位，其存储容量是 64KB，按字编址它的寻址范围是多少？若主存以字节编址，试画出主存字地址和字节地址的分配情况。

计算机系统中的存储器——向 CPU 提供巧妇之米.pptx

# 第6章 计算机系统中的数据传送

**学习要点**

1. 了解计算机输入/输出接口、数据传送方式、总线、中断技术等内容。
2. 掌握输入/输出接口的概念和基本功能。
3. 了解常用数据传送方式。
4. 了解总线分类和结构。
5. 掌握中断技术相关内容。

## 核心概念

接口　端口　中断　DMA　总线　ICH　MCH

 案例导学

### 数据的输入输出

　　计算机从输入设备接收数据并进行处理后，结果被发送到输出设备输出。例如，从键盘输入数据，按下键盘按键时，键盘的接口电路将向计算机的中断控制器发送中断请求信号，同时，按键数据被保存在接口的寄存器中。经中断控制器处理后，中断请求信号被发送给 CPU，当 CPU 响应该中断时，将执行相应的中断处理程序，此时保存在接口寄存器中的数据被读入 CPU。再如，在显示器上显示数据，CPU 可以采用无条件数据传送方式，即 CPU 直接将数据发送到显示器接口电路的缓冲区中，再进行输出显示。

　　数据的输入输出都通过总线进行传输，不同类型的数据通过不同总线传输，数据总线传输数据，地址总线传输地址，用来确定 CPU 要访问的设备地址，并控制总线传输控制信号，如读或写信号。

## 6.1　输入/输出接口

传送信息的类型.mp4

传送的通道-接口.mp4

接口芯片的基本构成.mp4

### 6.1.1　输入/输出接口的概念和基本功能

#### 1. 接口的概念

CPU 与存储器以及外部 I/O 设备的连接和数据交换都需要通过接口设备来实现，前者被称为存储器接口，后者被称为输入/输出接口，简称 I/O 接口。存储器通常在 CPU 的同步控制下工作，功能单一，传输方式单一(按字节传输)，因此接口电路也比较简单；而 I/O 设备种类繁多，功能各不相同，工作速度也有很大差异，输入输出的信息不尽相同(数字量、模拟量或开关量)，因此，其相应的接口电路也各不相同。平时我们所说的接口通常是指 I/O 接口。I/O 接口即 CPU 与外部 I/O 设备之间交换信息的连接电路，它们通过总线与 CPU 相连。I/O 接口的作用是屏蔽 CPU 与外部 I/O 设备之间交换信息时所存在的各种差异。这类似于人类之间在使用语言沟通时，必须使用相同的语言，如果使用不同的语言，就需要对语言进行翻译，接口就在 CPU 和 I/O 设备之间起到翻译器的作用。

#### 2. 基本功能

一般接口应具有如下几种功能。

(1) 数据缓冲功能。

大多数外部 I/O 设备，如打印机等，其工作速度与主机相比相差甚远。为了避免因速度不一致而导致的数据丢失，接口中一般都会设置数据寄存器或锁存器，使之成为数据交换的中转站。接口的数据缓冲功能在一定程度上缓解了主机与外设速度差异所造成的冲突，并为主机与外设的批量数据传输创造了条件。

(2) 设备选择功能。

系统中一般都连接有多种外设，而 CPU 在某一时刻只能与一台外设交换信息，需要借助于接口的地址译码来选定外设。因此，某一时刻只有被选中的外设才能与 CPU 进行数据交换或信息传递。

(3) 信号转换功能。

外设大多是复杂的机电设备，其电气信号电平或是 TTL 电平，或是 CMOS 电平，常需要接口电路来完成信号的电平转换。另外，信号转换还包括 CPU 信号与外设信号在逻辑关系和时序配合上的转换。

主机系统总线上传送的数据与外设能接收的数据，在数据位数、格式等方面往往也存在很大差异。例如系统总线上传送的是 8 位、16 位或 32 位并行数据，而一些外设采用的却是一位接一位的串行数据传送方式，这就需要接口应具有串/并数据格式转换功能。另外，有些外设的输入或输出信号是计算机不能直接处理的模拟信号，因此必须进行数字/模拟信号的转换。

(4) 对外设的控制和监测功能。

I/O 接口可接收 CPU 发送的命令或控制信号，实施对外设的控制与管理，外设的工作状态也可以状态字或应答信号的形式通过 I/O 接口返回给 CPU，以"握手联络"的过程来保证主机与外设输入/输出操作的同步。

(5) 中断请求与管理功能。

要实现主机与外设的并行工作，通常需要采用中断传送方式，以提高 CPU 的利用率。而作为中断控制器的接口应该具有发送中断请求信号、接收中断响应信号以及发送中断类型码的功能。此外，如果总线控制逻辑中没有中断优先级管理电路，那么接口还应该具有优先级管理功能。

(6) 可编程功能。

目前，绝大部分接口芯片都具有可编程功能。这样在不改变硬件的情况下，只需修改程序就可以设置接口不同的工作方式，大大增加了接口的灵活性和可扩充性，使接口更趋于智能化。

(7) 错误检测功能。

在接口设计中，常常要考虑对错误的检测问题。当前大多数可编程接口芯片能检测下列两类错误。

① 传输错误。因为接口和外部设备之间的连线常常会受到噪声或电磁干扰，从而引起传输错误。因此在信息传输时，接口会采用奇/偶校验等方法对传输错误进行检测。

② 覆盖错误。当计算机输入数据时，实际上是从接口的输入缓冲寄存器中取走数据。如果计算机还没来得及取走数据，输入缓冲寄存器由于某种原因又被装上了新的数据，这样就产生一个覆盖错误。同理，在输出时，输出缓冲器中的数据在被取走之前，如果计算机又往接口输出了一个新数据，那么原数据就将被覆盖。在产生覆盖错误时，接口通常会在状态寄存器中设置相应的状态位。

### 3. 传送信息的类型

计算机 CPU 与外部设备之间所传送信息的类型分为数据信息、状态信息和控制信息。

(1) 数据信息：包括数字量信息、模拟量信息、开关量信息。

- 数字量信息：离散的二进制形式数据，最小单位为位(b)，8 位为一个字节(B)。
- 模拟量信息：用模拟电压或模拟电流幅值大小表示的物理量。
- 开关量信息：只有两个状态，"开"和"关"，用一位二进制数即可表示。

(2) 状态信息：反映当前外设所处的工作状态，实际中通过状态端口信息表现。

(3) 控制信息：由 CPU 发出的用来控制外设工作的信号。例如：控制输入/输出设备的启动或停止。

### 4. 接口芯片的基本构成

接口芯片其实就是电子零件，在一个接口芯片中包含了千千万万的电阻、电容以及其他微小的电子元件。从物理结构上看，接口芯片由外壳、核心、控制电路、针脚组成，如图 6-1 所示。其中外壳用于保护核心及散热；核心根据工艺由数千万的晶体管组成；控制电路由相应控制部件及印刷电路板组成；针脚为芯片与电路板连接通道，通常为铜镀金。

图 6-1　接口芯片的外形

CPU 要同外部设备交换信息，必须通过接口芯片。在接口芯片内部的结构中，多数具有如下电路单元。

(1) 输入/输出数据锁存器和缓冲器。

用于存放数据的寄存器，可以解决 CPU 与外设之间速度不匹配的矛盾，并且起到隔离和缓冲作用。

(2) 控制命令和状态寄存器。

存放 CPU 对外设的控制命令，以及外设的状态信息。

(3) 地址译码器。

用 CPU 发来的地址码来确定 CPU 要访问接口电路中的哪个寄存器，接口中的一个寄存器对应一个端口地址，简称端口号。

(4) 读写控制逻辑。

根据 CPU 发来的读写控制信号，确定 CPU 对接口芯片是读操作还是写操作。

(5) 中断控制逻辑。

用于向 CPU 发送中断请求信号，以及接收中断响应信号。

接口芯片已由早期的逻辑电路板(由中、小规模集成电路芯片组成)发展到以大规模集成电路芯片为主的接口芯片。用于计算机输入/输出的接口芯片种类极多，功能各异。

按功能选择的灵活性来分，可分为可编程接口芯片(8259、8255、8253、8251 等)和不可编程接口芯片(如三态门、CMOS 锁存器、缓冲器电路等)。

按接口的通用性来分，可分为通用接口芯片(8255、8251 等)和专用接口芯片(键盘接口、显示器接口等)。

### 5. 接口芯片与系统的连接

如图 6-2 所示为一个典型的输入/输出(I/O)接口和外部电路连接图。右边的大框代表接口器件，一般是一块大规模集成电路。各种具体接口的内部结构和功能根据所连接的 I/O 设备的不同而存在很大差别。

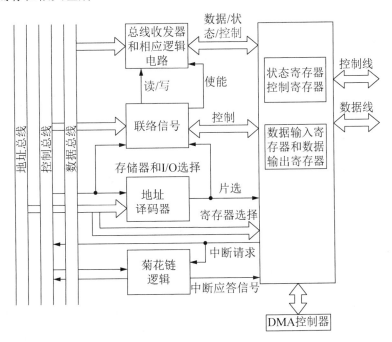

图 6-2　典型的 I/O 接口和外部电路连接

从结构上，可以把一个接口分成两个部分：一部分与 I/O 设备相连，另一部分与系统总线相连。与 I/O 设备相连的接口部分与 I/O 设备的传输要求及数据格式有关，因此，各接口可以不相同。而与总线相连的接口电路，其结构都非常类似，因此这些接口可以连在同一总线上。

### 6.1.2 输入/输出端口及编址方式

通常情况下计算机系统中会包含多个 I/O 接口，每个 I/O 接口内部又有多个 I/O 端口(每个寄存器对应一个端口)，CPU 在访问某个 I/O 端口时需要对其进行地址选择。选择的方式与访问存储器中存储单元的情况类似，系统为每个 I/O 端口分配了一个地址，这样的地址称为 I/O 端口地址，或者简称 I/O 地址，也称端口号。

I/O 端口的编址方式有以下两种。

(1) 端口与存储器分别独立编址。

独立编址方式是指 I/O 端口与存储器有相互独立的地址空间。两者之间之所以有相互独立的地址空间，是因为访问 I/O 端口和存储器时采用了不同类型的读写信号。CPU 对存储器的读写指令和对 I/O 的读写指令也不相同。

8086/8088 系统是典型的独立编址方式，虽然 CPU 只提供一种读 $\overline{RD}$ 和写 $\overline{WR}$ 信号，但使用选择信号 M/$\overline{IO}$(8088 是 IO/$\overline{M}$ 信号)可以区分是进行存储器读写操作还是 I/O 端口的读写操作，如图 6-3 所示。

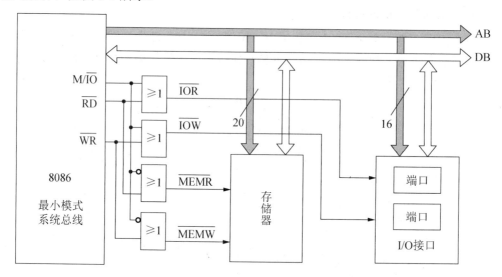

图 6-3 8086/8088 独立编址

优点：存储器的容量可以达到与地址总线所决定的地址空间相同。接口的控制和地址译码电路相对简单。

缺点：必须设置专门的 I/O 指令，增加了指令系统和有关硬件的复杂性。

(2) 端口与存储器统一编址。

I/O 端口与存储器共享同一个地址空间，所有的存储单元只占用其中一部分地址，而 I/O 端口则占用另外一部分地址。访问 I/O 端口和存储器可以使用相同的读写信号，在这种情况下，要求给各存储单元和各个 I/O 端口分配互不相同的地址，CPU 通过不同地址来选择某一个存储单元或 I/O 端口进行访问。

优点：统一编址方式无须专门的 I/O 指令，编程较为灵活。

缺点：统一编址方式的 I/O 端口占用了存储器的一部分地址空间，因而会影响系统中存储器的容量及 I/O 的访问速度。访问存储器和访问 I/O 端口必须使用相同位数的地址，以使指令地址码加长，总线中传送信息量增加。

# 6.2　数据传送方式

传送方式之无条件
传送方式.mp4

传送方式之软件查询
传送.mp4

传送方式之中断方式
传送.mp4

传送方式之 DMA
传送.mp4

主机与外设之间的数据传送实际上是 CPU 与接口之间的数据传送。在微机系统中，CPU 与接口之间数据传送的方式主要有无条件传送方式、软件查询传送方式、中断传送方式、DMA 传送方式和 I/O 通道控制方式等。

## 6.2.1　无条件传送方式

无条件传送方式是最简单的一种传送方式，它适于外设总是处于准备好的情况，这样程序就不必查询外设的状态，可以直接进行数据传输。在无条件传送方式下，接口电路和程序设计比较简单，硬件上只需要提供 CPU 与外设连接的数据端口，而软件上则只需提供相应的输入或输出指令。但这种方式传送速度不高，传送效率低。虽然是无条件传送方式，但还是隐含了一定条件的，就是传送不能太频繁，以保证每次传送时，外设处于就绪状态。因此，这种方式用得比较少，只用在对一些简单外设的操作上，如开关、发光二极管、继电器和步进电机等。

对于简单的输入设备，输入数据的保持时间相对于 CPU 的读取时间要长得多，所以可直接使用三态缓冲器和数据总线相连，如图 6-4 所示。

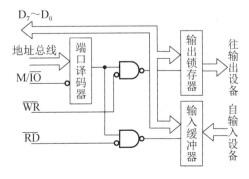

图 6-4　无条件传送方式的工作原理

对于简单的输出设备，一般需要锁存器，也就是说，要求 CPU 送出的数据在接口电路的输出端保持一段时间。因为外设的速度比较慢，要求 CPU 送到接口的数据能保持和外设动作相适应的时间。

## 6.2.2 软件查询传送方式

软件查询传送方式实质上是条件传送方式。应用条件传送方式时，CPU 通过执行程序不断读取并测试外设的状态，如果外设处于准备好状态(输入设备)或空闲状态(输出设备)，则 CPU 执行输入指令或输出指令与外设交换信息。因此，接口电路除了有传送数据的端口外，还有传送状态的端口。对于输入过程来说，当外设将数据准备好后，便将接口状态端口中的"准备好"标志位置位；对于输出过程来说，外设取走一个数据后，接口便将状态端口中的"空闲"标志位置位，表示当前输出寄存器已经处于"空"状态，可以接收下一个数据。

对于软件查询传送方式来说，一个数据传送过程由以下 3 个环节组成。

(1) CPU 从接口中读取状态字。

(2) CPU 检测状态字的对应位是否满足"就绪"条件，如果不满足，则回到前一步继续读取状态字。

(3) 如果状态字表明外设已处于"就绪"状态，则传送数据。

如图 6-5 所示为应用软件查询传送方式进行输入的接口电路原理图。输入设备在数据准备好以后便向接口发一个选通信号。该选通信号有两个作用：一方面将外设的数据传送到接口的锁存器中，另一方面使接口中的一个 D 触发器输出 1，从而使接口中三态缓冲器的 READY 位置 1。数据信息和状态信息从不同的端口经过数据总线传送到 CPU。按照以上传送过程的 3 个步骤，CPU 从外设读入数据时先读取状态字，并检测状态字，判断是否准备就绪，即数据是否已进入接口的锁存器中，如果准备就绪，则执行输入指令读入数据，此时，状态位清 0，准备下一个数据的传送过程。

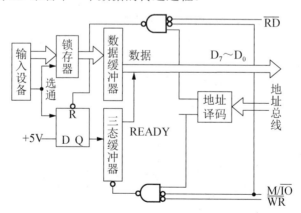

图 6-5　软件查询传送方式的输入接口电路

如图 6-6 所示为应用软件查询传送方式进行输出的接口电路原理图。当 CPU 要向一个外设输出数据时，先读取接口中的状态字，如果状态字表明外设有空或"不忙"，则说明可以往外设输出数据，此时 CPU 执行输出指令，否则 CPU 必须等待。

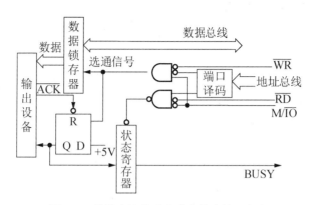

图 6-6　软件查询传送方式的输出接口电路

CPU 执行输出指令时，由选择信号 M/$\overline{\text{IO}}$ 和写信号 $\overline{\text{WR}}$ 产生的选通信号将数据总线上的数据送入接口的锁存器，同时使 D 触发器输出 1。D 触发器的输出信号一方面为外设提供一个联络信号，通知外设当前接口中已有数据可供提取；另一方面，D 触发器的输出信号使状态寄存器的对应标志位置 1，以此向 CPU 表示当前外设处于"忙"状态，从而阻止 CPU 向接口输出新的数据。

当输出设备从接口中取走数据后，通常会发送一个 $\overline{\text{ACK}}$ 信号，$\overline{\text{ACK}}$ 信号可使接口中的 D 触发器置 0，从而使状态寄存器中的对应标志位置 0，开始准备下一个输出过程。

总之，查询输入/输出方式一般可通过下列过程来实现：程序先对接口状态进行连续检测，当检测到的状态表示接口中已经有数据准备输入到 CPU 或接口准备好从 CPU 接收数据时，就可以进行输入/输出操作了。

典型的软件查询传送方式工作流程如图 6-7 所示。

假设接口的数据输入端口地址为 0052H，数据输出端口地址为 0054H，状态端口地址为

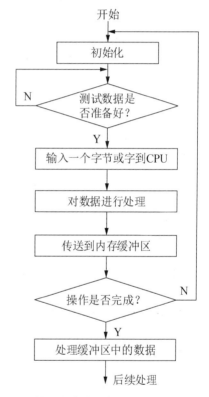

图 6-7　软件查询传送方式输入过程的流程图

0056H，并且假定状态寄存器中第一位为 1，则表示输入缓冲器中已有 1 个字节准备好的数据，可以进行输入。如果状态寄存器的第 0 位为 1，则表示输出缓冲器已经腾空，CPU 可以向终端输出数据。查询输入/输出的部分程序如下：

```
NEXT_IN:  IN    AL, 56H    ;读入状态信息
          TEST  AL, 02H    ;检测状态寄存器第 1 位
          JZ    NEXT_IN    ;未准备好，循环读状态信息，再测
          IN    AL, 52H    ;准备好，则输入
...
```

```
NEXT_OUT:  IN    AL, 56H      ;读入状态信息
           TEST  AL, 01H      ;检测状态寄存器第 0 位
           JZ    NEXT_OUT     ;没有就绪，则再测
           OUT   54H, AL      ;准备就绪，则输出
```

利用软件查询传送方式进行输入/输出操作时，会遇到这样的问题，如果系统中有多个利用查询方式实现输入/输出的设备，该如何处理？此时，可以使用轮流查询的方式来检测接口的状态。

假设系统中有 3 个输入设备，实现轮流查询方式的输入操作的程序如下：

```
TREE_IN: MOV   FLAG, 0      ;清除标志
INPUT:   IN    AL, STAT1    ;读入第一个设备的状态
         TEST  AL, 20H      ;是否准备就绪
         JZ    DEV2         ;未准备好，则转 DEV2
         CALL  PROC1        ;准备就绪，则调 PROC1，完成输入
         CMPFLAG, 1         ;如标志被清除，则输入另一个数
         JNZ   INPUT
DEV2:    IN    AL, STAT2    ;读入第二个设备的状态
         TEST  AL, 20H      ;是否准备就绪
         JZ    DEV3         ;未准备好，则转 DEV3
         CALL  PROC2        ;准备就绪，则调 PROC2，完成输入
         CMPFLAG, 1         ;如标志被清除，则输入另一个数
         JNZ   INPUT
DEV3:    IN    AL, STAT3    ;读入第三个设备的状态
         TEST  AL, 20H      ;是否准备就绪
         JZ    NO_INPUT     ;未准备好，则转 NO_INPUT
         CALL  PROC3        ;准备就绪，则调 PROC3，完成输入
NO_INPUT: CMP  FLAG, 1      ;如标志被清除，则输入另一个数
         JNZ   INPUT
              ...
```

通过上面例子可以看到，利用轮流查询方式时，可以通过程序的优先级来决定设备的优先级。这样，当系统中有更多设备时，仍可以安排一个优先级链。当然，也可以使系统中几个设备处于完全等同的地位，即没有优先级，这种方法叫作循环查询法。

### 6.2.3  中断传送方式

#### 1. 中断传送方式的提出

软件查询传送方式虽然简单，但有以下两方面的限制。

(1) CPU 在对外设查询时不能做其他工作，特别是在对多个外设轮询时，无论是否必要都要查询外设状态，造成浪费处理器时间，CPU 工作效率降低。

(2) CPU 在对多个外设以查询方式实现 I/O 操作时，如果某外设的数据传输要求 CPU 对其服务的时间间隔小于 CPU 对多个外设轮询服务一个循环所需要的时间，则 CPU 就不能对其进行实时数据传输，可能会造成数据丢失。

为了提高 CPU 的工作效率，并且使 CPU 与外设之间的数据传输具有较高的实时性，可以选择中断传送方式。

在实际应用中，中断的功能远远超出了预期设计，它不仅可以应用于实时处理，还广

泛应用于分时操作、人机交互、多机系统和实时多任务处理中。

### 2. 中断传送方式的原理

在中断传送方式下，外设具有申请 CPU 服务的主动权，当输入设备将数据准备好或者输出设备可以接收数据时，便可以向 CPU 发中断请求，使 CPU 暂时停下当前的工作而和外设进行一次数据传输，等输入或输出操作完成以后，CPU 继续进行原来的工作。

由此可见，中断传送方式就是外部设备中断 CPU 的工作，使 CPU 停止执行当前程序，而去执行一个数据输入/输出的程序，此程序叫作中断处理子程序或中断服务子程序。中断子程序执行完后，CPU 又返回到原程序中继续执行。

使用中断传送方式时，CPU 不必花费大量时间去查询外设的工作状态，因为当外设就绪时，会主动向 CPU 发送中断请求信号。而 CPU 本身也具有这样的功能：在执行完每条指令之后，都会检查外部是否有中断请求；如果有中断请求，且在中断允许标志为 1 的情况下，CPU 保存下一条指令的地址和当前的标志状态，然后转到中断服务程序去执行。被外界中断时，当前程序中下一条指令所在的位置被称为断点。从中断服务程序返回时，CPU 会恢复标志状态和断点地址，从而继续执行原程序。

在中断传送方式中，CPU 和外设处于并行工作状态，在外设的准备阶段，CPU 可以执行别的任务，而不必反复进行外设接口的状态检测和等待，这样就大大提高了 CPU 的效率。

如图 6-8 所示为应用中断传送方式的输入接口电路。

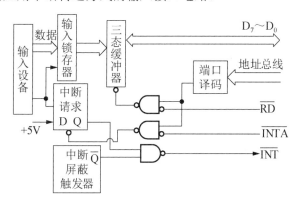

图 6-8　中断传送方式的输入接口电路

### 3. 中断优先级问题的解决

当系统中有多个设备用中断方式和 CPU 进行数据传输时，就有一个中断优先级管理问题。在微型计算机中一般采取三种方式解决中断优先级问题：软件查询方式、简单硬件查询方式和专用硬件方式。

(1) 软件查询方式。

软件查询方式需借助简单的硬件电路。可以将 8 个外设的中断请求触发器组合在一起，作为一个中断寄存器，并赋予端口号，把各个外设的中断请求信号相"或"后，作为 INTR 的输入信号，故当有任一外设有中断请求时，都可向 CPU 送出中断请求信号；CPU 响应中断时，读入中断寄存器的值，并逐位检测它们的状态，若有中断请求就转到相应中断服务程序的入口。

(2) 简单硬件查询方式。

简单硬件查询方式常见的有菊花链法。在每个外设对应的接口上连接一个逻辑电路，这些逻辑电路构成一个链，称为菊花链。由菊花链来控制中断应答信号的通路，从而决定中断响应的优先级。

如图 6-9(a)所示，是菊花链的线路图，图 6-9(b)是菊花链上各个中断逻辑电路的具体电路图。

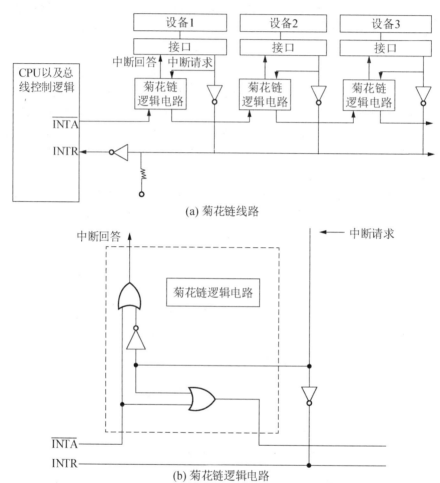

(a) 菊花链线路

(b) 菊花链逻辑电路

图 6-9　简单硬件查询方式——菊花链法

当有两个设备同时向 CPU 发出中断请求信号时，显然最接近 CPU 的接口设备将最先得到中断响应，而排在菊花链中较后位置的接口收不到中断应答信号 $\overline{\text{INTA}}$，则将一直保持中断请求。此后，CPU 进入某个中断处理子程序的执行。如果在这个子程序中有开中断指令，且再次将中断允许标志 IF 位置 1，或者此中断处理子程序运行结束，则 CPU 可能会响应下一个中断请求，从而再次发出中断应答信号 $\overline{\text{INTA}}$，直到这时，第二个请求服务的接口设备才会撤销中断请求信号。

由上可知，设置菊花链后，各个外设接口将根据其在链中的位置决定优先级，越靠近 CPU 的接口，优先级越高。

(3) 专用硬件方式。

在微型计算机系统中解决中断优先级管理最常用的方法是采用可编程的中断控制器。如图 6-10 所示。

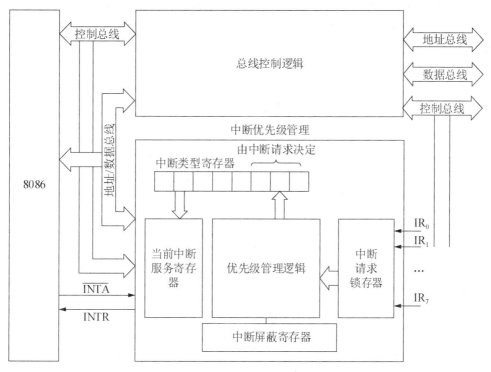

图 6-10 典型的可编程中断控制器

从图中可以看出，中断控制器中除中断优先级管理电路和中断请求锁存器外，还有中断类型寄存器、当前中断服务寄存器和中断屏蔽寄存器。关于中断控制器 8259A 可参见 6.4 节。

## 6.2.4 DMA 传送方式

### 1. DMA 传送方式的提出

中断方式尽管可以较为实时地响应外设数据传送的中断请求，但由于它需要额外的开销时间(用于中断响应、断点保护与恢复等)和中断处理的服务时间(可能含有一些必需的辅助操作)，使得中断的响应频率受到了限制。

因为中断传送方式仍然是由 CPU 通过指令来传送的，每次产生中断都要进行断点保护、现场保护、传送数据、存储数据以及最后恢复现场、恢复断点等操作，需要执行多条指令，使得传送一个字节或字需要用几十微秒以上的时间。

当高速外设与计算机系统进行信息交换时，如果采用中断方式，将会出现 CPU 频繁响应中断而不能有效地完成主要工作或根本来不及响应中断而造成数据丢失现象，而且还会耗费 CPU 的大量时间。采用 DMA 传送方式则可以确保外设与计算机系统进行高速的信息交换。在 DMA 操作过程中，除了初始化过程需要有 CPU 的介入之外，外设与内存交换信息的操作与控制过程都由 DMA 控制器完成。

### 2. DMA 操作过程

DMA(Direct Memory Access，直接存储器存取)传送方式，实际上是在外设与内存储器之间开辟一条高速数据通道，使外设与内存之间可以直接进行数据传送。这一数据通道通过 DMA 控制器(DMAC)来实现。

DMA 操作过程包含初始化、DMA 传送、结束处理几个阶段。

初始化阶段包括中断初始化及 DMA 初始化，中断初始化需设置中断向量、开中断等；DMA 初始化主要包括要访问内存的首地址及传送数据块的长度，外设地址，本次 DMA 传送的读/写及启动命令。

初始化完成后，即开始 DMA 传送，这一过程完全由 DMAC 来管理和控制，CPU 可以去干其他工作(但不能访问系统总线)。以从内存向外设接口传送一个字节为例，其 DMA 传送原理示意图如图 6-11 所示，过程如下。

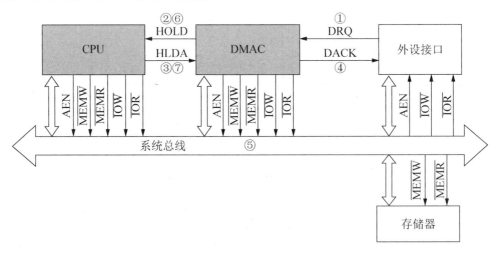

图 6-11　DMA 传送原理示意图

(1) 外设向 DMAC 发出 DMA 请求信号 DRQ。

(2) DMAC 收到 DRQ 并确认有效后，向 CPU 发出 DMA 请求信号 HOLD，请求 CPU 让出系统总线。

(3) CPU 在收到 HOLD 并确认有效后，在当前总线周期(而不是指令周期)结束后，就将地址总线、数据总线和控制总线处于高阻状态(即 CPU 释放系统总线控制权)，发出 HLDA 来响应 DMAC 的请求。此时，CPU 中止程序的执行，只监视 HOLD 的状态。

(4) DMAC 检测到 HLDA 有效后，即获得了系统总线的控制权，并发送 DMA 响应信号。

(5) 按如下方式开始传送数据：在地址总线上发送内存储器地址，发送 $\overline{\text{MEMR}}$ 和 $\overline{\text{IOW}}$ 信号，同时向外设发送 DACK 和 AEN 信号。由地址和 $\overline{\text{MEMR}}$ 所选中的内存单元的数据被送到数据总线上，而由 DACK 和 $\overline{\text{IOW}}$ 选中的外设来接收数据总线上的数据。之后 DMAC 自动修改地址，字节计数器减 1。

(6) DMAC 撤销 HOLD 信号，使系统总线浮空。

(7) CPU 检测到 HOLD 失效后,就撤销 HLDA 信号,在下一个时钟周期收回系统总线控制权,继续执行原来的程序。

由以上过程可以看出,DMA 传送过程的响应时间短,省去了中断管理中 CPU 保护和恢复现场的麻烦,从而减少了 CPU 的开销。DMAC 是一种专门设计的主要用于数据传送的控制器,它免去了 CPU 取指令和分析指令的操作,而只剩下了指令中的执行数据传送的机器周期,且 DMA 存取可在同一机器周期内完成对内存储器和外设的存取操作(CPU 必须在两个机器周期中分别进行)。另外在大数据块的 DMA 传送中,地址修改与计数器减 1都是由硬件直接进行的,因此,DMA 的传送速度大大加快了。

根据 DMA 传送的这些特点,某些速度并不太高但需要频繁存取的场合往往会采用 DMA 传送。这是因为 DMA 传送可省去 CPU 很多工作量,而用来进行必须由 CPU 去完成的其他任务。此外,DMAC 既可以用于内存和外设间的数据传送,还可以实现从内存到内存的块传送功能、信息检索功能等。

## 6.2.5　I/O 通道控制方式

### 1. I/O 通道控制方式的引入

DMA 方式比中断方式已显著地减少了 CPU 的干预,由以字(节)为单位的干预减少到以数据块为单位的干预。但是 CPU 每次发出一条 I/O 指令,也只能读(或写)一个连续的数据块。而当我们需要一次读取多个离散的数据块且将它们分别传送到不同的内存区域,或从内存多个不同的区域读取数据块输出到外设时,则需由 CPU 分别发出多条 I/O 指令及进行多次中断处理才能完成。

由于 DMA 每次只能执行一条 I/O 指令,不能满足复杂的 I/O 操作要求。在大、中型计算机系统中,普遍采用由专用的 I/O 处理机——即具有执行 I/O 指令能力的通道来接受 CPU 的委托,与 CPU 并行独立执行自己的通道程序,以实现 I/O 设备与内存之间的信息交换,这就是通道技术。通道技术可以进一步减少 CPU 的干预,即把对一个数据块为单位的读或写的干预,减少到以一组数据块为单位的读或写控制和管理的干预。这样可实现 CPU、通道和 I/O 设备三者之间的并行工作,从而更有效地提高整个系统的资源利用率和运行速度。

### 2. 通道程序

通道是通过执行通道程序,并与设备控制器共同实现对 I/O 设备的控制。通道程序由一系列的通道指令(或称为通道命令)所构成。通道指令与一般的机器指令不同,每条通道指令中包含的信息较多,有操作码、内存地址、计数(读或写数据的字节数)、通道程序结束位 P 和记录结束标志 R。通道程序是在 CPU 执行 I/O 指令时通过设备管理程序产生并传递给通道的。

### 3. 通道类型

由于外围设备的种类较多,且其传输速率相差很大,所以通道也具有多种类型。根据信息交换方式,可以把通道分成以下三种类型。

(1) 字节多路通道。

在这种通道中,通常都含有较多个(8、16、32)非分配型子通道(一个通道连接多个逻辑设备),每一个子通道连接一台 I/O 设备。这些子通道按时间片轮转方式共享主通道。一个子通道完成一个字节的传送后,立即让出字节多路通道(主通道),给其他子通道使用。

字节多路通道主要用于连接大量的低速或中速设备,如键盘、打印机等。例如数据传输率是 1000B/s,即传送 1 个字节的间隔是 1ms,而通道从设备接收或发送一个字节只需要几百纳秒,因此通道在传送两个字节之间有很多空闲时间,字节多路通道正是利用这个空闲时间为其他设备服务。

(2) 数组选择通道。

这种通道虽然可以连接多台 I/O 设备,但是它只有一个分配型通道(连接多个物理设备,但是只能使用一个逻辑设备),在一段时间内只能执行一道通道程序、控制一台设备进行数据传送,其数据传送是按数组块方式进行的。选择通道类似于一个单道程序的处理器,在一段时间内只允许执行一个设备的通道程序。即当某台设备一旦占用了该通道,就被它独占,直至传送完毕释放该通道为止。可见,它适于连接高速设备(如磁盘机、磁带机),但是这种通道的利用率较低。

(3) 数组多路通道。

数组选择通道虽然有很高的传输速率,但它每次只允许一个设备传输数据。数组多路通道是将数组选择通道传输速率高和字节多路通道分时并行操作的优点相结合,而形成的一种新的通道。当某设备进行数据传送时,通道只为该设备服务;当设备在执行寻址等控制性动作时,通道将暂时断开与该设备的连接,挂起该设备的通道程序,去为其他设备服务,即执行其他设备的通道程序。数组多路通道含有多个非分配型子通道,可以连接多台高、中速的外围设备,其数据传送以数组方式进行,因此,这种通道既具有很高的数据传输速率,又能获得令人满意的通道利用率。

# 6.3 数据传送的物理通路——总线

总线(BUS)是计算机中多个部件之间公用的一组连线,这些部件之间都可以利用总线完成数据的传送。举例说明,总线相当于连接在各个城市间的高速公路,可以通过高速公路从一个城市快速到达另一个城市。在计算机中,各个部件数据传送操作所需要的条件都十分相似,所需要的一些信号甚至是相同的,这就为采用公共连线传送相同的信号创造了条件。例如,都需要地址信号,以确定本部件的操作地址;需要读写信号,以确定读写方向。计算机中的总线一般按传递信号的性质命名,如传输地址信号的地址总线、传输数据信号的数据总线、传输控制信号的控制总线,它们统称为计算机的三大总线。

数据传送的物理
通路——总线.mp4

利用各部件之间互联的总线,可以实现系统所需的各种通信要求。例如,CPU 读存储器数据的操作,就是利用地址总线将地址信号传送到存储器,利用控制总线将 CPU 发出的读控制信号传到存储器,而存储器在操作后,将数据送上数据总线,传送到 CPU。在每一次通信中发送信号的部件称为信息源,接收信息的部件称为信息接收器。在一个由总线连接的许多部件中,可以有多个信息源和信息接收器,它们在不同的时刻扮演不同的角色。但总线上不允许出现两个信息源同时工作的现象，这样势必会引起公用总线上信号电平的混乱。但是，总线上允许多个信息接收器同时工作，可以共同接收某个信息源发出的同一信息。

## 6.3.1 总线分类

### 1. 按数据交换和传输时的组织形式分类

(1) 并行总线。

计算机中的信息一般由多位二进制数码表示。传输这些信息时，可以让它们每一位固定地占用一条信号线，即多条信号线同时传送所有的二进制数位，这种总线就称为并行总线。并行总线内各条连线之间实行有序排列，其序列与信号的序列相同，并实行统一编号。对于一个连接多个部件的总线来说，这样可以防止出错。

并行总线利用多线实现多位信息的一次性传输，虽然可能使系统的结构变得复杂，但是换来了信息的高速传输。这个优点在处理机速度不断提高的今天具有十分重要的意义。并行总线所带来的结构复杂性对于各部件分布距离并不遥远的计算机内部来说是不难解决的。因此，并行总线被大量地用作计算机内部各部件之间的通信连线。

(2) 串行总线。

串行总线是与并行总线相对应的总线类型，它以多位二进制信息共用一条信号线进行传输的方式工作，即只能让信息位按一定的顺序排列，按时间先后依次通过总线。可以看出，要传送 m 位信息，串行方式传输时间至少是并行方式的 m 倍。

串行总线具有结构简单的优点。当所需要连接的部件距离较远时，采用串行总线可以大大降低系统的复杂性和建设费用。

### 2. 按所处位置分类

(1) 片总线(Chip Bus)。

片总线又称元件级总线，这是指一些大规模集成电路内部使用的通信总线。由于它所连接的部件都在一个芯片上，追求高速度是它的主要目标，所以元件级总线都采用并行总线。同时，为了提高速度，克服一组总线上同一时刻只能有一个通信存在所造成的限制，还采取了多总线的措施，使芯片中可以有一个以上的通信同时进行，实现片内多个部件同时并行工作，大大提高了芯片的工作效率。

(2) 内总线(Internal Bus)。

内总线又称系统总线。微型计算机通过系统总线将各部件连接到一起，实现了计算机内部各部件间的信息交换。系统总线在微型计算机中的地位，如同人的神经中枢系统，CPU 通过系统总线对存储器和外设接口进行读写。常见的系统总线标准有 ISA、PCI、PCI-E 等。

(3) 外总线(External Bus)。

外总线是指主机与外部设备以及计算机与计算机之间使用的总线。由于所连接的设备一般都有一定的距离，信号在总线上传播所需要的时间不能忽略不计。如果考虑到同一条线上传送信号的延迟，后一个信号必须在前一个信号消失后才能出现，这就限制了外总线的数据传输速率。根据所连接外部设备的距离远近，可以分别选择并行或串行的数据传输方式。目前在微型计算机上流行的接口标准有：IDE(EIDE/ATA，SATA)、SCSI、USB 和

IEEE 1394 等。前两种主要用于连接硬盘、光驱等外部存储设备，后两种可以用来连接多种外部设备。

**PCI-E 总线标准**

上图的主板插槽从上至下依次为：

PCI-E ×4

PCI-E ×16

PCI-E ×1

PCI-E ×16

传统 32 位 PCI

PCI-E(Peripheral Component Interconnect Express)总线标准 2001 年由 Intel 提出，旨在替代旧的 PCI、PCI-X 和 AGP 总线标准。PCI-E 有许多改进，包括更高的系统总线、最大吞吐量、更少的 I/O 引脚数、更小的物理空间占用和更好的总线设备的性能缩放等。PCI-E 属于高速串行点对点双通道高带宽传输，所连接的设备独享通道带宽。PCI-E 3.0 版本是目前生产的主流个人计算机上可用扩展卡的最新标准。PCI-E 还有多种规格，从 PCI-E ×1 到 PCI-E ×32，能满足不同速度设备的需求。16×3.0 标准最大吞吐量可达 15.8GB/s，而 16×4.0 标准的最大吞吐量可达 31.5GB/s。

### 3. 按结构分类

(1) 单总线。

单总线是指整个计算机系统内使用一条共享总线，其特点是：同一总线实现系统内 CPU 与存储器、I/O 等设备直接联系，具有控制简单、扩充方便等优点。但单总线结构只能分时工作，即同一时刻只能在两个设备之间传送数据，这就使系统总体数据传输的效率和速度受到限制。

(2) 多总线。

多总线是指 CPU 与存储器、I/O 等设备之间有两条(种)或两条(种)以上的总线。现代计算机多采用 I/O 和内存总线分开的多总线结构，以减少总线争用现象，尤其将慢速的设备和快速的设备总线分开，能使系统的工作效率大大提高。

## 6.3.2 三芯片结构和双芯片结构

三芯片结构和双芯片结构的框图如图 6-12 所示。

### 1. 三芯片结构(3-Chip)

在总线控制体系中，传统的管理方式是以北桥、南桥芯片组来进行管理，从 1999 年 Intel i810/815 系列芯片组开始，进一步发展为 CPU + GMCH + ICH 的三芯片结构。

GMCH(Graphics & Memory Controller Hub)相当于原来的北桥，可以认为 GMCH 是融合了图形图像控制功能的内存控制器。GMCH 是主板芯片组中起主导作用的最重要的组成部分，负责与 CPU 的联系并控制内存，以及 AGP 数据在 MCH 内部的传输，提供对

CPU 的类型和主频、系统的前端总线频率、内存的类型(SDRAM、DDR SDRAM 以及 RDRAM 等)和最大容量、AGP 插槽、ECC 纠错等支持。MCH 是主板上离 CPU 最近的芯片,这主要是考虑到 MCH 芯片与处理器之间的通信频繁,为了提高通信性能而缩短传输距离。

ICH(I/O Controller Hub)是 I/O 控制中心,负责连接 PCI 总线、IDE、I/O 等设备,相当于原来的南桥。ICH 的技术发展从 ICH1 发展到 ICH10,发展方向主要是集成更多的功能,例如网卡、RAID、IEEE 1394,甚至 Wi-Fi 无线网络等。

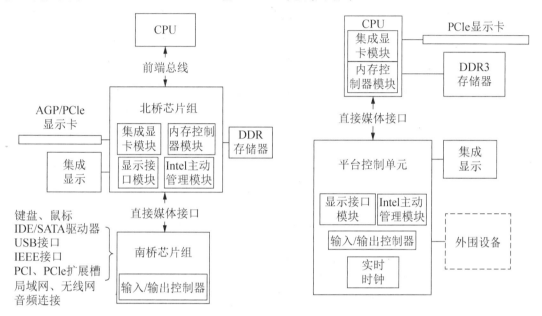

图 6-12 三芯片结构和双芯片结构(图片引自维基百科)

### 2. 双芯片结构(2-Chip)

在 Nehalem 微架构后,CPU 中逐渐整合了 PCI-E 2.0 控制单元和 GFX 图形单元,相当于将原来北桥(GMCH)的大部分功能转移到了 CPU 中,因此 Intel 抛弃了三芯片结构,开始采用新的 CPU + PCH 双芯片结构。PCH(Platform Controller Hub)芯片除了包含原来南桥(ICH)的 I/O 功能外,还整合了以前北桥中的 Display 单元、IME 单元,另外还包括 NVM 控制单元和 Clock Buffers,也就是说,PCH 并不等于以前的南桥,它比以前南桥的功能要复杂得多。

# 6.4 中断技术

## 6.4.1 中断的基本概念

中断是指某事件的发生引起 CPU 暂停当前程序的运行,转去对所发生的事件进行处理,处理结束后又回到原程序被暂停处继续执行。

中断都是通过计算机的事件引起的,能够引发中断的事件被称为中断源。通常,中断源有两类：内部中断和外部中断。由处理机内部产生的中断事件称为内部中断源。常见的内部中断源有计算溢出、指令的单步运行、执行特定的中断指令等。由处理机之外设备产生的中断事件称为外部中断。常见的外部中断源有外设的输入输出请求、定时时间到、电源掉电、设备故障等。内部中断源引发的中断称为内部中断，外部中断源引发的中断称为外部中断。

显然，中断的产生需要特定事件的引发，中断过程的完成需要专门的控制机构。如图 6-13 所示为计算机中实现中断的基本模型，其中的中断控制逻辑和中断优先级控制逻辑构成了中断控制器，它用来控制 CPU 是否响应中断源所提出的中断请求、多个中断事件发生时 CPU 优先响应的对象、如何对中断事件进行处理以及如何退出中断，即它控制了中断方式的整个实现过程。如图 6-14 所示为有中断产生的情况下 CPU 运行程序的轨迹，从程序执行的角度看，中断使 CPU 暂停正在执行的程序，转到中断处理程序上执行，在中断处理程序执行完毕后，又回到被暂停程序的中断断点处继续运行原程序。

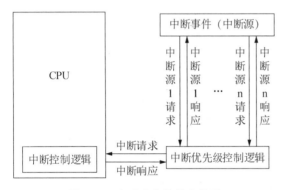

图 6-13　实现中断的基本模型

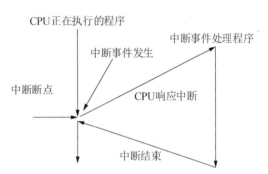

图 6-14　中断情况下 CPU 运行程序的轨迹

## 6.4.2　中断的工作过程

中断的工作过程：中断请求→中断响应→断点保护→中断源识别→中断服务→断点恢复→中断返回。

### 1. 中断请求

当外部中断源希望 CPU 对它服务时，就以产生一个中断请求信号加载到 CPU 中断请求输入引脚的方式通知 CPU，形成对 CPU 的中断请求。

为了使 CPU 能够有效地判定接收到的信号是否为中断请求信号，外部中断源产生的中断请求信号应符合以下有效性规定。

(1) 信号形式应满足 CPU 要求。如 8086/8088CPU 要求非屏蔽中断请求信号(NMI)为上升沿有效，可屏蔽中断请求信号(INTR)为高电平有效。

(2) 中断请求信号应被有效地记录，以便 CPU 能够检测到。

(3) 一旦 CPU 为某中断源的请求提供了服务，则该中断源的请求信号应及时撤销。

后两点规定是为了保证中断请求信号的一次有效性，有许多通用接口芯片或可编程中断控制器都提供了这一保证。

内部中断源以 CPU 内部特定事件的发生或特定指令(如 INT n 指令)的执行作为对 CPU 的中断请求。

CPU 在每条指令执行的最后一个时钟周期对中断请求信号进行检测。

### 2. 中断响应

CPU 对内部中断源提出的中断请求必须接受,而对外部中断源提出的中断请求是否响应取决于外部中断源的类型及响应条件。如 CPU 对非屏蔽中断请求会立即作出反应,而对可屏蔽中断请求则要根据当时的响应条件来决定。不同的微机对可屏蔽中断请求有不同的响应条件,8086/8088 系统的响应条件为:

(1) 当前指令执行结束。

(2) CPU 处于开中断状态(即 IF=1)。

(3) 没有发生复位(RESET)、保持(HOLD)和非屏蔽中断请求(NMI)。

(4) 开中断指令(STI)、中断返回指令(IRET)执行完,需要再执行一条指令,才能响应 INTR 请求。

CPU 接受中断请求称为响应中断,不接受中断请求称为不响应中断。

### 3. 断点保护

一旦 CPU 响应某中断请求,它将为此中断服务,也即将从当前程序跳转到该中断的服务程序。为了在中断处理结束时能正确返回原程序被中断的位置,需要对原程序被中断处的断点信息进行保护。

不同的 CPU 所做的断点保护操作不同。8086/8088 CPU 硬件自动保护的断点信息包括断点地址(断点处的段地址与段内偏移地址)和标志寄存器内容,它通过压栈的方式将断点信息保存在堆栈中,对其他信息的保护则需要通过指令在中断处理程序中完成。例如,要保护 AX 中的内容,则可以使用 PUSH AX 指令将 AX 的内容保存在堆栈中。

### 4. 中断源识别

当系统中有多个中断源时,一旦中断发生,CPU 必须能够确定是哪一个中断源提出了中断请求,以便对其做出相应的服务,这就需要识别中断源。

常用的中断源识别方法有以下两种。

(1) 软件查询法。对于外部中断,该方法在硬件上需要输入接口的支持。一旦中断请求被 CPU 响应,则 CPU 在中断处理程序中读中断请求状态端口,并依次查询外部中断源的中断请求状态,以此确定提出请求的中断源并对其服务。

(2) 中断向量法。该方法是将多个中断源进行编码(该编码称为中断向量),以此编码作为中断识别的标志,在中断源提出请求的同时,由中断源提供此编码供 CPU 识别。在 8086/8088 中断系统中,识别中断源采用的就是中断向量法。CPU 可以根据中断向量进一步找到中断处理程序的入口地址。

### 5. 中断服务

中断服务完成对所识别中断源的功能处理,这是整个中断处理的核心,也是对各种中断源处理的差别所在。完成中断服务即 CPU 执行相应的中断处理程序。由于中断源不同，要求 CPU 对其进行的处理不同，因此中断处理程序的内容和复杂程度也不同。如有的中断处理程序只做简单的 I/O 操作，有的中断处理程序可能要监测控制一条生产线，还有的中断处理程序将完成与其他系统的协调工作。总之，中断处理程序可以完成的任务是多种多样的。

**6. 断点恢复**

中断处理程序执行结束后，应恢复利用指令在中断处理程序中保护的信息，例如，恢复保存在堆栈中的 AX 的内容，则可利用 POP AX 指令。若在中断处理程序开始处，按照一定顺序将多个信息压入堆栈，则在断点恢复时，应按相反的顺序将堆栈中的内容弹出到信息的原存储处。

**7. 中断返回**

中断返回实际上是 CPU 硬件断点保护的相反操作，从堆栈中取出断点信息，使 CPU 能够从中断处理程序返回到原程序继续执行。一般中断返回操作都是通过执行一条中断返回指令来实现的。例如，8086 CPU 中通过 IRET 指令可恢复原程序的断点地址和标志寄存器内容，从而返回原程序继续执行。

## 6.4.3　中断优先级及嵌套

若中断系统中有多个中断源同时提出中断请求，CPU 先响应哪一个呢？中断优先级就是为解决这个问题而提出的。

由于中断源种类繁多、功能各异，所以它们在系统中的地位、重要性不同，它们要求 CPU 为其服务的响应速度也不同。按重要性、速度等指标对中断源进行排队，并给出顺序编号，这样就确定了每个中断源在接受 CPU 服务时的优先等级(即中断优先级)。

在多中断源的中断系统中，解决好中断优先级的控制问题是保证 CPU 能够有序地为各个中断源服务的关键。中断优先级控制逻辑要解决以下几个问题。

(1) 不同优先级的多个中断源同时提出中断请求时，CPU 应首先响应优先级最高的中断源所提出的请求。

(2) CPU 正在对某中断源服务时，如果有优先级更高的中断源提出请求，则 CPU 应对高优先级的中断做出响应，即高优先级的中断请求可以中断低优先级的中断服务。

常用的解决中断优先级控制的方案有：

(1) 软件查询。采用软件识别中断源的方法，以软件查询的顺序确定中断源优先级的高低，即先查询的优先级高，后查询的优先级低。

(2) 硬件菊花链式优先级排队电路。如图 6-9(a)所示，离 CPU 越近，其中断优先级越高。

(3) 硬件优先级编码比较电路。在优先级编码电路中，事先已经对所有输入信号按优先顺序进行了排队。当电路中同时存在两个或两个以上输入信号时，只按照优先级高的输入信号进行编码，优先级低的信号则不起作用。

(4) 利用可编程中断控制器(PIC)。这是目前使用得最广泛、最方便的方法，是 80x86 系统所采用的中断优先级处理方法。

中断控制逻辑可以确保高优先级的中断请求中断低优先级的中断服务，使得 CPU 在对某个中断源服务期间有可能转向对另一个中断源的服务，从而形成中断嵌套。中断嵌套可以保证 CPU 对中断源的响应更及时，可以更加突出中断源之间重要性的差别。

中断嵌套可以在多级上进行，要保证多级嵌套的顺利进行，需要做以下几个方面的工作。

(1) 在中断处理程序中要有开中断指令。大多数微机在响应中断时硬件会自动关中断，因此，中断处理程序是在关中断的情况下运行的。如果需要实现中断嵌套，对于可屏蔽中断而言，一定要在中断处理程序中打开中断。

(2) 要设置足够大的堆栈。中断过程中断点信息都会被保存在堆栈中，随着中断嵌套级数的增加，对堆栈空间的需求也在增加，只有堆栈足够大时，才不会发生堆栈溢出。

(3) 要正确地操作堆栈。在中断处理程序中，设计堆栈的操作要成对进行，即有几次的压栈操作，就应有几次对应的出栈操作，否则会造成返回地址与状态错误。

## 6.4.4　8259A 中断控制器简介

中断控制器的功能是在有多个中断源的系统中，接收外部中断请求，并进行判断，选中当前优先级最高的中断请求，再将此请求送到 CPU 的 INTR 端；当 CPU 响应中断并进入中断子程序的处理过程后，中断控制器仍负责对外部中断请求的管理。

8259A 是一种功能强大、使用方便灵活的可编程中断控制器，它可以直接与 Intel 8086/8088 CPU 相连而不需要附加其他逻辑电路；它可实现 8 级矢量优先中断，并可扩展至 64 级矢量优先中断而不需要附加逻辑。它为用户构建强大的中断系统提供了有力的支持。

8259A 具有很强的可编程功能，在了解其编程功能之前，首先需要了解其各种功能的含义和用途。

### 1. 8259A 引脚介绍

8259A 是 28 引脚封装的 NMOS 集成芯片，如图 6-15 所示。

各引脚功能如下。

- $D_7 \sim D_0$：双向数据线，与系统数据总线相连，用于接收 CPU 发来的命令字，以及为 CPU 提供中断向量码与内部寄存器状态。
- $A_0$：地址输入线，与系统地址总线中某位相连，用来选择 8259A 内部寄存器。
- $\overline{CS}$：片选输入信号，由系统中地址译码器控制，低电平有效。
- $\overline{WR}$、$\overline{RD}$：写和读控制信号，与系统控制总线中的 $\overline{IOW}$(外设写)和 $\overline{IOR}$(外设读)信号相连。
- INT：中断请求输出信号，可接入 CPU 的 INTR 引脚。
- $\overline{INTA}$：中断响应输入信号，接收 CPU 送出的 $\overline{INTA}$ 信号。

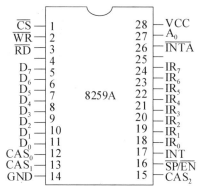

图 6-15　8259A 的外部引脚

- $CAS_0 \sim CAS_2$：级联地址，在 8259A 级联时使用。主控 8259A 从 $CAS_0 \sim CAS_2$ 输出级联地址，从属 8259A 从 $CAS_0 \sim CAS_2$ 接收级联地址。

- $\overline{SP} \sim \overline{EN}$：双功能线。8259A 工作在缓冲方式时，该引脚输出低电平控制信号，用来控制系统总线与 8259A 数据引脚之间的数据缓冲器，使中断向量码能在第 2 个 $\overline{INTA}$ 周期正常从 8259A 输出。8259A 工作在级联方式时，该引脚为输入，$\overline{SP} = 1$ 时，设定 8259A 为主控器；$\overline{SP} = 0$ 时，设定 8259A 为从属部件。

- $IR_0 \sim IR_7$：中断请求输入端，接收可屏蔽中断源的请求信号，信号形式可以是上升沿，也可以是高电平。

### 2. 8259A 内部结构

8259A 内部结构如图 6-16 所示，它的工作过程如下。

(1) 中断请求输入端 $IR_0 \sim IR_7$ 接收外部中断源的请求信号。

(2) 外部中断源的请求状态锁存在中断请求寄存器 IRR(8 位)的相应位(即置 1)，并与中断屏蔽寄存器 IMR(8 位)相与，送给优先级判决电路。

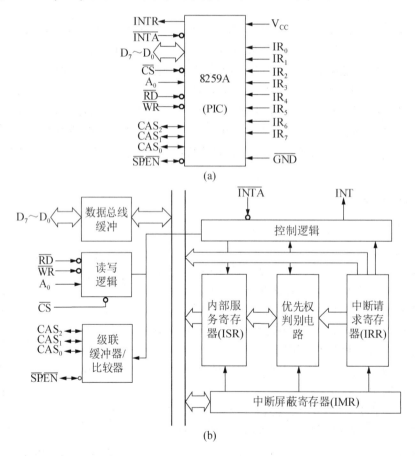

图 6-16　8259A 的引脚和内部结构图

(3) 优先级判决电路从提出请求的中断源(记录在 IRR 中)中，检测出优先级最高的中断请求位，将其与在内部服务寄存器 ISR(8 位)中记录的正在被 CPU 服务的中断源进行优先级比较,只有当提出请求服务的中断源优先级高于正在服务的中断源优先级,优先级判别电路才向控制电路发出中断请求有效信号。

(4) 控制电路接收到中断请求有效信号后,向 CPU 输出 INT 信号。

(5) CPU 接收 INT 信号,在中断允许(IF=1)的情况下,发出 $\overline{INTA}$ 响应信号。

(6) 8259A 接收 $\overline{INTA}$ 信号,在第一个 INTA 周期,先设置 ISR 的相应位,并恢复 IRR 的相应位,之后,主控 8259A 送出级联地址 $CAS_0 \sim CAS_2$,并加载至从属 8259A 上。

(7) 单独使用的 8259A 或由 $CAS_0 \sim CAS_2$ 选择的从属 8259A,在第二个 INTA 周期,将中断向量码输出至数据总线。

(8) CPU 读取中断向量码,转移到相应的中断处理程序。

(9) 中断结束时,通过在中断处理程序中向 8259A 送一条 EOI(中断结束)命令,使 ISR 相应位复位;或 8259A 选择自动结束中断方式时,由 8259A 在第二个 $\overline{INTA}$ 信号的后沿自动将 ISR 相应位复位。

### 3. 8259A 工作方式

8259A 的多种工作方式使它具有较强的适应性和较长的生命力。

(1) 中断结束方式。

8259A 中的内部服务寄存器(ISR)用来记录哪一个中断源正在被 CPU 服务,当中断结束时,应恢复 ISR 的相应位,以清除其正在被服务的记录。8259A 有两种中断结束方式:非自动结束方式和自动结束方式。

① 非自动结束方式。

非自动结束方式利用在中断处理程序中设置一条 EOI(中断结束)命令,来清除 8259A 中 ISR 的相应位。EOI 命令是通过 CPU 将相关信息写入 8259A 的操作命令字 $OCW_2$ 而产生的。

EOI 命令有两种形式:

一般中断结束命令(EOI)。该命令对正在服务的中断源的 ISR 复位。例如,当 CPU 响应 $IR_3$ 引脚上的中断源请求时,在第一个 INTA 周期,$IR_3$ 被复位,表示 $IR_3$ 正在被 CPU 服务。在 $IR_3$ 的中断处理程序中编写一条一般 EOI 命令(通常放置在中断返回指令之前),执行该命令,则当前正在被服务的中断源在 8259A 中的记录被清除,即 $IR_3$ 被清零,表示现在 8259A 中已没有 $IR_3$ 正在被 CPU 服务的标记。

特殊中断结束命令(SEOI)。该命令对指定中断源的 ISR 复位。例如,CPU 正在执行 $IR_3$ 的中断处理程序,此时 ISR 中有 $IR_3=1$、$IR_5=1$,则在 $IR_3$ 的中断处理程序中可以利用 EOI 命令清除 $IR_3$,也可以利用 SEOI 命令指定清除 $IR_5$。

② 自动结束方式。

这种方式不需要 EOI 命令,8259A 在第 2 个 $\overline{INTA}$ 信号的后沿自动执行 EOI 操作。这种方式尽管不需要 EOI 命令,但是在中断服务过程中,ISR 相应位已复位,所以有可能响应优先级更低的中断。

(2) 缓冲方式。

缓冲方式用来指定系统总线与 8259A 数据总线之间是否需要进行缓冲。

非缓冲方式:在指定为非缓冲方式时,$\overline{SP}/\overline{EN}$ 为输入,用来识别 8259A 是主控制器还是从属控制器。

缓冲方式：在指定为缓冲方式(有数据缓冲器)时，$\overline{SP}/\overline{EN}$ 为输出，当 8259A 输出中断向量码时，该端为低电平。$\overline{EN}$ 为低是表示 8259A 输出中断向量码的信号，它被用于 CPU 等待信号产生及数据总线缓冲器的控制中。

(3) 嵌套方式。

嵌套方式用于 8259A 进行优先级控制，它有两种形式：

① 一般嵌套方式。一般嵌套规定：从 $IR_j$ 输入端接受一次中断请求之后，在 EOI 命令使 $ISR_j$ 复位之前，$IR_j$ 拒绝接受它的新中断请求，同时 8259A 还自动屏蔽比 $IR_j$ 优先级低的中断源请求。这是通常采用的优先级控制原则，即高优先级中断能够中断低优先级中断，低优先级中断不能中断高优先级中断，同等优先级中断不能相互中断。这种方式一般用在单片使用的 8259A 或级联方式下的从属 8259A 上。

② 特殊全嵌套方式。在 8259A 以级联方式工作时，要求主控制器 8259A 在对一个从属控制器 8259A 来的中断进行服务的过程中，还能够对同一个从属控制器上另外的 IR 输入端来的中断请求进行服务。特殊全嵌套方式就是为实现这种多重中断而专门设置的。它与一般嵌套方式的唯一区别在于，它允许某中断可以中断与它有相同优先级的另一个中断服务。这种方式一般用在级联方式下的主控制器 8259A 上。

(4) 屏蔽方式。

屏蔽方式也是用于 8259A 进行优先级控制的，它有两种形式：

① 一般屏蔽方式。正常情况下，当 IR 端中断请求被响应时，8259A 自动禁止同级及更低优先级的中断请求，这就是一般屏蔽方式。这种方式有可能使某些优先级较低的中断长时间得不到服务。

② 特殊屏蔽方式。特殊屏蔽方式解除了对低级中断的屏蔽，在这种方式中，除了由 ISR 设置的位和由 IMR 屏蔽的位表示的中断外，其他级别的中断都有机会得到响应。

(5) 优先级规定。

8259A 在进行优先级控制时，是以每个中断优先级的高低为依据的。它通过对操作命令字 $OCW_2$ 的设置，对所管理的 8 个中断源的优先顺序做出两种规定。

① 固定优先级。8259A 的 8 个中断源中，$IR_0$ 优先级最高，$IR_1$ 优先级次之，依次排列，直到 $IR_7$ 优先级最低。该顺序固定不变。

② 循环优先级。8259A 将中断源 $IR_0 \sim IR_7$ 按下标序号顺序构成一个环(即中断源顺序环)，优先级顺序将依此环规定，有两种规定方法：

自动循环优先级。该方法规定刚被服务过的中断源具有最低优先级，其他中断源优先顺序依中断源顺序环确定。例如，CPU 对 $IR_2$ 中断的服务刚结束时，8259A 的 8 个中断源优先顺序由高到低为 $IR_3$，$IR_4$，$IR_5$，$IR_6$，$IR_7$，$IR_0$，$IR_1$，$IR_2$。

指定循环优先级。该方法规定在 $OCW_2$ 中指定的中断源具有最低优先级，其他中断源优先顺序依中断源顺序环确定。例如，CPU 在对 $IR_2$ 中断服务过程中，通过指令在 $OCW_2$ 中指定 $IR_3$ 具有最低优先级，则 $IR_2$ 中断服务结束时，8259A 的 8 个中断源优先顺序由高到低为 $IR_4$，$IR_5$，$IR_6$，$IR_7$，$IR_0$，$IR_1$，$IR_2$，$IR_3$。

循环优先级控制使 8259A 在中断控制过程中可以灵活地改变各中断源的优先顺序，使每个中断源都有机会得到及时服务。

## 4. 命令字

8259A 的工作是依据其命令进行的，在 8259A 工作之前以及工作过程中，都需要由 CPU 给 8259A 加载适当的命令，使其完成规定的控制功能。

8259A 有 7 个命令字(包括 4 个初始化命令字 ICW，3 个操作命令字 OCW)，利用两个 I/O 地址，CPU 可以将它们分别写入 7 个命令字寄存器。

(1) 初始化命令字。

初始化命令字用于初始设定 8259A 的工作状态。

① $ICW_1$。规定 8259A 的连接方式(单片或级联)与中断源请求信号的有效形式(边沿或电平触发)。命令字格式如图 6-17 所示，利用 $A_0=0$，$D_4=1$ 寻址。

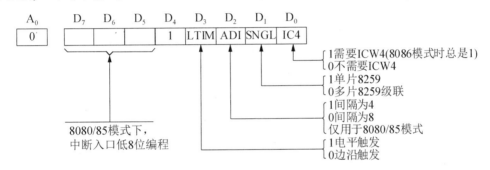

图 6-17　$ICW_1$ 格式

② $ICW_2$。提供 8 个中断源的中断向量码，其低 3 位由 8259A 用中断源序号填写。命令字格式如图 6-18 所示，利用 $A_0=1$ 及初始化顺序寻址。

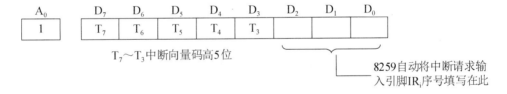

图 6-18　$ICW_2$ 格式

③ $ICW_3$。用于多片 8259A 级联。主控 8259A 的 $ICW_3$ 内容表示 8259A 的级联结构，从属 8259A 的 $ICW_3$ 低 3 位提供与级联地址比较的识别地址。命令字格式如图 6-19 所示，利用 $A_0=1$，$SNGL=1$(在 $ICW_1$ 中)以及初始化顺序寻址。

④ $ICW_4$。选择 8259A 的工作方式(EOI 方式、缓冲方式及嵌套方式)。在 8086/8088 系统中，必须有 $ICW_4$，必须设置 $PM=1$。命令字格式如图 6-20 所示，利用 $A_0=1$，$ICW_4=1$(在 $ICW_1$ 中)以及初始化顺序寻址。

(2) 操作命令字。

操作命令字可以在 8259A 工作过程中随时写入操作命令字寄存器，以便灵活改变 8259A 的某些功能。

① $OCW_1$。它是对 8259A 的中断源设置屏蔽操作，实际上是对中断屏蔽寄存器 IMR 进行设置与清除的命令。命令字格式如图 6-21 所示，利用在 8259A 工作工程中 $A_0=1$ 寻

址。对 IMR 可以进行写入操作，也可以进行读出操作。

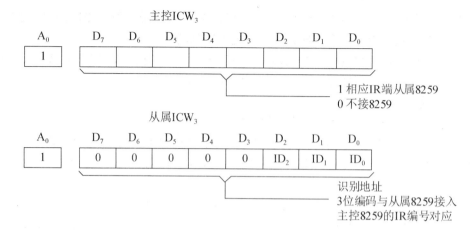

图 6-19　ICW$_3$ 格式

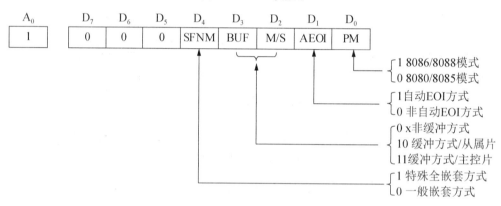

图 6-20　ICW$_4$ 格式

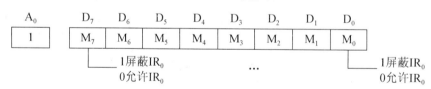

图 6-21　OCW$_1$ 格式

② OCW$_2$。它用来提供 EOI 命令及确定中断源优先级顺序。命令字格式如图 6-22 所示，利用 A$_0$=0，D$_4$=D$_3$=0 寻址。

③ OCW$_3$。设置 8259A 屏蔽方式及确定可读出寄存器(IRR、ISR 或 8259A 的当前中断状态)。命令字格式如图 6-23 所示，利用 A$_0$=0，D$_4$=0，D$_3$=1 寻址。

### 5. 中断实例

根据如图 6-24 所示电路实现 20ms 一次的定时中断，以建立时、分、秒电子钟的功能。

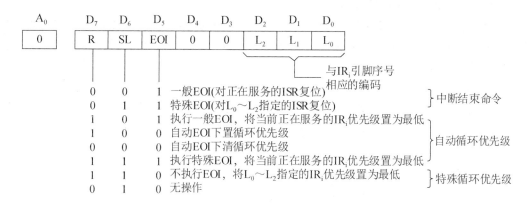

图 6-22　OCW$_2$ 格式

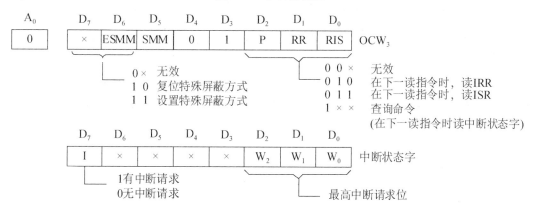

图 6-23　OCW$_3$ 格式

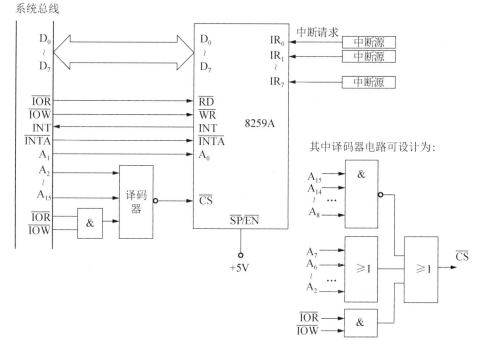

图 6-24　8259A 在系统中的连接

分析：利用定时器产生周期为 20ms 的方波，并加载到 $IR_0$ 端。首先初始化 8259A，再初始化中断向量表，最后在中断发生时，执行中断处理程序，即可实现利用定时中断建立时、分、秒电子钟的功能。

(1) 初始化 8259A。

假设 8259A 所占用的 I/O 地址为 FF00H 和 FF02H，初始化程序如下：

```
MOV  DX, 0FF00H    ;8259A 的地址 A₀=0
MOV  AL, 13H       ;写 ICW₁，边沿触发，单片，需要 ICW₄
OUT  DX, AL
MOV  DX, 0FF02H    ;8259A 的地址 A₀=1
MOV  AL, 48H       ;写 ICW₂，设置中断向量码
OUT  DX, AL
MOV  AL, 03H       ;写 ICW₄，8086/8088 模式，自动 EOI，非缓冲，一般嵌套
OUT  DX, AL
MOV  AL, 0E0H      ;写 OCW₁，屏蔽 IR₅、IR₆、IR₇(假定这 3 个中断输入未用)
OUT  DX, AL
```

利用程序可以读出 8259A 内部寄存器的内容。下面的一段程序实现将 00H 与 FFH 分别写入 IMR，并将其读出比较，以判断 8259A 的中断屏蔽寄存器 IMR 工作是否正常，当不正常时转到 IMRERR。

```
MOV  DX, 0FF02H
MOV  AL, 0
OUT  DX, AL        ;写 OCW₁，将 00H 写入 IMR
IN   AL, DX        ;读 IMR
OR   AL, AL        ;判断 IMR 内容为 00H 否
JNZ  IMRERR
MOV  AL, 0FFH
OUT  DX, AL
IN   AL, DX
ADD  AL, DX
JNZ  IMRERR
```

CPU 对 8259A 的 IMR 读出时，可利用 I/O 地址直接寻址，而要读出 ISR、IRR 或中断状态寄存器时，则需要先设置命令字 OCW₃。CPU 读出 ISR 内容的一段程序如下：

```
MOV  DX, 0FF00H    ;8259A 的地址 A₀=0
MOV  AL, 0BH
OUT  DX, AL        ;写 OCW₃
IN   AL, DX        ;读出 ISR 内容放在 AL 中
```

(2) 初始化中断向量表。

假定某中断源的中断向量码已由上述初始化程序确定为 48H，该中断源的中断处理程序放置在内存地址标号为 CLOCK 开始的存储区域中，则在该中断发生前，应采取下述方法对中断向量表进行设置。

① 直接写中断向量表。利用写指令，直接将中断处理程序的首地址写入内存地址为 4*n 的区域中。程序如下：

```
MOV AX, 0
MOV DS, AX              ;将内存段设置在最低端
MOV SI, 0120H           ;n=48H, 4*n=120H
MOV AX, OFFSET CLOCK    ;获取中断处理程序首地址的段内偏移地址
MOV [SI], AX            ;段内偏移地址写入中断向量表 4*n 地址处
MOV AX, SEG CLOCK       ;获取中断处理程序首地址的段地址
MOV [SI+2], AX          ;段地址写入中断向量表 4*n+2 地址处
```

② 利用 DOS 功能调用。如果系统运行在 DOS 环境下，可利用 DOS 功能调用设置中断向量表，调用格式为：

```
功能号 25H→AH
中断向量码→AL
中断处理程序首地址的段地址：偏移地址→DS：DX
INT 21H
```

程序如下：

```
MOV AH, 25H
MOV AL, 48H
MOV DX, SEG CLOCK
MOV DS, DX
MOV DX, OFFSET  CLOCK
INT 21H
```

(3) 中断处理程序。

中断处理程序用来实现 CPU 对中断源的实质性服务，它一般由断点保护、中断源识别、中断服务、断点恢复、中断返回几部分构成。在 8086/8088 系统中，中断源识别已在中断响应过程中完成，所以，中断处理程序中不需要做中断源识别。但由于 8086/8088 中断系统有其特殊的地方，如各类中断源受中断允许标志位 IF 影响不同，可屏蔽中断 INTR 需要中断控制器管理等，所以，在中断处理程序中需要进行相应的处理。

```
CLOCK   PROC    FAR
        PUSH    AX
        PUSH    SI
        MOV AX, SEG  TIMER
        MOV DS, AX
        MOV SI, OFFSET  TIMER
        MOV AL, [SI]            ;取 50 次计数
        INC     AL
        MOV [SI], AL
        CMP     AL, 50         ;判断 1 秒到否
        JNE     TREND
        MOV AL, 0
        MOV [SI], AL
        MOV AL, [SI+1]         ;取 60s 计数
        ADD     AL, 1
        DAA
        MOV [SI+1], AL
        CMP     AL, 60H        ;判断 1 分到否
        JNE     TREND
```

```
            MOV AL, 0
            MOV [SI+1], AL
            MOV AL, [SI+2]              ;取60分计数
            ADD     AL, 1
            DAA
            MOV [SI+2], AL
            CMP     AL, 60H            ;判断1小时到否
            JNE     TREND
            MOV AL, 0
            MOV [SI+2], AL
            MOV AL, [SI+3]              ;取小时计数
            ADD     AL, 1
            DAA
            MOV [SI+3], AL
            CMP     AL, 24H            ; 判断24小时到否
            JNE     TREND
            MOV AL, 0
            MOV [SI+3], AL
    TREND:  POP SI
            POP     AX
            STI
            IRET
            ENDP
```

在实际工程应用中应该注意避免产生人为错误。本例中，由于系统数据总线只有8位，所以读出时间时必须分三次读出秒、分、时。如果在特定时间(如 3:59:59)读出秒和分后，未来得及读出小时信息而发生中断，会造成小时信息错误。如果在秒读出后发生中断，可能造成分误差。尽管出错的概率很小，但必须防止。

防止错误的方法有两种：一种是读时间前关中断，读完之后再开中断；另一种是连续读两次时间，如果两次读出时间一致则认为正确。否则，继续读取时间，直到连续两次读出的时间一致为止。

# 本 章 小 结

(1) CPU 与 I/O 接口之间的常用数据传送方式包括无条件传送方式、软件查询传送方式、中断传送方式、DMA 传送方式、I/O 通道控制方式等。

(2) 中断方式是常见数据传送方式，包括中断请求、中断响应、中断服务、中断返回等过程。中断控制器负责对外部中断请求的管理及优先级排队。

# 复习思考题

## 一、单项选择题

1. 在 PC 的各类总线中，总线宽度为 16 位的是_____。

    A. EISA           B. USB           C. ISA           D. PCI

2. 支持多个主设备与中断请求，并支持即插即用功能的总线是_____。

　　A. EISA　　　　　　B. USB　　　　　　C. ISA　　　　　　D. PCI

3. 总线每秒钟能传送数据的次数，称为_____。

　　A. 数据传输率　　　B. 总线频率　　　　C. 总线周期　　　　D. 总线效率

4. ISA 总线地址线为_____。

　　A. 16 位　　　　　　B. 20 位　　　　　　C. 24 位　　　　　　D. 32 位

5. PCI 总线宽度和电压为_____。

　　A. 32 位(5V)　　　B. 64 位(5V)　　　C. 32 位(3V)　　　D. 64 位(3V)

6. PCI 总线时钟频率可以达到_____。

　　A. 66MHz　　　　　B. 33MHz　　　　　C. 150 MHz　　　　D. 133MHz

7. 显示卡与主板连接的总线类型主要有_____。

　　A. PCI　　　　　　　　　　　　　　　B. AGP

　　C. AGP 和 PCI Express　　　　　　　　D. PCI Express

8. 从信息流的传送效率来看，_____工作效率最低。

　　A. 三总线系统　　　B. 单总线系统　　　C. 双总线系统　　　D. 多总线系统

9. CPU 读/写控制信号的作用是_____。

　　A. 决定数据总线上的数据流方向　　　B. 控制存储器操作(R/W)的类型

　　C. 控制流入、流出存储器信息的方向　　D. 以上任一作用

10. 8086 / 8088 微处理器的地址总线、数据总线和控制总线等是_____。

　　A. 片总线　　　　　　B. 内总线　　　　　C. 外总线　　　　　D. 地址总线

11. 在并行 I/O 标准接口 SCSI 中，一个主适配器可以连接_____台具有 SCSI 接口的
设备。

　　A. 6　　　　　　　　B. 7～15　　　　　　C. 8　　　　　　　　D. 10

12. 为了使设备相对独立，磁盘控制器的功能全部转到设备中，主机与设备间应采用
_____接口。

　　A. SCSI　　　　　　B. 专用　　　　　　C. ESDI　　　　　　D. 存储器

13. 下述 I/O 控制方式中，主要由程序实现的是_____。

　　A. PPU(外围处理机)方式　　　　　　　B. 中断方式

　　C. DMA 方式　　　　　　　　　　　　D. 通道方式

14. 中断向量地址是_____。

　　A. 子程序入口地址　　　　　　　　　B. 中断服务例行程序入口地址

　　C. 中断服务例行程序入口地址的地址　　D. 主程序返回地址

15. 在 DMA 传送方式中，对数据传递过程进行控制的硬件称为_____。

　　A. 数据传递控制器　　　　　　　　　B. 直接存储器

　　C. DMAC　　　　　　　　　　　　　D. DMAT

**二、简答题**

1. 计算机传送的数据类型有哪三种？

2. 什么是无条件传送方式？

3. 查询方式的执行过程是什么？

4. 简述系统总线、AGP 总线、PCI 总线及 ISA 总线的作用。

5. 一般总线标准包括哪些内容？

6. 描述外设进行 DMA 操作的过程及 DMA 方式的主要优点。

7. 比较选择型 DMA 控制器与多路型 DMA 控制器。

8. 请简述中断的工作过程。

计算机中的数据传送方式.pptx

# 第 7 章 可编程定时器/计数器 8253

**学习要点**

1. 了解定时器/计数器的基本原理。
2. 了解 8253 的内部结构和编程原则。
3. 掌握 8253 的工作模式。
4. 了解 8253 的基本应用。

## 核心概念

定时器 计数器 8253 8253 的基本工作模式

## 案例导学

定时器和计数器在计算机系统中，尤其是工业控制系统中有着重要作用。定时器和计数器的差别仅限于用途不同。定时器从本质上来讲其实就是一个计数器，每收到一个脉冲，计数器就会加 1 或减 1，如果脉冲的周期固定，那么脉冲数和时间成正比，这样就可以根据脉冲的固定周期将定时器作为计数器使用。例如单片机系统里的晶振产生的脉冲，就是一个周期固定的脉冲，根据脉冲的数量就可以计算时间；如果脉冲信号是无规律的，那么这个脉冲信号理想状况下可以作为一个计数器。

# 7.1 概　　述

## 7.1.1 定时/计数系统

在微型计算机及其应用系统中都需要定时/计数信号，以进行准确的定时、延时和计数控制。例如，要产生实时时钟信号以实现计数功能，定时对内存进行刷新，对外部事件进行计数及统计外部事件发生的次数，向外设提供并定时周期性地输出控制信号。在计算机实时控制与处理系统中，要进行定时采样和处理等，就需要解决定时/计数问题。

**定时器计数器概述.mp4**

微机系统中的定时/计数信号可分为两类：一类是微机本身运行的定时信号，称之为内部定时信号，计算机的每一种操作都在精确的定时信号控制下按照严格的时间节拍执行。计算机内部定时信号已在计算机设计时由其硬件结构确定，它们与 CPU 的时钟信号有着固定的时序关系，在运行中无法更改；另一类定时/计数信号是外部设备实现某种功能时，在计算机与外设之间或者外设与外设之间的时间同步信号，称之为外部定时信号。由于外部设备完成的任务不同、内部结构不同、功能差异很大，所需要的外部定时信号也就各不相同，不可能有统一模式，因此需要用户根据被控对象的实际情况自行设定。本章重点讨论外部定时信号的控制技术。

微机系统中定时/计数的主要功能作用包括：

- 动态存储器的定时刷新。
- 系统时钟计时。
- 喇叭声源。
- 计算机实时控制和处理。
- 多任务的分时系统中作为中断信号实现程序的切换。
- 输出精确的定时信号。
- 作为波特率发生器。
- 实现延迟。

## 7.1.2 定时/计数信号的产生方法

通常有两种方法可用来产生定时/计数信号：软件定时和硬件定时，硬件定时信号又可以由固定硬件定时产生和可编程的硬件定时产生。

### 1. 软件定时

软件定时是最简单的定时方法。实现软件定时的方法就是由 CPU 调用一个具有固定时延的延时函数或子程序。由于延时程序中每条指令的执行时间是确定的，它所包含的时钟周期数也是固定的、已知的，将子程序中所有指令的时钟周期数量相加后再乘以时钟周期，就得到该子程序执行一次所产生的延时时间。每次当函数或子程序执行完毕就可以产生定时信号，C 语言中的 Delay()函数就有这一作用。考虑到系统的运行效率，软件定时的时延都比较短，当需要大的时延时，可以通过延时程序的循环执行来获得不同时延的定时信号。

软件定时的优点是无须占用硬件资源，编程简单；缺点是占用 CPU 的时间，CPU 利用率低。长时间的软件定时也会导致系统实时性差。软件定时只适用于短时间的延时、系统实时性要求不高和硬件资源缺乏的场合。

### 2. 硬件定时

硬件定时就是用专门的定时电路产生定时或延时信号。硬件定时在具体实现时通常有几种方法：一种是用定时时间固定的单稳态电路来产生定时信号，定时的时间由外接电阻和电容的参数(阻值和电容量)决定。555 型定时/计数芯片就是这种方法中最常用的电路芯片。这种方法的优点是硬件电路结构简单、价格便宜，通过改变阻容元件的参数可以在一定范围内改变定时的间隔。但是一旦电路硬件确定并连接好后，其定时时间和范围是固定的，不能通过程序来控制或改变，即是不可编程的，特别是很难达到高精度的定时，而且在长时间的使用中会发生漂移现象。

另一种硬件定时方法是使用固定的硬件定时器。硬件定时器使用计数器电路实现，这种定时器在硬件连接完成以后，定时值及定时范围是固定的，不能由软件来控制和改变。

其特点是电路简单，但灵活性较差。该计数器能够接收外部的时钟脉冲信号，实现加一或减一计数。计数的初值由电路设置，用于决定定时时间的长短。当计数脉冲的频率和计数初值确定以后，定时器的定时值也相应确定。定时值 T 与计数脉冲数 N 成正比，与计数脉冲的频率值 F 成反比，即 T=N/F。当设定的定时时间到时，由定时电路产生定时结束信号，指示定时时间已到。

随着大规模集成电路技术的发展和广泛应用，现在大多都使用可编程定时器/计数器来实现定时或延时。这种定时器的硬件电路中含有用于设置计数器计数初值的电路及其他控制电路，CPU 可通过程序来访问计数器，并能很容易地用软件来确定和改变定时器约定的初值以及工作模式等。因此具有功能强、使用灵活的特点。这种方法的最大优点是：计数器不占用 CPU 时间，大大提高了系统的运行效率。此外，它的定时时间和范围完全由软件来确定和改变，使用灵活方便，计数是对精确的系统时钟计数，所以定时准确。因此，该方法在实际中获得了广泛应用，在微型计算机系统中，定时器/计数器已经成为一个必备的接口部件。

## 7.2　可编程定时器/计数器的原理

可编程定时器/计数器利用专门的定时器/计数器硬件电路(其核心是一个减 1 计数器)并通过软件来确定不同模式的定时和计数功能，以满足 CPU 和外部设备所需的定时或延时要求。其基本原理是：首先根据定时要求通过编程向定时器/计数器预置一个定时常数，然后用指令启动定时器/计数器进行减 1 计数，计数速率由系统时钟或某一固定频率的时钟脉冲控制，当计数器计到“0”或某个指定值时，自动输出一个计数完毕信号，即定时信号。计数器一旦启动后，CPU 可以去执行别的任务，待计数结束时会自动产生一个输

可编程定时器/计数器
的工作原理.mp4

出信号，该信号可以用来作为定时器/计数器向 CPU 所提出的中断申请信号，通知 CPU 定时时间到，要求 CPU 作相应的中断处理，也可以直接作为外设的控制信号或时序信号。

### 7.2.1　可编程定时器/计数器内部结构

可编程定时器/计数器内部一般包含 4 个寄存器和 1 个计数执行单元，每个寄存器对应一个端口，均可以被 CPU 访问，如图 7-1 所示。

4 个寄存器包括：

- 控制寄存器。控制计数器的工作模式。
- 初值寄存器。保存计数初值。
- 计数输出寄存器。保存每次的计数结果。
- 状态寄存器。记录计数器的工作状态。

计数执行单元是一个减 1 计数器，计数的初值是初值寄存器的内容，它只对 CLK 脉冲计数，一旦计数器被启动后，每出现一个 CLK 脉冲，计数执行单元中的计数值即减 1。当减为零时，通过 OUT 端输出指示信号，表明计数执行单元已为零。显然，当 CLK 是一

个周期性时钟信号时，计数器起定时功能；当 CLK 是一个非周期性事件计数信号时，此时起计数器功能。

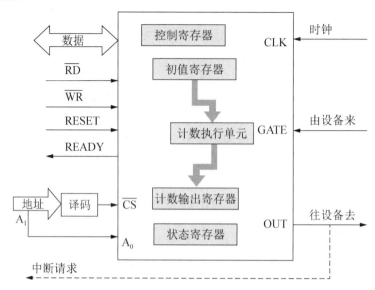

图 7-1 可编程计数器/定时器的工作原理

计数输出寄存器通常跟随计数执行单元的内容而变化，当接收到 CPU 发来的读计数值命令时，就锁定当前的计数值而不跟随计数执行单元变化，直到 CPU 从中读出计数值后，才恢复到跟随计数执行单元变化的状态，从而避免了 CPU 直接读取计数执行单元而干扰计数工作。

控制寄存器用来控制定时器/计数器的工作模式，即控制 CLK 脉冲和 GATE 门控信号适当配合 OUT 端的输出。当计数结果为 0 时，一方面会通过 OUT 引脚产生输出，为中断工作模式提供条件；另一方面会设置状态寄存器的对应位，为查询工作模式提供条件。

可编程定时器/计数器的功能体现在两方面：一是作为计数器；二是作为定时器。这两种情况就其内部工作过程来说，没有本质区别，都是基于计数器的减 1 计数，当按照设置的计数初值(定时常数)计数到 0 时，输出定时信号。两者的差别有两点：①作为计数器时，计数到“0”，输出一个计数信号，计数便结束。若还要继续计数(即继续输出计数信号)，必须重新设置计数初值，重新启动计数器工作；而作为定时器时，当计数到“0”，输出一个定时信号后，又自动按照设置的初值从头开始计数。所以，可以连续不断地输出定时信号，输出信号的频率与计数脉冲频率是倍数关系；②当作计数器时，计数脉冲可以是系统时钟，也可以是外部事件，每发生一个外部事件，就产生一个计数脉冲，即计数是对外部事件计数；而作为定时器，通常计数是对系统时钟或某个具有连续周期性的时钟脉冲计数，是连续均匀的计数脉冲。

## 7.2.2　8253 的内部结构和引脚信号

### 1. 8253 的内部逻辑结构

可编程定时器/计数器 8253 的内部逻辑结构如图 7-2 所示，其内部由数据总线缓冲器、读/写控制电路、控制寄存器和 3 个结构完全相同的计数器(计数器 0、计数器 1、计数器 2)共 6 个部分组成。

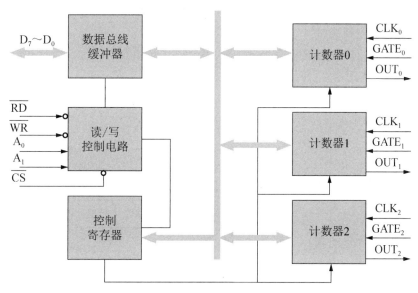

图 7-2　8253 的内部逻辑结构示意图

(1) 数据总线缓冲器：数据总线缓冲器是一个 8 位双向、三态缓冲寄存器，用于将 8253 与 CPU 数据总线相连。CPU 用输入、输出指令对 8253 进行读写操作的信息，都要经过数据总线缓冲器写入 8253 或从 8253 读取，这些信息包括：

● 用于确立 8253 工作模式的命令(即控制字)。

● 向 8253 某个计数初值寄存器写入的计数初值。

● 从某一计数器读出当前计数值。

(2) 读/写控制电路：读写控制电路接收 CPU 发送的读 $\overline{RD}$ 、写 $\overline{WR}$ 、片选 $\overline{CS}$ 信号及端口选择信号 $A_1A_0$，形成控制信号，对 8253 内的各部件进行控制，实现对 8253 的读写操作。$\overline{RD}$ 、$\overline{WR}$ 、$\overline{CS}$ 及 $A_1A_0$ 信号组合出的控制功能见表 7-1。

表 7-1　8253 控制功能表

| $\overline{CS}$ | $\overline{RD}$ | $\overline{WR}$ | $A_1A_0$ | 功　能 |
|---|---|---|---|---|
| 0 | 1 | 0 | 0 0 | 对计数器 0 写入初值 |
| 0 | 1 | 0 | 0 1 | 对计数器 1 写入初值 |
| 0 | 1 | 0 | 1 0 | 对计数器 2 写入初值 |
| 0 | 1 | 0 | 1 1 | 设置控制字或者给一个命令 |
| 0 | 0 | 1 | 0 0 | 从计数器 0 读出计数值 |
| 0 | 0 | 1 | 0 1 | 从计数器 1 读出计数值 |
| 0 | 0 | 1 | 1 0 | 从计数器 2 读出计数值 |
| 0 | 0 | 1 | 1 1 | 无操作 |

除了表中所示的组合外，其他情况下，数据总线呈高阻状态。$A_1 = A_0 = 1$ 时，第一次

写入的作为控制字，以后写入的作为命令。

(3) 控制寄存器：每个计数通道有一个控制寄存器，用来接收 CPU 送来的控制字，用以选择计数通道和确定相应的工作模式。控制寄存器只能写入不能读出，三个计数器的控制寄存器共用一个控制端口。

(4) 计数器 0～2：8253 内部包含有 3 个完全独立的计数器，这 3 个计数器的内部结构完全相同，如图 7-3 所示。

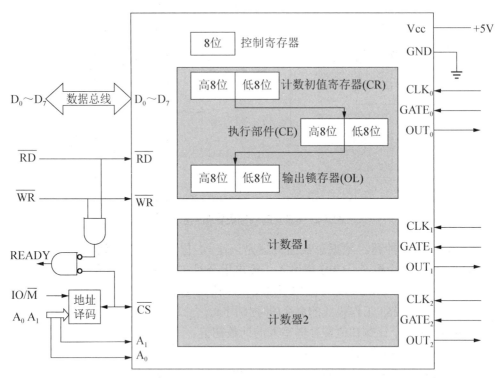

图 7-3　8253 计数器内部结构

可编程定时器/计数器 8253 内部包含一个 8 位的控制寄存器，计数器 0～2 的内部都包含一个 16 位的计数初值寄存器、一个 16 位的执行部件(即 16 位减 1 计数器)和一个 16 位输出锁存器。计数初值寄存器用来保存初始化时设定的计数初值，其内容在计数过程中始终保持不变；16 位减 1 计数器是核心部件，它的计数初值由计数初值寄存器提供，计数器启动后(由门脉冲信号 GATE 控制)，在时钟脉冲 CLK 的作用下，开始进行减 1 计数操作。当计数值减到 0 时，输出一个 OUT 信号，计数结束时，所输出信号的波形主要由工作模式决定，同时还受 GATE 信号的控制；计数器当前的计数值可被输出锁存器锁存并输出，因此，减 1 计数器是通过输出锁存器与外界发生联系的，输出锁存器跟随减 1 计数器的计数值变化而变化，只有当锁存命令传达时，输出锁存器才锁存当前的计数值，当锁定的计数值被 CPU 读走后，输出锁存器中的值又跟随计数器的计数值而变化。

每个计数器在工作时，都是对各自的时钟脉冲信号 CLK 进行二进制或者二-十进制(BCD 码)计数。当用 8253 对外部事件进行计数时，则相应 CLK 引脚上的脉冲信号就是外部事件时钟，当进行计数时，这些脉冲信号可以是非周期脉冲信号，每来一个脉冲信号，减 1 计数器就进行减 1 操作。但是，如果把 8253 当作定时器时，输入到 CLK 引脚上的脉冲信号应是周期性的，只有周期性的脉冲信号才能保证定时的准确，8253 所能实现的定时时间，取决于脉冲信号的周期和计数初值 N，即：

$$定时时间 = 脉冲信号的周期 × 计数初值 N$$

受电路设计的影响，一般情况下，8253 的 CLK 端所输入的脉冲信号频率不超过 2MHz，如果输入脉冲信号的频率高于 2MHz，则必须对该脉冲信号进行预分频处理，得到频率较低的计数脉冲信号。

8253 的每个计数器都有 3 个信号。

① CLK：时钟脉冲输入端，主要用于接收外部输入的计数脉冲信号。

② GATE：门脉冲信号输入端，用于控制 8253 计数的启动、停止或复位。

③ OUT：计数信号输出端，当计数到 0 时，从 OUT 端输出一个定时/计数信号，可以连接中断请求线，也可以连接其他输入/输出设备，以启动设备的工作。输出信号的形式由预先设置的工作模式决定。

### 2. 8253 的引脚信号

可编程定时器/计数器 8253 是一种具有 24 个引脚的集成电路芯片，如图 7-4 所示。

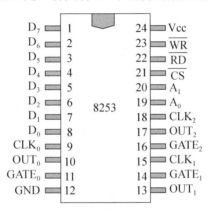

图 7-4　8253 的引脚信号图

当 8253 与具有 8 位数据总线的 CPU 相连时，$A_1A_0$ 直接与系统地址总线的 $A_1A_0$ 相连，例如，8088 CPU 的数据总线为 8 位，这时 8253 的 $A_1A_0$ 直接与系统地址 $A_1A_0$ 相连，以形成 8253 芯片内各端口地址。

当 8253 与具有 16 位数据总线的 CPU 相连时，8253 的数据线 $D_0 \sim D_7$ 既可以连接到数据总线的高 8 位，也可以连接到低 8 位。因为 8086 规定，与高 8 位相连时用奇数地址访问，与低 8 位相连时用偶数地址访问。通常 8253 的 8 位数据线 $D_0 \sim D_7$ 与 8086 低 8 位数据总线相连。因此，为使 8253 能得到 $A_1A_0$=00、01、10、11 四个端口地址，需将 $A_1A_0$ 与系统地址路线的 $A_2A_1$ 相连，而 $A_3$ 总为 0。

8253 的每个计数器各有一个 GATE 信号，分别是 $GATE_0$、$GATE_1$、$GATE_2$。GATE 信号的作用是控制 8253 的计数，用来禁止、允许或开始计数过程。

OUT 端是 8253 内每个计数器向外输出定时信号的输出端，分别为 $OUT_0$、$OUT_1$、

$OUT_2$。当定时到或计数值减为 0 时，在 OUT 信号线上输出一个信号，用于指示定时或计数已到。

### 7.2.3　8253 的控制寄存器和控制字格式

8253 定时器/计数器内部有 3 个相互独立的计数器，每个计数器可设置 6 种不同的工作模式，计数可按二进制也可按二-十进制(BCD 码)格式进行，CPU 对 8253 的操作既可以读出，也可以写入。上述这些对 8253 的工作模式、计数格式、操作模式的设置，以及计数器的选择都需要通过写控制字来预先设定。

8253 内部有一个 8 位控制寄存器，其控制字格式如图 7-5 所示。

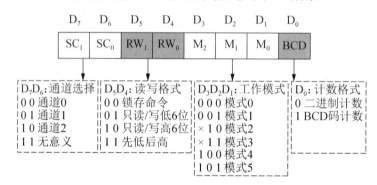

**图 7-5　8253 控制字的格式**

8253 的 8 位控制字各位意义如下。

(1) $D_0$ 位：BCD 位。用于决定以何种格式进行计数。$D_0$=0，按二进制进行计数，即 4 位二进制数对应 1 位十六进制数进行计数，在 16 位计数初值寄存器中，计数初值范围为 0000H～FFFFH，最大计数值为十进制数 65536。如果预置一个计数初值为 1000H，就表示计数初值是十进制数 4096；$D_0$=1，按 BCD 码计数，即将 4 位二进制数对应 1 位十进制数进行计数，则计数初值范围为 0000～9999，最大计数值为十进制数 10000。

(2) $D_1$～$D_3$ 位：$M_0$～$M_2$，工作模式选择位。8253 的每个计数器都有 6 种不同的工作模式，从模式 0 到模式 5。

(3) $D_4$、$D_5$ 位：$RW_0$、$RW_1$，读写格式位。用来确定 CPU 对选中的计数器进行读写操作的格式，如果是 8 位数据，可以只读写高 8 位或只读写低 8 位，如果是 16 位数据，就先读写低 8 位，后读写高 8 位。具体设置如下。

- $D_4D_5$=00，为输出锁存器锁存命令，对选中的计数器进行锁存操作，把由 $D_6$、$D_7$ 位所指定计数器的当前计数值锁入 16 位输出锁存器中，以便 CPU 读取该值。
- $D_4D_5$=01，表示只读写低 8 位字节，如果是写入操作，高 8 位自动置 0。
- $D_4D_5$=10，表示只读写高 8 位字节，如果是写入操作，低 8 位自动置 0。
- $D_4D_5$=11，表示允许读写 16 位数据，先自动读写低 8 位字节，后读写高 8 位字节。由于 8253 的数据总线只有 8 位，所以一次只能传送 8 位数据，要传送 16 位数据，需分两次进行。

(4) $D_6$、$D_7$ 位：$SC_0$、$SC_1$，计数器选择控制位。选择 $D_0$～$D_5$ 位所控制的计数器：

- $D_6D_7$=00，表示计数器 0。

- $D_6D_7$=01，表示计数器 2。
- $D_6D_7$=10，表示计数器 1。
- $D_6D_7$=11，无效。

8253 控制字设置举例：假设对计数器 2 进行设置，使其工作在模式 1，计数初值为 1200(16 位数据)，采用 BCD 码计数，则其控制字格式如图 7-6 所示，01110011B=73H。假设 8253 的地址从 40H 开始，则控制寄存器的地址为 43H，将该控制字写入控制字寄存器的指令如下：

```
MOV  AL, 73H
OUT  43H, AL
```

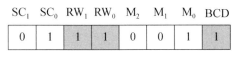

图 7-6　8253 控制字举例

### 7.2.4　8253 的初始化编程原则

8253 在系统刚上电时，处于一种未定义的状态，必须进行初始化才能起作用，对 8253 的初始化需要编程，而 8253 的编程有两个基本原则。

(1) 先向控制寄存器写入控制字。

(2) 按控制字的要求向指定计数器写入计数初值。

第一步先写控制字，用来确定所操作的计数器、工作模式、计数格式，以及读写方式。同时，写入控制字，还可起到系统复位的作用，可以使 3 个计数器清 0，使 3 个计数器的 OUT 端变为初始状态。

第二步是按控制字中的格式要求，向选定的计数器写入计数初值。计数初值可以是 8 位数据，也可以是 16 位数据。如果是 8 位数据，只要用一条 OUT 指令就可完成初值的写入；如果是 16 位数据，则需用两条 OUT 指令来完成，而且应先写低 8 位，后写高 8 位。另外注意，当初值为 0 时，也要分两次写入，因为二进制计数时，0 表示 65536，BCD 码计数时，0 表示 10000。

由于 8253 的 3 个计数器各自独立，分别有各自的端口地址，因此对这 3 个计数器需分别进行初始化编程。初始化编程时可以不考虑先后次序，但必须遵循基本编程原则，先写控制字再写计数初值。

假设 8253 3 个计数器的端口地址为 040H、041H、042H，控制寄存器地址为 043H。如果要求计数器 0 工作于模式 1，按 BCD 码计数，计数初值为 2100；计数器 1 工作于模式 0，按二进制计数，计数初值为 3541H；计数器 2 工作于模式 4，按二进制计数，计数初值为 56H 时，写出 3 个计数器的初始化程序段。

分析：根据计数器 0 的工作模式 1，BCD 码计数，16 位计数初值格式，可以确定控制字格式为：00100011B=23H；根据计数器 1 的工作模式 0，二进制计数，16 位计数初值格式，可以确定控制字格式为：01110000 B=70H；根据计数器 2 的工作模式 4，二进制计数，8 位计数初值格式，可以确定控制字格式为：10011000 B=98H。

计数器初始化程序段如下：

```
;计数器0的初始化:
MOV AL, 23H          ;计数器0的控制字
OUT 43H, AL          ;将控制字写入8253的控制器
MOV AL, 21H          ;取计数初值的高8位, 低8位自动为0
OUT  40H, AL         ;将计数初值写入计数器0
;计数器1的初始化:
MOV AL, 70H          ;计数器1的控制字
OUT 43H, AL          ;将控制字写入8253的控制器
MOV AL, 41H          ;取计数初值的低8位
OUT  41H, AL         ;将计数初值低8位写入计数器1
MOV AL, 35H          ;取计数初值的高8位
OUT  41H, AL         ;将计数初值高8位写入计数器1
;计数器2的初始化:
MOV AL, 98H          ;计数器2的控制字
OUT 43H, AL          ;将控制字写入8253的控制器
MOV AL, 56H          ;取计数初值
OUT  42H, AL         ;将计数初值写入计数器2
```

8253 经过初始化后就可以计数了，在计数过程中，CPU 可随时读取当前的计数值，假如要求读出计数器 1 的当前计数值到 AX 中：

```
MOV AL, 80H          ;计数器1的锁存命令字
OUT  43H, AL         ;锁存命令写入控制寄存器
IN  AL, 41H          ;读输出锁存器1中的当前计数值的低8位
MOV BL, AL           ;将低8位备份到BL寄存器
IN  AL, 41H          ;读输出锁存器1中的当前计数值的高8位
MOV AH, AL           ;将高8位移入AH
MOV AL, BL           ;将低8位移入AL
```

小贴士

### Intel 8253 和 8254

Intel 8253 发布于 1980 年，8254 被认为是 8253 的改进版。8254 的每个计数器最高允许计数频率为 10MHz（8253 为 2MHz）；8254 还设有读回命令，除了可以读取当前计数单元的内容外，还可以读取状态寄存器的内容。

Intel 8253 和 8254 主要是为 Intel 8080/8085 处理器设计的，后来一直用于 x86 系统中，在所有 IBM PC 兼容机中都配置有可编程定时器/计数器 8253 或 8254。在 PC 兼容机中，定时器的信道 0 被分配给 IQ-0（最高优先级硬件中断），信道 1 通常被分配给 DRAM 动态刷新，信道 2 被分配给 PC 扬声器。

Intel C8253 芯片

# 7.3　8253 的工作模式

8253 共有六种工作模式，在不同的模式下，计数器的启动方式、GATE 端输入信号的作用以及 OUT 端的输出波形都有所不同。

可编程定时器/计数器的内
部结构及编程原则.mp4

### 1. 模式 0——计数结束产生中断

将 8253 作为计数器使用时通常工作于模式 0。在工作模式 0 下，当计数器的计数值减到 0 时，输出端(OUT)所产生的输出信号可作为中断申请信号，该信号输出给 CPU 进行相应处理，8253 本身并不具有中断功能。工作模式 0 有以下特点：

(1) 通过程序向计数器写入控制字后，计数器的 OUT 端立即输出低电平作为初始状态，该低电平一直维持到计数值减到 0 之前，当计数器的计数值一旦到达 0 时，输出端 OUT 立即输出高电平，而该高电平会一直保持到再次写入新的计数初值。

(2) 计数过程的开始迟于计数初值的写入，因为在初值写入计数初值寄存器后的下一个时钟脉冲的下降沿时，初值才真正装入计数器启动计数过程。

(3) 当门控信号 GATE=1(高电平)时，计数器才开始计数；若 GATE 变为 0，则停止计数，计数值保持不变，待 GATE 再次变为高电平时计数器又继续计数。但门控信号的变化不会影响输出端的状态，GATE 的变化只是延长了计数器的定时时间。

(4) 如果计数器在计数过程中又重新置入了新的计数初值，则计数器就会停止原来的计数。在新的计数初值写入后的下一个时钟脉冲的下降沿按新的计数初值重新开始计数。

工作模式 0 的时序波形如图 7-7 所示。

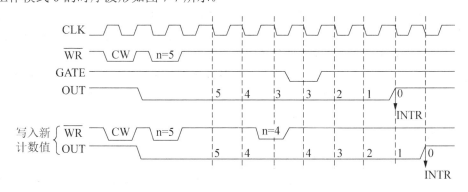

图 7-7　工作模式 0 的时序波形

### 2. 模式 1——可重复触发的单稳态触发器

模式 1 为可重复触发的单稳态触发器，简称为单稳态定时，工作模式 1 有以下特点。

(1) 当写入控制字后，输出端 OUT 变成高电平。

(2) 计数初值写入后的下一个时钟脉冲的下降沿，该初值才被送入计数器。

(3) 初值送入计数器后，并不立即开始计数，只有当门控信号 GATE 出现上升沿时，才再在下一个时钟周期的下降沿启动计数，同时使输出 OUT 变为低电平(由高变低)。当计数值减到 0 时，OUT 端由低变高且一直保持高电平。由此可见，如果计数初值为 N，则 OUT 端将维持 N 个时钟脉冲宽度的低电平。

(4) 如果在计数期间又写入新的计数初值，对当前正在进行的计数不会产生影响，只有当门控信号 GATE 再次出现上升沿时，才按新写入的初值开始计数。

(5) 若在计数期间门控信号 GATE 再次出现上升沿，则计数器会重新装入计数初值并重新开始计数。但门控信号 GATE 的变化不影响 OUT 端的低电平状态，该低电平状态只有在计数值为 0 时才会发生变化。因此，计数器按模式 1 工作时的输出脉冲宽度主要决定于计数初值，但也受门控信号 GATE 的影响，当计数期间门控信号多次发生跃变时，实际是延长了计数器的输出脉冲宽度。

工作模式 1 的时序波形如图 7-8 所示。

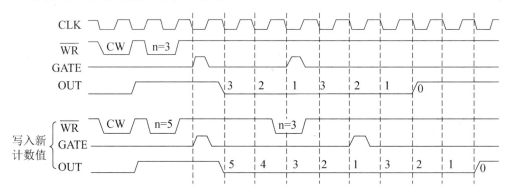

图 7-8　工作模式 1 的时序波形

### 3. 模式 2——分频器

工作模式 2 是一种具有自动预置计数初值的脉冲发生器，从 OUT 端可以得到连续的脉冲输出信号，脉冲宽度等于时钟脉冲周期，而脉冲信号的周期决定于计数初值。如果计数初值为 N，则脉冲周期为时钟周期的 N 倍。因此工作模式 2 也叫 N 分频器，因为输出脉冲为输入时钟脉冲的 N 分频，即 N 个时钟脉冲才有一个输出脉冲，工作模式 2 有以下特点。

(1) 当写入控制字后，输出端 OUT 变为高电平作为初始状态。

(2) 计数初值写入后的下一个时钟脉冲的下降沿计数初值被送入计数器，若门控信号 GATE 为高电平则开始减 1 计数。当计数值减到 1 时，输出端口 OUT 变为低电平(由高变低)。这点与其他工作模式不同，其他工作模式都是计数值减到 0 时 OUT 端才发生变化。

(3) 完成一次计数后，即计数值减到 0 时，OUT 端又变为高电平(由低变高)并按计数初值开始新的计数过程，如此循环计数。因此，计数器工作于模式 2 时 OUT 端能输出周期性、负极性单脉冲。

(4) 若在计数过程中又写入新的计数初值，则不会影响计数过程，计数器仍会按照原计数值继续计数。当计数值为 1 时，输出端 OUT 变为低电平，当计数值为 0 时，输出端 OUT 变为高电平后才按写入的新计数初值计数。

(5) 若在计数过程中门控信号 GATE 变低，则计数器停止计数，待门控信号 GATE 恢复为高电平后，计数器将从原计数初值重新开始计数。

工作模式 2 的时序波形如图 7-9 所示。

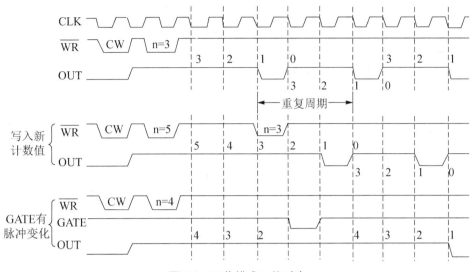

图 7-9　工作模式 2 的时序

### 4. 模式 3——方波发生器

工作模式 3 与模式 2 的工作原理基本相同，也具有计数完毕自动预置计数初值的功能。因此，从 OUT 端也可以输出周期性的脉冲信号，但是模式 3 与模式 2 在计数过程中有很大不同。工作模式 3 有以下特点。

(1) 当计数器开始减 1 计数时，模式 2 是计数到 1 才使 OUT 由高变低，而模式 3 是计数到初值的一半时 OUT 端即由高变低。然后计数器继续计数，计到 0 时，OUT 端又由低变高，从而完成一个周期的工作。之后，又自动开始下一个计数周期，如此循环计数，产生周期性的方波或矩形波。

(2) 当计数初值 N 为偶数时，OUT 端将输出周期为 N 个时钟脉冲宽而占空比为 1∶1 的对称方波；当 N 为奇数时，则 OUT 端将输出(N+1)/2 个时钟脉冲宽的高电平(正半周)，(N-1)/2 个时钟脉冲宽的低电平(负半周)，占空比接近 1∶1 的对称方波。

(3) 模式 3 的其他特征与模式 2 相同，模式 2 和模式 3 是最常用的两种工作模式。

工作模式 3 的时序波形如图 7-10 所示。

### 5. 模式 4——软件触发的选通信号发生器

工作模式 4 类似于工作模式 0，所不同的是输出信号的形式不同。工作模式 4 有以下特点。

(1) 当控制字写入计数器后，OUT 端变为高电平并一直保持。在写入计数初值后的下一个时钟脉冲的下降沿时开始计数，若此时门控信号 GATE 为高电平则开始减 1 计数；若门控信号 GATE 为低电平则不计数。

(2) 当计数器减到 0 时，OUT 端由高变低，且保持一个时钟周期的低电平，而后自动变为高电平并一直保持。一般将 OUT 端所输出的这个时钟周期的负脉冲作为选通信号使用，因此，该模式被称为选通信号发生器。

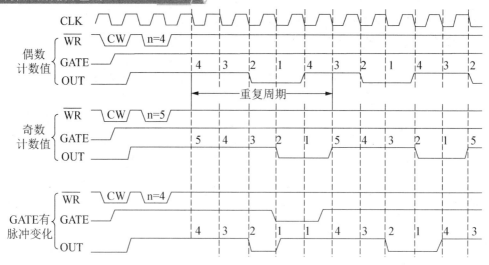

图 7-10　工作模式 3 的时序

(3) 8253 的模式 4 由于软件写入的计数初值只是一次有效，当计数为 0 并输出一个负脉冲后，计数器将不再进行计数。若想继续计数，则必须重新写入初值，以触发计数器重新计数。由于模式 4 中的计数器是靠软件写入新的计数初值来触发计数器工作，故称为软件触发。

(4) 如果在计数过程中，又写入新的计数初值，则在写入新值的下一个时钟的下降沿开始按新值作减 1 计数。如果新写入的初值是两个字节，则写入第一个字节时，原计数过程不受影响。只有在初值的第二个字节也写入计数器时，才按照新计数初值重新开始计数。

(5) 如果计数过程中门控信号 GATE 由高变低，则停止计数，只有当门控信号 GATE 再次恢复到高电平后，计数器才从原设定的计数初值重新开始计数。

工作模式 4 的时序波形如图 7-11 所示。

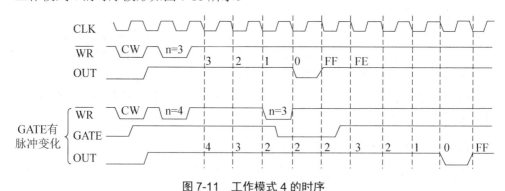

图 7-11　工作模式 4 的时序

### 6. 模式 5——硬件触发的选通信号发生器

模式 5 要依靠外部门控信号的上升沿来触发计数器计数，工作模式 5 有以下特点。

(1) 控制字写入计数器后，OUT 端输出高电平作为初始电平，且一直保持。

(2) 写入计数初值，且只有在外部门控信号 GATE 出现上升沿时，才在下一个时钟脉冲的下降沿将初值送入计数器，并开始计数。当计数值减到 0 时，OUT 端由高变低，在保持一个时钟周期的低电平后将自动变为高电平并一直保持，即输出一个宽度为一个时钟周期的负脉冲。

(3) 在计数过程中或计数结束后，若门控信号 GATE 再次出现上升沿，则计数器将重新置入原计数初值，触发计数器开始新的计数周期。

(4) 在计数过程中，如果写入新的计数初值，只要门控信号不出现上升沿，就不会影响当前计数过程。只有当门控信号出现上升沿，才在下一个时钟脉冲的下降沿按新的计数值开始计数。

由上述分析可知，模式 5 中计数器的计数总是在外部硬件发出门控信号的上升沿后才被触发，所以被称为硬件触发模式。

工作模式 5 的时序波形如图 7-12 所示。

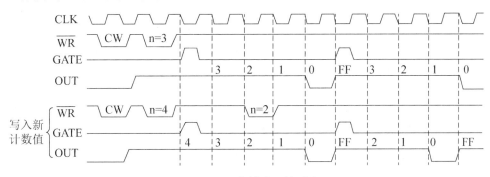

图 7-12　工作模式 5 的时序

### 7. 六种工作模式小结

8253 有六种不同的工作模式，区分这六种工作模式的主要标志有三个：一是输出波形不同，不同的输出波形表示不同形式的定时信号；二是启动计数器的触发模式不同，有的是电平触发(如模式 0、4)，有的是边沿触发(如模式 1、5)，有的既可用电平触发又可用边沿触发(如模式 2、3)；三是在计数过程中门控信号 GATE 对计数器操作的影响有区别，见表 7-2。

表 7-2　不同模式下 GATE 信号的控制作用表

| 模式 | 门控信号 GATE 输入状态控制功能 | | | | OUT 输出状态 |
| | 低电平 | 下降沿 | 上升沿 | 高电平 | |
| --- | --- | --- | --- | --- | --- |
| 0 | 禁止计数 | 禁止计数 | GATE 的上升沿继续计数 | 允许计数 | 技术过程为低电平，计数到 0 变为高电平 |
| 1 | 不影响计数 | 不影响计数 | 启动计数，重新开始计数 | 不影响计数 | 输出宽度为 n 个 CLK 脉冲宽度的低电平 |
| 2 | 禁止计数 | 禁止计数 | 重新写入计数值，再重新开始计数 | 允许计数 | 输出周期为 n 个 CLK，宽度为 1 个 CLK 的负脉冲 |
| 3 | 禁止计数 | 禁止计数 | 重新写入计数值，再重新开始计数 | 允许计数 | 输出周期为 n 个 CLK 的对称方波 |

续表

| 模式 | 门控信号 GATE 输入状态控制功能 | | | | OUT 输出状态 |
| --- | --- | --- | --- | --- | --- |
| | 低电平 | 下降沿 | 上升沿 | 高电平 | |
| 4 | 禁止计数 | 禁止计数 | 重新写入计数值，再重新开始计数 | 允许计数 | 初态为高电平，计数到 0，输出宽度为 1 个 CLK 的负脉冲 |
| 5 | 不影响计数 | 不影响计数 | 启动计数，重新写入计数值并重新开始计数 | 不影响计数 | 初态为高电平，计数到 0，输出宽度为 1 个 CLK 的负脉冲 |

8253 的六种模式中：模式 0 既可作定时器，也可作计数器，还可作中断申请信号；模式 1 可产生宽度为 N 个时钟脉冲的单脉冲信号；模式 2 可输出宽度为一个时钟周期、频率为 N 分频的负脉冲；模式 3 可输出 1∶1 或近似 1∶1 的方波，模式 2 和模式 3 均有自动预置初值的功能，即可输出周期性的脉冲信号，在实际中使用最多；模式 4 和模式 5 都是输出宽度为一个时钟周期的负脉冲，模式 4 为软件触发，模式 5 为硬件触发。

通常，模式 0、1 和模式 4、5 选作计数器较为方便，输出一个电平信号或一个脉冲信号作为外部事件计数的信号；模式 2、3 选作定时器较为方便，这两种模式具有自动预置计数初值的功能，能输出周期性脉冲或周期方波，可以此作为定时信号。

# 7.4  8253 的基本应用

可编程定时器/计数器 8253 可与各种微型计算机系统相连并构成完整的定时、计数或脉冲发生器，并应用于多种场合。在应用 8253 作为定时器或计数器时，首先必须根据实际应用要求，设计一个包含 8253 的硬件逻辑电路或接口，然后对 8253 进行初始化编程，只有初始化后 8253 才可以按要求正常工作。

下面举例说明 8253 作为定时器和计数器的应用。

### 1. 可编程定时器/计数器 8253 在微机系统中的应用

通常微机中连接有一个 8253，系统分配给它的地址是 40H～43H，其中 43H 是控制寄存器的地址，40H、41H、42H 分别为计数器 0～2 的锁存器地址。三个计数器输入时钟信号的频率均为 1.19318MHz。微机系统中的三个计数器作用各不相同，其电路连接如图 7-13 所示。

其中计数器 0 用于维持微机系统的时钟，计数器 0 工作在模式 3，用 $OUT_0$ 产生时钟信号。$OUT_0$ 作为中断请求信号连接可编程中断控制器 8259A 的 $IR_0$(系统中 $IRQ_0$)。由于 fCLK≈1.19MHz，TCLK≈840ns，因此把 8253 初值设置为 65536 时，大约每 840ns×65536≈55ms 中断一次，这就是维持系统日历时钟的信号。可以读取计数器的当前计数值，计数器值每减 1，代表时间为 840ns，另外加上计数器是否计满的判断，则可计算出时间的精确值。

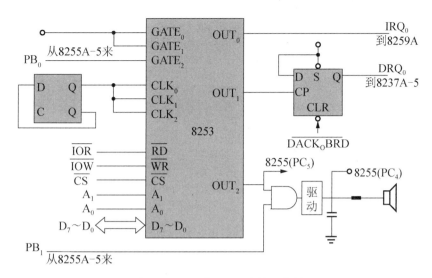

图 7-13　PC 中 8253 连接示意图

计数器 1 用于动态 RAM 刷新定时控制，计数器处于常开状态，定时向 DMA 控制器提供动态 RAM 刷新请求信号。计数器 1 设置成模式 2，计数值设置为 18，于是 $OUT_1$ 端输出一负脉冲序列，其周期为 18/1.19318MHz=15.08μs，即约每 15 微秒向 DMA 控制器 8237 发一次数据请求信号，对存储器进行刷新。此计数器的参数绝对不能修改，否则将危及存储器的数据安全。

图中计数器 2 的输出分为两路，一路输出到系统扬声器产生声音；另一路连接至 8255A 的 PC 端口第 5 位，可通过软件进行检测。

下面仅就系统 8253 的计数器 2 进行应用编程，编写一个通用发声程序。系统启动时计算机经常发出长短不一的声音，这个声音就是由系统中的 8253 产生的。通用发声程序就是对系统 8253 计数器 2 的编程，声音的元素是固定频率的脉冲信号，所以采用模式 3，二进制计数，根据声音频率的大小，用 16 位的计数值，则控制字为 10110110B=0B6H；下面是按声音的频率计算计数初值，假设产生声音的频率为 1500Hz，计数初值=系统输入时钟频率/声音频率。声音的响与不响由 8255A 的 B 端口的低两位控制，第一位作为门控信号，第二位作为发声开关信号，8255A 的 C 端口的第六位用于测试计数器的输出。

入口参数 DX 为声音频率，AX 为声音持续的时间(毫秒)，BL 控制是否发声，其程序如下。

```
SOUND    PROC
PUSH        CX
PUSH        SI
MOV         SI, DX          ;频率值送 SI
MUL         DX              ;声音频率*持续时间=周期数
MOV         CX, 1000
DIV         CX              ;得到周期数
MOV         CX, AX          ;周期数送 CX 作为循环次数,控制延时时间
MOV         AL, 0B6H        ;写入控制字
OUT         43H, AL
MOV         DX, 0012H       ;取得时钟频率的高 16 位
```

```
MOV        AX, 34DCH      ;取得时钟频率的低 16 位
DIV        SI             ;算得对应音频率的计数值
OUT        42H, AL        ;写计数初值的低八位
MOV        AL, AH
OUT        42H, AL        ;写计数初值的高八位
IN         AL, 61H        ;读 8255A 的 B 端口
AND        AL, 0FCH       ;屏蔽低两位
OR         AL, BL         ;生成初始化发生控制字
OUT        61H, AL        ;初始化发声控制字
ZERO:  IN  AL, 62H        ;读 8255A 的 C 端口
TEST       AL, 20H        ;测试 8253 计数器 2 输出是否变高
JZ         ZERO           ;否，等待
ONE:   IN  AL, 62H
TEST       AL, 20H        ;测试 8253 计数器 2 的输出是否变低
JNZ        ONE
LOOP       ZERO           ;完成一个声音周期，继续
POP        SI
POP        CX
RET
SOUND  ENDP
```

上面的程序可以作为其他声音程序的过程调用，输入不同的参数即可控制声音的频率、持续时间和是否发声。这个声音程序的声音频率范围是 19～65535Hz。

### 2. 8253 在生产控制中的应用

假设 8086 系统中有一个 8253 芯片，对流水线上生产的啤酒进行计数装箱控制，每 24 瓶啤酒装一箱，每次装箱需要 3 秒钟，装箱时流水线暂停，利用 8253 的计数器 0 作为计数器，对流水线上的啤酒瓶数进行计数。用 8253 的计数器 1 作为定时器，控制装箱的停顿时间，工作过程是计数器 0 的输出触发计数器 1，启动工作，控制流水线暂停；用计数器 1 的输出信号重新启动流水线。假设该 8253 芯片的地址为 50H～53H，计数器 0 端口地址为 050H，控制寄存器端口地址为 053H。

根据上述要求，计数器 0 选择工作模式 2，模式控制字为 00010101B=15H，计数初值为 24。利用流水线上的传感器得到的啤酒瓶传输的计数脉冲，连接到 8253 的 $CLK_0$ 端 ($GATE_0=1$)，当计数器 1 的计数值达到 23 时，计数器 0 的输出 $OUT_0$ 为低电平，当第 24 瓶啤酒通过流水线传感器时，计数器 0 的输出 $OUT_0$ 变为高电平，用 $OUT_0$ 的上升沿来触发计数器 1 开始定时工作，同时使流水线暂停。

计数器 1 选用工作模式 1，将系统 8253 计数器 0 的输出作为计数器 1 的时钟信号，其频率约为 18Hz，计数器 1 的控制字为 01010011B=53H，计数器的计数初值为 54(定时 3s)。将计数器 0 的输出 $OUT_0$ 接到计数器 1 的门控信号 $GATE_1$ 上，在 $OUT_0$ 的上升沿到来时，计数器 1 的输出 $OUT_1$ 变为低电平，使流水线暂停。计数器 1 的定时时间到时，$OUT_1$ 变为高电平，流水线会再次启动。流水线启动后，当啤酒瓶又开始经过传感器时产生输入脉冲到计数器 0，计数器 0 又开始计数，重复上述工作过程，实现啤酒装箱控制。生产流水线电路连接如图 7-14 所示。

根据要求初始化程序如下：

```
MOV  AL, 15H
OUT  53H, AL
MOV  AL, 24
OUT  50H, AL
MOV  AL, 53H
OUT  53H, AL
MOV  AL, 54
OUT  51H, AL
```

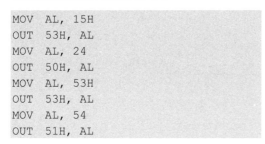

图 7-14　生产流水线中 8253 连接示意图

初始化程序执行完毕，流水线就能按照设计的要求，每经过 24 瓶啤酒，流水线暂停，进行装箱，3s 后，流水线再次启动。因此，用 8253 对啤酒装箱流水线进行控制可实现自动化。控制时序如图 7-15 所示。

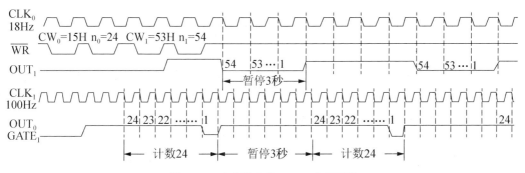

图 7-15　生产流水线 8253 时序图例

### 3. 使用 8253 控制 LED

要求使用 8253 控制 LED 点亮 10 秒，熄灭 10 秒，计数器的输入时钟为 2MHz。8253 的地址线与 CPU 高 8 位数据线 $D_8 \sim D_{15}$ 相连，8253 各端口的地址为 81H、83H、85H、87H。

根据上述描述，计数器的时钟频率为 2MHz，则时钟周期为 1/2MHz=0.5μs，其能实现的最大定时时间为：0.5μs×65536=32.768ms。因此，要想实现 10 秒的定时，需将两个计数器进行串联，如图 7-16 所示，将计数器 0 的输入时钟 $CLK_0$ 设为 2MHz，工作于模式 2，计数初值为 5000，则 $OUT_0$ 端的输出频率为 2MHz/5000=400Hz，将此频率作为计数器 1 时钟 $CLK_1$ 的输入频率，而 $OUT_1$ 端要输出占空比为 1:1、周期为 20s(10s 高电平、10s 低电平)的方波，则计数器 1 工作于模式 3，计数初值为 400Hz × 20s=8000。

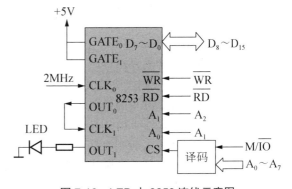

图 7-16　LED 中 8253 连线示意图

根据上述分析，8253 初始化程序段如下：

```
;计数器 0 初始化程序
MOV  AL, 00110101B
OUT  87H, AL
MOV  AL, 00H
OUT  81H, AL
MOV  AL, 50H
OUT  81H, AL
;计数器 1 初始化程序
MOV  AL, 01110111B
OUT  87H, AL
MOV  AL, 00H
OUT  83H, AL
MOV  AL, 80H
OUT  83H, AL
```

# 本 章 小 结

(1) 在微型计算机及其应用系统中都需要定时/计数信号，以进行准确的定时、延时和计数控制。有两种方法可用来产生定时/计数信号：软件定时和硬件定时，硬件定时信号又可以由固定硬件定时产生和可编程的硬件定时产生。

(2) 可编程定时器/计时器 8253 常用于微机系统的定时或计数。对 8253 的编程，需先设置其控制字，再根据控制字设置计数初值。8253 内部有三个独立的计数器，六种工作模式，不同的工作模式有不同的控制方式和不同的输出。

# 复习思考题

## 一、单项选择题

1. 可编程定时器/计数器中时钟信号 CLK 所起的作用是_____。
   A. 输出信号　　　　　　　　　　B. 计数的信号来源
   C. 用于启动计数器　　　　　　　D. 用于控制计数

2. 可编程定时器/计数器中门信号 GATE 所起的作用是_____。
   A. 输出信号　　　　　　　　　　B. 计数的信号来源
   C. 用于启动或停止计数　　　　　D. 用于控制计数器

3. 当 8253 的控制线引脚 $\overline{RD}$=0，$A_0$=1，$A_1$=1，$\overline{CS}$=0 时，完成的工作为_____。
   A. 读计数器 0 中的计数值　　　　B. 读计数器 1 中的计数值
   C. 读计数器 2 中的计数值　　　　D. 读控制字的状态

4. 若对 8253 写入控制字的值为 96H，说明设定 8253 的_____。
   A. 计数器 1 工作在方式 2 且将只写低 8 位计数初值
   B. 计数器 1 工作在方式 2 且将一次写入 16 位计数初值
   C. 计数器 2 工作在方式 3 且将只写低 8 位计数初值

D. 计数器 2 工作在方式 3 且将一次写入 16 位计数初值

5. 8253 可采用软件或硬件触发启动计数器的工作方式为_____。
   A. 方式 0 和方式 1　　　　　　　　　B. 方式 2 和方式 3
   C. 方式 4 和方式 5　　　　　　　　　D. 方式 0 和方式 5

6. 8253 能够自动循环计数的工作方式为_____。
   A. 方式 0 和方式 1　　　　　　　　　B. 方式 2 和方式 3
   C. 方式 4 和方式 5　　　　　　　　　D. 方式 0 和方式 5

7. 8253/8254 为可编程定时器/计数器，其占有_____个口地址
   A. 1　　　　　　B. 2　　　　　　C. 3　　　　　　D. 4

8. 当写入计数初值相同，8253 的方式 0 和方式 1 不同之处为_____。
   A. 输出波形不同
   B. 门控信号，方式 0 为低电平，而方式 1 为高电平
   C. 方式 0 为写入后即触发，而方式 1 为 GATE 的上升边触发
   D. 输出信号周期相同，但一个为高电平一个为低电平

9. 如果计数初值 N=9，8253 工作在方式 3，则高电平的周期为_____个 CLK。
   A. 3　　　　　　B. 4　　　　　　C. 5　　　　　　D. 6

10. 与 8253 工作模式 4 输出波形相同的是_____。
    A. 方式 1　　　　　B. 方式 2　　　　　C. 方式 3　　　　　D. 方式 5

## 二、编程题

1. 在 PC 系列机中，8253 的地址为 40H~46H，将通道 2 的工作模式设为 3，作为方波发生器使用，时钟输入为 CLK=1.19MHz，OUT$_2$ 接至扬声器，使扬声器产生 600Hz 频率的声音；另用 8253 通道 0 工作在方式 2 分频器方式下组成一个系统时钟，通道 0 作为秒信号产生器，通道 0 的时钟输入 CLK=51200Hz，试编写 8253 的初始化程序。

2. 设 8253 的选通地址为 240H~243H，采用 BCD 计数，计数器 2 输出用于申请中断。如果计数器 2 的输入时钟频率为 20kHz，输出信号每秒引起 100 次中断。

3. 用可编程定时器/计数器 8253 组成一个实时时钟系统(如图所示)，通道 0 作为秒信号产生器，通道 1 和通道 2 分别作为分和时的计时。设 8253 的端口地址为 20H~23H，试求：

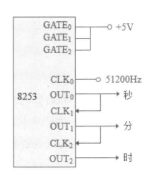

(1) 各通道的计数初值。

(2) 编写 8253 的初始化程序(3 个通道均工作在模式 2——分频器)。

时序控制的重要保障——定时器计数器 8253.pptx

# 第8章  接 口 芯 片

**学习要点**

1. 掌握外部接口的基本概念，了解常见的外部接口。
2. 掌握串行通信的理论与技术，能够使用 8251A 进行串行通信编程。
3. 掌握并行通信的理论与技术，能够使用 8255A 进行并行通信编程。
4. 熟悉模拟信号与数字信号的特点，掌握模拟信号的输入输出方法。

**核心概念**

外部接口  串行通信  8251A 芯片编程  并行通信  8255A 芯片编程  模拟信号与数字信号  A/D 转换与 D/A 转换

案例导学

计算机的英文叫作 computer，是因为早期的计算机主要用作计算(compute)，例如计算弹道导弹的轨迹。今天计算机能做的事情已远远不止计算这么简单，还包括娱乐、交流等，具备了交互功能。而接口就是计算机与外部数据进行交互的桥梁。如果人们想通过电脑欣赏音乐，插上音箱或者戴上耳机就可以了，但是，声音是靠震动产生的，这种信号可不是二进制数据能直接表示的，而计算机内部使用的都是二进制数据。那么如何把二进制数据变成声音信号再送入人们的耳朵呢？

## 8.1  常见外部接口

计算机为了和外部设备进行数据传输，需要有各种类型的外部接口与外部设备进行连接，除非特殊说明，本章的接口一般指物理接口。计算机的外部接口有很多种，根据分类的不同，外部接口主要包括以下几种。

### 8.1.1  数字接口和模拟接口

按照传输信号类型的不同，外部接口可分为数字接口和模拟接口。

计算机内部使用二进制数字信号来进行数据处理，生活中很多数据使用模拟数据来表示。模拟数据(Analog data)也称为模拟量，相对于数字量而言，模拟数据是指在某个区间产生的连续值，例如声音、图像、温度、压力。

模拟数据一般采用模拟信号，例如，用一系列连续变化的电磁波(如无线电与电视广播中的电磁波)或电压信号(如电话传输中的音频电压信号)来表示；数字数据则采用数字信号

(Digital Signal)，例如，用一系列断续变化的电压脉冲(如可用恒定的正电压表示二进制数 1，用恒定的负电压表示二进制数 0)或光脉冲来表示。

以不同的显示设备为例，常见的模拟接口和数字接口如下。

### 1. 常见的模拟接口

**VGA 接口**：VGA(Video Graphics Array)即视频图形阵列，最常用的模拟接口之一，所有计算机和显示器上都有该接口。由于在数字显示器上显示需要经过数模转换，必然存在损耗，因此已逐步被淘汰。

**AV 接口**：AV 接口由黄、白、红三种颜色的线组成，其中黄线为视频传输线，白色和红色则负责左右声道的声音传输。AV 接口是出现比较早的一种接口，它的出现首次把视频和音频进行了分离传输，但其负责视频传输的只有一条线，所以这种传输方式还是先将亮度和色度混合，然后在显示设备上进行解码显示，所以，在视频传输质量上还是有损失的。

**S-VIDEO 接口**：即 Separate Video，是将亮度和色度分离输出，避免了混合视频信号输出时亮度和色度的相互干扰，一般情况下，AV 信号为 640 线左右，S 端子可达到 1024 线，使用广泛。

**RGBHV 接口**：RGBHV 接口是一种 5 线型格式，使用 75 欧姆的同轴电缆，其中三条导线传送三原色信号，另外两条导线各传送一个水平和一个垂直负 TTL(Transistor Transistor Logic)同步信号，因此红(R)、绿(G)、蓝(B)、水平(H)和垂直(V)就组成了 RGBHV。RGBHV 接口是目前最好的一种模拟视频传输接口，传输距离可达 30 米。

### 2. 常见的数字接口

**HDMI 接口**：HDMI(High Definition Multimedia)是高清晰度多媒体接口，可提供高达 5Gbps 的数据传输带宽，用于传送无压缩的音频信号及高分辨率视频信号。同时无须在信号传送前进行数/模或模/数转换，可保证最高质量的影音信号传送。

**DVI 接口**：一个 DVI(Digital Visual Interface)显示系统包括一个传送器和一个接收器。传送器是信号的来源，可以内嵌在显卡芯片中，也可以以附加芯片的形式出现在显卡 PCB 上；而接收器则是显示器上的一块电路，可以接收数字信号，并将其解码后传递到数字显示电路中，通过这两者，显卡发出的信号被转换为显示器上的图像。DVI 接口分为三种：DVI-A 传输模拟信号，DVI-D 传输数字信号，DVI-I 可同时兼容模拟信号和数字信号。DVI 接口具有传输速度快、信号无衰减、色彩纯净逼真、画面清晰等优点。

**SDI 接口**：SDI(Serial Digital Interface)数字分量串行接口属于广播级的视频传输接口，一般使用 75 欧姆的 BNC 型端子、同轴电缆来进行连接，电缆的最大长度是 250 米。SDI 信号属于自同步信号，采用 8bit 或 10bit 的字长，最大传输率为 270 Mb/s。广泛应用于非编后期制作和广播电台等领域。

**1394 接口**：1394 接口也称为火线或 iLink，可以传输不同类型的数字信号，包括视频、音频、数码音响、设备控制命令和计算机数据，具有较高的带宽和稳定性。现在 1394 接口已经较少用作视频传输，主要用来连接数码摄像机、DVD 录像机等设备。1394 接口有两种类型：6 针的六角形接口和 4 针的小型四角形接口。6 针的六角形接口可向所连接的设备供电，而 4 针的四角形接口则不能。

**BNC 接口**：BNC(Bayonet Nut Connector)是常说的同轴电缆接口，用于 75 欧姆同轴电

缆连接，提供收、发两个通道。BNC 接口之所以没有被淘汰，因为同轴电缆是一种屏蔽电缆，有传送距离长、信号稳定的优点。广泛应用于通信系统，在高档的监视器、音响设备中经常用来传送音频、视频信号。

**DisplayPort 接口**：DisplayPort 1.1 最大支持 10.8Gbps 的传输带宽，而 HDMI 1.3 标准也仅能支持 10.2Gbps 的带宽；另外，DisplayPort 可支持 2560×1600、2048×1536 等分辨率及 30/36bit( 每原色 10/12bit) 的色深，1920×1200 分辨率的色彩可支持 120/24bit。DisplayPort 接口具有带宽大、接口通用、最大程度整合周边设备的特点。

## 8.1.2　串行接口与并行接口

按照通信方式划分，外部接口可分为串行接口与并行接口。

### 1. 串行接口

串行接口简称串口，也称为 COM 口。串行接口是指数据一位一位地顺序传送，其特点是通信线路简单，只要一对传输线即可实现双向通信(可以直接利用电话线作为传输线)，大大降低了成本，特别适用于远距离通信，但传送速度较慢。一条信息的各个数据位被逐位按顺序传送的通信方式称为串行通信。串行通信的特点是：数据按位顺序传送，最少只需一根传输线即可完成；成本低但传送速度慢。

串行接口按电气标准及协议可分为 RS-232、RS-422、RS-485 等。

**RS-232**：RS-232 是美国电子工业协会制定的一种串行物理接口标准。RS 是英文"推荐标准"的缩写，232 为标识号。传统的 RS-232 接口标准有 22 根线，采用标准 25 芯 D 型插头座(DB25)，现常用简化为 9 芯的 D 型插座(DB9)。RS-232 采取不平衡传输方式，即所谓单端通信。若不使用 Modem，RS-232 标准的最大传送距离约为 15 米，最高速率为 20Kbps。

**RS-422**：为改进 RS-232 通信距离短、速率低的缺点，RS-422 定义了一种平衡通信接口，允许在相同传输线上连接多个接收节点，最多可达 10 个，其中一个为主设备(Master)，其余为从设备(Slave)，从设备之间不能通信，所以 RS-422 支持点对多的双向通信。RS-422 标准将传输速率提高到 10Mbps，传输距离延长到 1219 米。但其平衡双绞线的长度与传输速率成反比，因此，在 100Kbps 速率以下，才可能达到最大传输距离，只有在很短的距离下才能获得最高传输速率，一般 100 米长的双绞线所能获得的最大传输速率仅为 1Mbps。

**RS-485**：为扩展应用范围，在 RS-422 基础上又制定了 RS-485 标准，增加了多点、双向通信能力。RS-485 可以采用二线与四线方式，二线制可实现真正的多点双向通信。而采用四线连接时，与 RS-422 一样只能实现点对多的通信，即只能有一个主设备，其余为从设备，但它比 RS-422 有改进，无论采用四线连接方式，还是二线连接方式，总线上最多可连接 32 个设备。由于 RS-485 满足所有 RS-422 的规范，所以 RS-485 的驱动器可以在 RS-422 网络中应用。RS-485 与 RS-422 相同，其最大传输距离约为 1219 米，最大传输速率为 10Mbps，同样只有在很短的距离下才能获得最高传输速率。

### 2. 并行接口

并行接口简称并口，是采用并行传输方式传输数据的接口。从最简单的一个并行数据

寄存器或专用接口集成电路芯片，如 8255、6820 等，一直到较复杂的 SCSI 或 IDE 并行接口，种类有数十种。并行接口的性能可以从两个方面加以描述：①以并行方式传输的数据通道的宽度，也称接口传输的位数。通道宽度可以是 1～128 位或者更宽，最常用的是 8 位，即通过并行接口一次传送 8 个数据位；② 用于协调并行数据传输的额外接口控制线或称交互信号的能力。

早期的打印机和扫描仪都使用并行接口进行数据传输，其特点是传输速度快，但当传输距离较远、位数又多时，会导致通信线路复杂且成本提高。在 USB 接口迅速普及之后，并行接口迅速消失。

## 8.1.3　物理标准接口

按照物理标准进行分类，外部接口有 RS-232、USB、LPT、1394、HDMI、DVI 等，这些接口有很多已经在前面介绍过了，本小节只介绍目前在 PC 上使用最广泛的外部接口——USB 接口。

USB(Universal Serial Bus，通用串行总线)接口是一个使计算机外围设备连接标准化、单一化的接口，其规格由 Intel、NEC、Compaq、DEC、IBM、Microsoft、Northern Telecom 多家公司联合制定。USB 接口被广泛应用于个人电脑和移动设备等信息通信产品中，并扩展至摄影器材、数字电视(机顶盒)、游戏机等相关领域。

USB 设备具有以下优点：

(1) 支持热插拔，即插即用。

(2) 传输速度高，能满足大部分需要，因此使用范围越来越广。

(3) 标准统一，以前用 IDE 接口连接的硬盘，用 PS/2 串口连接的鼠标键盘，用 LPT 并口连接的打印机、扫描仪，现在都可以统一使用 USB 接口进行连接。

(4) 可以连接多个设备。一个 USB 接口理论上可以支持 127 个设备。个人电脑也设有多个 USB 接口，可以同时连接多台设备。

(5) 携带方便。USB 设备具有"小、轻、薄"的特点，对用户来说，随身携带大量数据时，很方便。

1996 年发布了 USB 接口的第一代标准 USB 1.0，接口定义了低速 1.5 Mbps 和全速 12 Mbps 的数据传输速率。第一个被广泛使用的是 USB 1.1 版本，它发布于 1998 年 9 月。针对诸如磁盘驱动器之类的高速设备可提供 12 Mbps 的传输速率，对低速设备(如操纵杆)提供 1.5 Mbps 的传输速率。

2000 年发布了 USB 2.0 接口，传输速率为 480Mbps。USB 2.0 有高速、全速和低速三种工作速度，高速 480Mbps，全速 12Mbps，低速 1.5Mbps，其中全速和低速是为兼容只能工作在 USB 1.1 或 USB 1.0 的早期设备而设计的。

USB 3.0 是 2008 年发布的标准，被认为是超高速(SuperSpeed)USB，理论传输带宽可高达 5Gbps。从键盘到高吞吐量磁盘驱动器，各种器件都能够采用这种低成本接口进行平稳的即插即用式传输。2013 年 7 月发布的 USB 3.1 保留了现有的超高速传输速率，并引入了新的超高速+(SuperSpeed+)传输模式，最大数据传输速率可达 10 Gbps。

USB 3.2 是 2017 年 9 月发布的最新 USB 标准，在现有基础上对 USB 3.1 进行了补充，保留了 USB 3.1 物理层和编码技术，利用双通道技术，在使用经过 SuperSpeed+认证的 USB Type-C 数据线后可实现最高 20Gbps 的传输速率。由于 USB 3.1 标准中 Type-C 的线材在设计之初就已经允许单通道 10Gbps(双通道 20Gbps)的传输速率，因此在升级到 USB 3.2 标准后无须更换线材。

历代 USB 主要技术指标见表 8-1。

表 8-1　历代 USB 规格对比(截至 2017 年 9 月)

| 版　本 | 最大传输速率 | 代　号 | 最大输出电流 |
|---|---|---|---|
| USB 1.0 | 1.5Mbps | LowSpeed | 5V/500mA |
| USB 1.1 | 12Mbps | FullSpeed | 5V/500mA |
| USB 2.0 | 480Mbps | HighSpeed | 5V/500mA |
| USB 3.0 | 5Gbps | SuperSpeed | 5V/900mA |
| USB 3.1 | 10Gbps | SuperSpeed+ | 20V/5A |
| USB 3.2 | 20Gbps | SuperSpeed+ | 20V/5A |

USB 的接口主要有 Type-A、Type-B、Type-C 三类多种规格，可分别用在不同设备上，部分 USB 接口的形状和规格如图 8-1 所示。

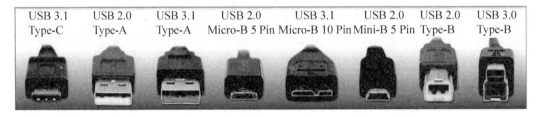

图 8-1　USB Type-A、Type-B、Type-C 接口形状

标准的 Type-A 是目前应用最广泛的接口，Micro-B 则主要应用于智能手机和平板电脑等设备。新定义的 Type-C 主要面向更轻薄、更纤细的设备。Type-C 大幅缩小了实体外型，更适合用于短小轻薄的手持式装置。Type-C 将取代 Micro-AB 型连接器(支援 USB 装置直接对传，不需要有主控系统介入)，也将取代一般的 Micro-USB 连接器，Type-C 仿 Apple Lightning 连接器，正反均可正常连接使用，较现有 Micro-USB 更理想，Micro-USB 虽有防止反接的防呆机制，但正反均可连接的 Type-C 型接口，使用更方便。

# 8.2　串行通信与串行接口芯片

串行接口通信基础.mp4

串行接口芯片 8251A.mp4

## 8.2.1 串行通信

计算机与外界交换信息称为通信,通信有两种基本模式:并行通信和串行通信,并行通信就是数据的各二进制位在多根传输线上同时从发送端(源端)传送到接收端(目的端),如图 8-2(a)所示。并行通信的特点是:控制简单,传送速度快,使用的传输线多,通信成本高,特别是随着通信距离的增长,通信成本和可靠性将成为最突出的问题,因此,并行通信适用于近距离、高速数据传输的场合。

当通信双方距离较远时,一般采用串行通信模式。串行通信就是数据的所有二进制位在一根传输线上从低位到高位一位一位地顺序传输,如图 8-2(b)所示。通常计算机之间、计算机与串行外设(如鼠标、键盘等)之间以及实时多处理机分级分布式控制系统中各 CPU 间都采用串行通信模式交换数据。串行通信的特点是:

(1) 通信距离远,通信成本低。由于通信过程只需一根传输线,所以通信成本较低,尤其在远程传送、网络传送中更为明显。

(2) 串行通信可以方便地利用已有的现代通信技术和设备(如市话系统),使计算机技术与通信技术密切结合,促使数据通信和计算机网络技术发展。

(3) 串行通信要求数据有固定格式,通信过程的控制要比并行通信复杂得多。串行通信时信息在一根通信线上传送,不仅要传送数据信息,还要传送联络控制信号,为了区分传输线上串行传送的信息流中哪个是数据,哪个是联络控制信号,就引出了串行通信中的一系列约定,也称通信规程或通信协议,如数据格式、传输速度、同步模式、差错校验模式、传输控制步骤等。此外,由于计算机是并行操作系统,在系统内部总线上传送的数据都是并行数据,因此,在串行通信时,发送端必须先将总线上的并行数据变换成串行数据,然后才能一位一位地串行发送出去。相应地,在接收端对接收到的串行数据必须通过转换接口,将其变换为并行数据才能供计算机进行处理。显然,这种数据格式的并-串与串-并转换,以及通信控制都使串行通信和控制更为复杂。

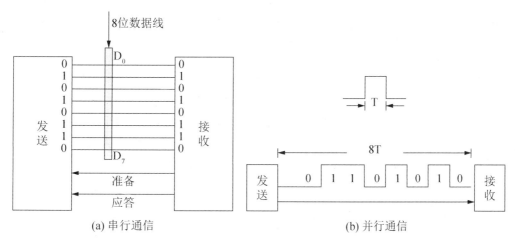

(a) 串行通信          (b) 并行通信

图 8-2　串行与并行通信示意图

(4) 串行通信的速率较低。首先因为原 8 条线的信息用 1 条线传输,其次因为传输过程要加入很多的控制信息,当传输线的传输速率一定时,串行通信的速率要比并行通信低，因此，串行通信适合于远程且传输速度要求不高的场合。

### 1. 信息传送方向

在串行通信中，信息在两个站点(如计算机和终端)之间传输，按照信息在通信线路上的传送方向可分为三种基本传输模式：单工模式、半双工模式和全双工模式。

(1) 单工(Simple)模式。

单工模式只允许信息按照一个固定的方向传送。通信线路的两端，若一端为发送端，则另一端只能为接收端，即只能是 A 站发送 B 站接收。目前在通信中已很少采用单工模式。

(2) 半双工(Half Duplex)模式。

如果通信系统中允许信息在两个站点间向任一方向传送，但两站点间只有一根传输线，即收、发过程使用同一通信线路，通信双方不能同时收发信息，而是分时完成各自的收发任务，这样的传输模式称为半双工模式。采用半双工模式时，通信系统中每一端的收、发器通过收/发开关接通到通信线路中，进行传送方向的切换。通常方向切换时会有一些时间延迟，一般的通信系统中收发开关实际是由软件控制的。日常生活中所使用的无线对讲机就是半双工模式，一个人在讲话时，另一个人只能听，双方虽然都能讲话，但不能同时进行。

(3) 全双工(Full-Duplex)模式。

如果通信系统中数据的接收和发送通过两根不同的传输线进行，那么通信双方能同时进行接收和发送操作，这样的传输模式称为全双工模式。市话系统就是全双工模式。

### 2. 串行通信模式

在串行通信中，发送端将待发送的并行数据转换成串行数据后才能发送，接收端也将接收到的串行数据转换成并行数据后再处理。因此，为了正确地区分每一个字符以及字符中的每一位信息，要求发送端和接收端的工作必须同步。否则，可能会出现一个字符在被分解成二进制位进行传送后，而在接收端会因某种原因发生错位，导致后面接收的字符都发生错位。因此，串行通信中如何使收、发双方同步工作是最关键的。串行通信又分为同步通信和异步通信两种模式。

1) 同步通信

同步通信模式是指通信双方使用同一个时钟信号控制数据的发送和接收，该时钟不仅对一个字符中的各位进行定时，而且也对字符之间进行定时。同步通信数据格式如图 8-3 所示，将要传送的字符按顺序连接起来，构成一个数据块。为保证同步，在数据块的前面用同步字符作开始字符，末尾用两个 CRC 字符(循环冗余校验字符)作为数据传送的结束标志。同步字符、数据流、校验字符 CRC 就构成了一个数据帧。

图 8-3 同步通信数据格式

在进行同步通信时，发送端总是在正式发送数据信息之前，先发送同步字符通知接收端，而接收端接收数据时，总是先搜索同步字符，只有在搜索到同步字符后，才能开始数据的传送。

同步通信具有以下特点。

(1) 以同步字符作为传送的开始。

(2) 每一数据位占用相等的时间，即同步传送时不仅字符内各位之间是同步的，字符与字符之间也是同步的。

(3) 数据成批连续发送，字符之间不允许有间隔，当线路空闲或在发送数据过程中，出现没有准备好发送数据的情况时，发送器以发送同步字符来填充。

(4) 发送端在发送数据的同时还要以某种模式将同步时钟信号也发送出去，接收端用此时钟来控制数据的同步接收。

(5) 同步通信的硬件和控制要比异步通信复杂。

(6) 同步通信的传输速度快，通信效率较高。由于同步通信时以数据块为单位，附加的非数据信息总量少(仅有同步字符和校验字符 CRC)，因此不仅传输速度快，而且效率高。适用于大批量、高速率的数据通信场合。

2) 异步通信

异步通信模式是指通信双方使用各自的时钟信号来控制工作。双方的时钟频率允许有一定的偏差范围。异步通信以字符为单位，一个字符一个字符地传输，字符与字符之间的间隔是任意的，每个字符中的各位以固定间距传送。因此，异步通信模式中同一字符内的各位是同步的，而字符之间是异步的。

异步通信的数据格式中设置起始位和停止位以实现数据字符的同步，异步通信数据格式如图 8-4 所示。异步通信的一帧信息由起始位(1 位)、数据位(5～8 位)、奇偶校验位(1 位)和停止位(1 位、1 位半或 2 位)四部分组成。

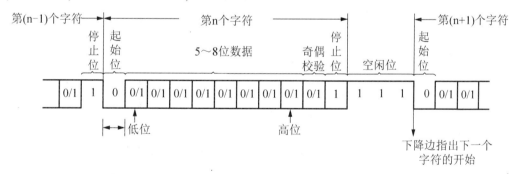

图 8-4　异步通信数据格式

起始位必须是一个位宽度的低电平(逻辑值 0)，其作用是通知接收方传送开始。

数据位常为 5～8 位，具体多少位由软件确定。数据位紧跟在起始位之后，是传送信息的主体，传送时低位在前，高位在后。

奇偶校验位仅占 1 位，其取值可以是 0 也可以是 1，置位后可使包括校验位在内的所有数据位中所有 1 的个数为奇数或偶数，以便进行错误检测，也可以不设校验位。

停止位可为 1 位、1 位半或 2 位，具体由软件确定。停止位一定是高电平(逻辑值 1)，它标志着一个数据字符的结束。

异步通信的过程如下。

传送前，收、发双方必须首先确定数据格式(包括数据位数、奇偶校验形式，以及停止位位数)和数据传输速率，即比特率(每秒钟传送的二进制位数)。

传送开始后，发送端在发送每个数据字符前首先发送一个低电平的起始位，作为接收该字符的同步信号，然后发送有效数据字符和校验位(也可以没有)，在字符结束时再发送 1 位、1 位半或 2 位的停止位，停止位后面是若干空闲位。停止位和空闲位必须高电频，这样就可以保证在起始位的开始处一定有一个下降沿，以作为起始检测标志。传送开始后，接收端不断检测串行传输线上的电平变化，当接收端检测到一个下降沿时，便知道起始位出现，经确认后，开始接收数据位、校验位和停止位，当检测到停止位时，可知一个字符传输结束，则接收端对数据按规定格式进行处理，去掉校验位和停止位再进行串/并转换，变为一个并行的字节数据后才算正确地接收完一个字符。再经过一段随机的空闲位之后，又开始新的字符传送过程，直至全部字符传送完毕。

从上述工作过程可知，异步通信以字符为单位传送，每一个字符都用起始位来检测收发双方的同步，而用在数据位的后面附加停止位和空闲位来作为通信双方时钟频率偏差的一种缓冲。这样，即使双方时钟频率略有偏差，总的数据流也不会因偏差的累积而导致数据错位。所以异步串行通信具有较高的可靠性。然而，在异步通信时，每个字符的前后都要附加起始位、停止位等信息，降低了串行通信的传输效率，通常约为 70%～80%。因此，异步通信模式一般适用于数据传输速率要求不高(19.2Kbps 以下)的场合。当要求传输速率较高时，应采用同步通信模式。

### 3. 串行传送速率

(1) 比特率。

在串行通信中，常用每秒钟传送多少二进制位数来衡量传送速率。因此，所谓传输速率就是每秒钟传送的二进制位数(bps)，传输率也称比特率，应该注意的是比特率的计算包括起始位、校验位和停止位。

假定在异步串行传送的每个字由 1 位起始位、8 位数据位、1 位奇偶校验位和 1 位停止位构成，即每次通信为 11 位，如果每秒钟传送 100 个字符，则数据传送的比特率为 11 位×100 字符/s=1100 位/s=1100 比特/s=1100bps，但实际的数据传输率只有 800bps。

串行通信中常用的比特率有：

110bps、300bps、600bps、1200bps、1800bps、4800bps、9600bps 和 1920Kbps，这也是国际上规定的标准比特率。多数 CRT 终端的传输速率设定在 9600bps，点阵式打印机最高也只能以 2400bps 的速率来接收数据。

(2) 发送接收时钟。

在异步串行通信中，发送端需要用一定频率的时钟来决定发送每一位数据所占的时间长度(称为位宽度)，接收端也要用一定频率的时钟来测定每一位输入数据的位宽度。发送端使用的用于决定数据位宽度的时钟称为发送时钟，接收端使用的用于测定每一位输入数据位宽度的时钟称为接收时钟。由于收发时钟决定每一位数据位宽度，所以其频率的高低决定串行通信双方发送和接收字符数据的速度。

在异步通信中，总是根据数据传输的比特率来确定收发时钟的频率。通常，收发时钟的频率总是取位传输率(即比特率)的 16 倍、32 倍或 64 倍,这有利于在位信号的中间对每位数据进行采样,以减少读数错误。收发时钟频率与比特率间的关系:

$$收发时钟频率 = M \times 比特率$$
$$收发比特率 = 收发时钟 / M$$

上式中,M 称为比特率系数或比特率因子,它的取值可为 1、16、32 或 64。但对于可编程串行接口芯片 8251A 来说,M 不能取 32。在实际应用中,可根据所需要的传输比特率和选取的比特率因子 M 来确定收/发时钟的频率。

假定一异步传输系统的传输速率为 9600bps,则:

M=1 时,收发时钟频率为 9600Hz;

M=16 时,收发时钟频率为 1536kHz;

M=64 时,收发时钟频率为 6144kHz。

(3) 传输距离与传输速率的关系。

一般来说,通过串行接口或终端直接发送的串行数据在保证其基本不产生信号畸变和失真的条件下,所能传送的最大距离,与传输速率及传输线的电气性能有关。对于同一种传输线,传输距离是随传输率的增加而减少。如图 8-5 所示为使用一种每英尺有 50PF 分布电路的非平衡双屏蔽线时,传输距离随比特率变化的曲线。

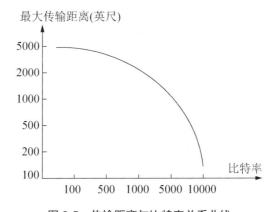

图 8-5　传输距离与比特率关系曲线

在实际应用中,当选定某一传输速率时,若传输距离位于曲线下方则可直接通过串行连接器通信,不需另加通信设备。这时一个全双工连接只需 3 根线(接收线、发送线、信号地线)即可。当传输距离在曲线上方时,则需要引入通信设备,如利用电话线上网时使用的调制解调器,发送端使用调制解调器将数字信号调制为适合在电话线上传输的音频模拟信号;接收端使用调制解调器接收该模拟信号并转换成数字信号送入计算机。

### 4. 信号的调制与解调

计算机串行通信是数字信号通信,这种数字信号包含了从低频到高频极其丰富的谐波信号,对其进行传送,要求传输线路的频带很宽。但在远距离通信时,为了降低成本,通信线路通常是借用现成的公用电话网进行传送,而这种普通电话线只能传送 300～3400Hz 的音频模拟信号,线路对高次谐波的衰减很厉害,信号到了接收端后将发生畸变和失真,不适合传送二进制数字信号。因此,就需要引入其他通信设备,一般会采用调制解调技术,在发送端使用调制器把要传送的数字信号转换为适合在电话线上传输的音频模拟信号；接收端则使用解调器把从线路上收到的模拟信号还原为数字信号。由于大多数情况下通信是双向的(即双工模式)，所以常将调制和解调功能集成在一起，构成完整的调制解调器(Modem)供用户选用。远程通信中调制与解调的实现如图 8-6 所示。

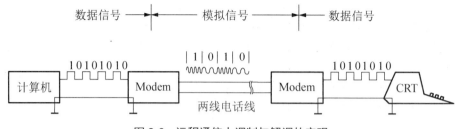

图 8-6　远程通信中调制与解调的实现

### 5. 检错与纠错

串行通信不论采用何种模式，都应保证高效率、无差错地传送数据。但在任何一个远程通信过程中因噪声干扰致使信息传输过程中出现差错都是不可避免的，这就直接影响着通信系统的可靠性。因此，串行通信中对差错的控制能力是衡量通信系统可靠性的一个重要指标。通常把如何发现传输中的错误称为检错，而把发现错误之后，如何消除错误称为纠错。在基本通信规程中一般采用奇偶校验和方阵校验来检错，以反馈重发模式纠错。在高级通信控制规程中，一般采用循环冗余校验码来检错，用自动纠错方法来纠错。

1) 奇偶校验

奇偶校验的规则比较简单，就是在发送数据时，在数据位后面加上一位奇偶校验位，校验位的取值可为 0 或 1，以保证每个字符(包括校验位)中"1"的总个数为奇数或偶数。发送时，发送器会根据数据位的结构自动在校验位上添上 0 或 1，接收器在接收时对接收到的信息进行"1"个数的奇偶性检查，若发现奇偶错，则建立状态标志(将状态寄存器中奇偶校验位置 1)，以便 CPU 查询和进行错误处理，也可向 CPU 发中断申请，转去执行错误处理的中断服务程序。

2) 矩阵校验

矩阵校验实际上是用奇偶校验与"校验和"相结合的一种综合校验方法，其校验的基本原理是：在每 7 个二进制编码的字符后附加 1 位奇偶校验位，以使整个字符中含"1"个数为奇数或偶数。然后将若干带校验位的字符组成一个数据块列成矩阵，对矩阵中列向(逐列)进行按位加(即异或)运算。于是产生校验字符，并将该校验字符附加在数据块的末尾。这一校验字符是整个数据字符的"异或"结果，它反映了整个数据块的奇偶性。方阵校验字符的生成原理如图 8-7 所示，接收端在接收数据的过程中也生成校验字符。对生成的校验字符与发送来的校验字符进行比较，若两者不同，证明出现差错，以反馈重发来纠错。

3) CRC 校验

CRC 是循环冗余码校验的缩写，它是利用编码原理，对传送的二进制代码序列以某种规则产生一定的校验码，并将校验码放在二进制代码之后，形成符合某种规则的新二进制编码序列，然后将此新的编码序列发送出去。在接收时就根据信息码与校验码间所符合的某种规则进行检测(也称译码)，从而检测出传送过程中是否发生差错。由于 CRC 校验是对整个数据块进行校验，所以适用于同步串行通信中的差错校验。

```
            字符代码          奇偶位
          ┌─────────┐
          1 0 1 0 1 1 1      1
          0 1 0 0 0 1 0      0
          1 0 1 0 1 1 0      0
          1 1 0 1 0 0 1      0
          1 0 1 0 0 0 1      1
          ─────────────────
          0 0 1 1 0 1 1      0    ◄──校验字符
```

图 8-7　方阵校验字符的生成原理

## 8.2.2　串行通信接口

在串行通信中，计算机与终端或外设之间的连接需要解决两个基本问题：①双方连接时必须按照统一的物理接口标准来连接，如连接电缆、信号电平、信号定义与特性等，都必须按照统一的标准。目前可供使用的连接标准较多，其中应用最广泛的是 RS-232C 串行接口标准。②要按照确定的接口标准设置计算机与外设之间进行串行通信的接口电路。

### 1. RS-232C 串行接口标准

在串行通信中，数据终端设备(DTE)与数据通信设备(DCE)间的连接，用的是 RS-232C 标准。目前该标准广泛应用于计算机接口与外设或终端之间的直接连接。RS-232C 标准对串行通信接口的有关问题，如信号线功能、信号的逻辑电平等都做了明确规定。其与 TTL 电平有很大的差别，因此两者之间一般要进行转换。

(1) 逻辑电平转换。

RS-232C 标准中信号电平是按负逻辑定义的，即用-5V～15V 表示逻辑 1，15V～45V 表示逻辑 0，与 TTL 电平中规定的高电平表示 1，低电平表示 0 不一致。因此，为了能同计算机接口或终端的 TTL 器件相连接，两者间必须进行逻辑电平的转换，即数据输出(发送)时，必须把 TTL 电平信号转换成 RS-232C 标准电平；数据接收时，必须把 RS-232C 标准信号转换成 TTL 电平信号，如图 8-8 所示。

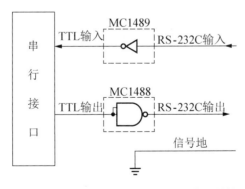

图 8-8　RS-232C 标准信号与 TTL 电平转换

(2) 常用 RS-232C 标准接口信号的定义。

RS-232C 标准共定义了 25 个接口信号，使用 25 针 D 型转换插座。在微机串行通信中最常用的信号只有 9 个(使用 9 针 D 型插头和插座)，见表 8-2。这些信号分为两类：一类是基本的数据传输信号，另一类是用于 Modem 的控制信号。

表 8-2　常用 RS-232C 接口信号

| 引　脚 | 符　号 | 方　向 | 功　能 |
|:---:|:---:|:---:|:---|
| 2 | TxD | 输出 | 数据发送 |
| 3 | RxD | 输入 | 接收数据 |
| 4 | RTS | 输出 | 请求发送 |
| 5 | CTS | 输入 | 允许发送 |
| 6 | DSR | 输入 | 数据装置就绪 |
| 7 | GND |  | 信号地 |
| 8 | DCD | 输入 | 数据载波检测 |
| 20 | DTR | 输出 | 数据终端就绪 |
| 22 | Ri | 输入 | 振铃提示 |

基本数据传输信号如下。

① TxD：数据发送信号，对应于引脚 2，用于数据的输出(发送数据)。不发送数据时该引脚应为逻辑 1 电平。

② RxD：数据接收信号，对应于引脚 3，用于数据的输入(接收数据)。不接收数据时该引脚应为逻辑 1 电平。

③ GND：信号地，对应于引脚 7。

当两台计算机之间或计算机与外设间近距离通信时，可以不通过通信设备 Modem 而直接连接，如图 8-9 所示，这时仅需要发送线 TxD、接收线 RxD 和信号地线共 3 根线，这种连接模式称为"零 Modem"连接。零 Modem 连接的情况适合于 50m 以内的串行通信。

当两台计算机或设备远距离通信时，由于计算机经 RS-232C 标准接口输出的是电平信号，不能直接连接到通信线路(如公用电话网)上，需要使用 Modem 把代表 1 和 0 的电平信号调制成能在通信线路上传送的模拟信号并送入通信线路进行传送。接收时，再由 Modem 把从通信线路上接收的模拟信号(调制信号)经解调还原成表示 0、1 的 TTL 电平信号，经 RS-232C 标准接口送给接收计算机，如图 8-10 所示。

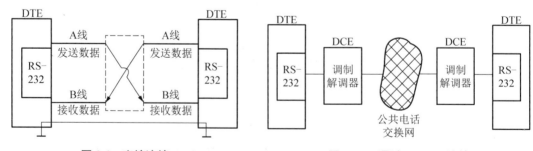

图 8-9　直接连接　　　　　　　　　　图 8-10　通过 Modem 连接

## 2. 串行通信接口的基本功能

许多集成电路厂商针对串行通信的需要，设计生产了多种通用可编程的同步/异步串行

接口芯片, 用来实现数据的串/并转换、错误校验及发送接收控制等。串行通信接口基本功能包括:

(1) 数据的串/并转换。在发送数据时, 数据从计算机送至数据终端, 首先要把总线上的并行数据转换为串行数据, 再通过 I/O 线传送出去; 在接收时, 计算机接收由终端送来的数据时, 要先把串行数据转换为并行数据后才能送入计算机处理。因此, 串行接口电路应具备数据的串/并转换功能。

(2) 实现串行数据的格式化。由于串行通信模式不同, 其数据格式也不同。因此, 接口电路要能按不同通信模式对数据进行格式化。例如: 在异步模式下, 发送时, 接口电路在将 CPU 送来的并行数据转换为串行数据后还要自动加上起始位、奇偶校验位和停止位, 接收时要自动去掉这些附加位。在同步模式下, 接口电路要在传送的数据前加上同步字符。

(3) 可靠性检验。在发送数据时, 接口电路要自动生成奇偶校验值; 在接收数据时, 接口电路要检查字符的奇偶校验是否符合校验码, 以确定是否发生传送错误。

(4) 实现接口与 Modem 之间的联络控制。在远程通信时, 计算机要通过通信设备来传送数据, 这时, 计算机实际上是通过串行接口与通信设备实现数据传送的。为此, 接口电路应能提供符合接口标准规定的联络控制信号, 实现与通信设备 Modem 之间的联络控制。

## 8.2.3　串行接口芯片 8251A

### 1. 8251A 的编程结构

(1) 8251A 的基本特性。

Intel 8251A 是通用同步/异步数据接收发送器, 在微型计算机中作为可编程串行通信接口电路, 其基本性能如下。

① 工作于全双工模式, 通过编程可工作于同步或异步通信模式。

② 工作在同步模式时, 每个字符可用 5～8 位来表示, 比特率可为 0～64Kbps, 同步模式可选择内同步或外同步。内同步模式时, 内部可自动检测同步字符, 从而实现同步。此外, 同步模式下还可增加奇/偶校验位进行校验。

③ 工作在异步模式时, 每个字符也可用 5～8 位表示, 能为每个字符自动增加起始位、停止位, 异步传送的比特率为 0～192Kbps, 比特率系数可为 1、16 或 64。

④ 8251A 具有三种错误检测功能: 奇偶校验错、溢出错和帧格式错。

(2) 8251A 的内部结构。

8251A 内部由数据总线缓冲器、读/写控制逻辑电路、调制/解调控制电路、接收器、发送器五部分组成。各部件之间通过内部数据总线相互通信, 如图 8-11 所示。

① 数据总线缓冲器: 数据总线缓冲器的作用是使 8251A 与系统数据总线相连接, CPU 向 8251A 发出的数据和控制信息以及 8251A 向 CPU 传送的输入数据和状态信息都通过数据总线缓冲器传送, 数据总线缓冲器内部由 3 个三态、双向 8 位缓冲器组成, 它们是: 状态缓冲器、接收数据缓冲器和发送数据/指令缓冲器, 如图 8-12 所示。发送数据/指令缓冲器用来接收 CPU 用 OUT 指令向 8251A 写入的数据或控制命令。接收数据缓冲器用来暂存从外部接收的数据。状态缓冲器寄存 8251A 所产生的各种状态信息。CPU 可以用

IN 指令读取接收数据缓冲器中的数据和状态缓冲器中的状态信息。

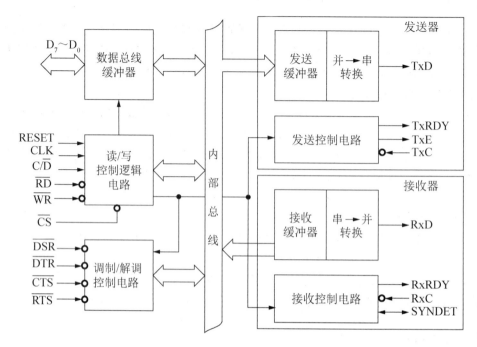

图 8-11　8251A 的内部结构

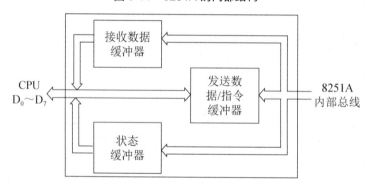

图 8-12　8251A 数据总线缓冲器

　　与数据总线缓冲器有关的引脚是 $D_0 \sim D_7$，共 8 根数据线，$D_0 \sim D_7$ 使 8251A 与 CPU 系统中的数据总线相连，用来传送 8251A 与 CPU 间的数据、命令和状态信息。

　　② 读/写控制逻辑电路：读/写控制逻辑电路用于对 8251A 进行硬件管理，它接收 CPU 的控制信号(如 $\overline{CS}$、$\overline{RD}$、$\overline{WR}$ 等)和控制命令(模式控制字和操作命令字)，经译码后，配合数据总线缓冲器的操作，完成 8251A 与 CPU 间信息传送，即读/写操作，如表 8-3 所示。此外，读写控制逻辑电路还向 8251A 内部其他部件发送相应的控制信号。

　　③ 调制/解调控制电路：调制/解调控制电路用来简化 8251A 与调制解调器的连接。在进行远程通信时，发送端要用调制器将串行接口送出的数字信号变为音频模拟信号，再通过专线或电话线发送出去，在接收端则要用解调器将模拟信号变换为并行数字信号，再由串行接口送往计算机主机内。在全双工通信模式下，收发双方都要连接调制解调器。调制

解调控制电路，对外提供了一组通用控制联络信号，可将串行接口 8251A 直接与调制解调器相连接。这组联络控制信号在下面的引脚功能中进行介绍。

表 8-3　8251A C/$\overline{\text{D}}$、$\overline{\text{RD}}$、$\overline{\text{WR}}$ 三个信号的组合作用表

| C/$\overline{\text{D}}$ | $\overline{\text{RD}}$ | $\overline{\text{WR}}$ | 具体的操作 |
|:---:|:---:|:---:|:---|
| 0 | 0 | 1 | CPU 从 8251A 输入数据 |
| 0 | 1 | 0 | CPU 向 8251A 输出数据 |
| 1 | 0 | 1 | CPU 读取 8251A 的状态 |
| 1 | 1 | 0 | CPU 向 8251A 写入控制字 |

④ 接收器：接收器由接收缓冲器和接收控制电路组成，其中接收缓冲器还包括接收移位寄存器、串/并行转换电路和同步字符寄存器等电路。接收器的功能是在接收时钟 RxC 的作用下接收从 RxD 引脚上输入的串行数据，并按规定的数据格式将其转换成并行数据，去掉信息中的同步字符(同步模式)、起始位、奇/偶校验位和停止位(异步模式)，将并行数据经内部总线存入接收数据缓冲器中，等待 CPU 取走。接收数据的速率取决于接收时钟 RxC 的频率。接收控制电路用来配合接收数据缓冲器工作，控制串行数据的输入全过程。

接收器的工作过程分两种情况：

在异步模式下，芯片复位后当"允许接收"和"准备好接收数据"信号有效时，接收器开始监视接收线 RxD 上的信号电平，在无字符传送时，RxD 线上应为高电平，当发现 RxD 线出现一个低电平，就认为可能是起始位，并启动接收控制电路中的一个内部计数器计数，计数脉冲就是 8251A 的接收时钟 RxC，当计数到一个数据位宽度的一半(当比特率因子为 16 时，则计数到第 8 个脉冲)时再对 RxD 线进行检测，若此时 RxD 线上仍为低电平，则确认该低电平即为有效的起始位，此后，8251A 每隔一个位宽度时间，按信息的规定格式，也就是每隔 16 个 RxC 时钟周期就对 RxD 线进行一次采样，如图 8-13 所示。

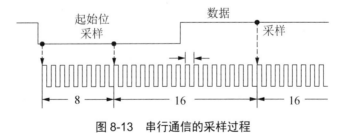

图 8-13　串行通信的采样过程

采集到的数据送到接收移位寄存器，经过移位、奇偶校验，再去掉停止位和起始位，变为并行数据，再经内部数据总线送入接收数据缓冲器，当字符位数不满 8 位时，8251A 自动在字符的高位补 0。同时状态寄存器的 RxRDY 位被置位，等待 CPU 读取。

在异步模式时，接收时钟 RxC 的比特率因子可取 1、16 或 64 倍。使用高于比特率若干倍的时钟频率，其目的是使接收移位寄存器在每个数据位的中间时间采样 RxD 线，以减少因噪声干扰在信号起始处产生的读数错误。

在同步模式下，由于内、外同步时检测同步字符的模式不同，所以又分两种情形。

工作于内同步模式时，在 CPU 发出允许接收和进入同步搜索的命令后，接收器首先

搜索同步字符。接收器不断监视 RxD 线，每当 RxD 线上出现一个数据位时就将其送入接收移位寄存器，并与同步字符寄存器中的同步字符(由程序装入)进行比较。若两者不同，则继续从 RxD 线上接收数据、移位和比较，直到相同为止。若两者相同，8251A 结束同步搜索模式，并将 SYNDET(同步检测)引脚置为高电平，表示已达到同步。若程序规定为双同步，则 8251A 必须搜索到两个同步字符后，才能将 SYNDET 引脚置为高电平。

工作于外同步模式时，由外部电路检测同步字符。当外部检测到同步字符后，就从同步检测输入引脚 SYNDET 输入一个高电平，则 8251A 便立即脱离对同步字符的搜索过程。只要 SYNDET 端的高电平维持一个接收时钟周期，8251A 就认为已经实现同步。

实现同步之后，接收器便在接收时钟 RxD 的作用下开始从 RxD 线上接收同步数据，将其送入接收移位寄存器，并按规定的数据位数装配成并行数据，经内部数据总线送入数据总线缓冲器中，同时发出 RxRDY 信号通知 CPU，8251A 已收到一个字符，等待取走。

⑤ 发送器：发送器由发送缓冲器和发送控制电路组成。发送器的功能是接收 CPU 送来的并行数据并将其转换为串行数据，按照程序规定的数据格式加上适当的附加信息后经 TxD 线串行发送出去。

在异步发送模式下，发送器按程序规定的数据格式将要发送的数据自动添加起始位、奇/偶校验位和停止位，然后在发送时钟 TxC 的作用下经 TxD 端串行发送出去。数据传送的比特串可以等于发送时钟 TxC 的频率，也可以是它的 1/16 或 1/64，或者说发送时钟 TxC 频率可以是发送比特率的 1、16 或 64 倍，具体取决于编程时给出的比特率系数。

当 CPU 来不及将数据送给 8251A 或者没有数据可发时，TxD 线上输出空闲位，即高电平。8251A 还可以根据控制命令的要求，发送从起始位到停止位全为"0"的中止数据。

在同步发送模式下，发送过程开始后，发送器要根据初始化程序的规定，在发送数据字符之前先发送一个或两个同步字符，然后发送数据块，在发送数据块的过程中，发送器会根据程序的要求对数据块中的每个数据(字符)加上奇偶校验位，最后加上两个 CRC 校验字符，除此之外不再附加任何其他信息。

在同步发送时，字符或数据之间不允许有间隙，若因某种原因发送过程中 CPU 来不及把新的字符送给 8251A 时，则发送器会自动在 TxD 线上插入同步字符，直到 CPU 能提供新的字符为止。同步发送时，数据传输率等于发送时钟频率 TxC。

发送控制电路接收内部控制信号和外部时钟信号，管理与发送串行数据有关的所有操作，不论是同步传送还是异步传送，只有当程序将 TxEN(允许发送)和 CTS(清除发送，是由外设发来的对 CPU 请求发送信号的响应信号)置为有效时，才能开始发送过程。

(3) 8251A 的外部引脚信号。

8251A 作为 CPU 与外设或调制解调器间的接口，其引脚信号分为两部分：一部分是 8251A 与 CPU 相连接的信号，另一部分是 8251A 与外设间的连接信号，如图 8-14 所示。

① 8251A 与 CPU 间的连接信号。

$\overline{\text{CS}}$：片选信号，低电平有效。$\overline{\text{CS}}$ 为低电平时，表示 8251A 被选中，可以对它进行读写；为高电平时，表示 8251A 未被选中，此时 8251A 的数据线为高阻态，读、写信号($\overline{\text{RD}}$、$\overline{\text{WR}}$)对它不起作用。$\overline{\text{CS}}$ 信号由地址译码电路产生。

$D_0 \sim D_7$：数据总线，双向三态。8251A 的这 8 根数据线与系统数据总线相连。实际上，CPU 发送给 8251A 的数据和控制命令以及 8251A 送给 CPU 的数据和状态信息都通过这8根数据线传送。

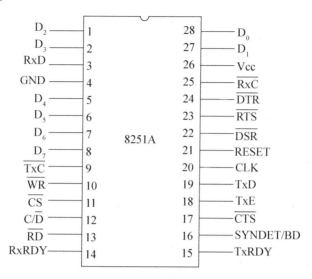

**图 8-14　8251A 的引脚信号**

RESET：复位信号，输入，高电平有效。当该引脚上加一高电平(维持 6 个时钟周期)时，8251A 的内部寄存器复位，芯片处于空闲状态，等待对它初始化，通常将 RESET 引脚与计算机系统复位线相连，以便上电复位。

$\overline{RD}$：读信号，输入，低电平有效。用来通知 8251A，CPU 当前正从 8251A 中读取数据或状态信息。

$\overline{WR}$：写信号，输入，低电平有效。用来通知 8251A，CPU 当前正向 8251A 写入数据或控制命令(模式字或操作命令字)。

$C/\overline{D}$：控制/数据信号，双功能信号。该信号是 CPU 发送给 8251A 的控制信号，有双重功能，用来区分当前读取的是数据还是控制信息或状态信息。当 CPU 对 8251A 读写数据时，$C/\overline{D}$=0，选择 8251A 的数据端口；当 CPU 向 8251A 写入控制字或从 8251A 读取状态字时，$C/\overline{D}$=1，选择 8251A 的控制端口。

这里需要说明，8251A 芯片只有两个端口地址，一个是奇地址，一个是偶地址，而芯片内部 CPU 可访问的寄存器较多，因此，数据的输入和输出合用一个端口，称为数据口，且为偶地址端口；控制信息的写入和状态信息的读出合用一个端口，称为控制口，且为奇地址端口。8251A 是一个 8 位串行接口电路，在 8086 系统中，它通常连接在低 8 位数据总线上，而 8086CPU 规定：低 8 位数据总线上的数据总是写入偶地址单元或端口，而高 8 位数据总线上的数据总是写入奇地址单元或端口，读出时的情况也一样。即从偶地址单元或端口读出的数据应从低 8 位数据线上传入 CPU，从奇地址单元或端口读出的数据应从高 8 位数据线上传入 CPU。也就是说，低 8 位数据总线和偶地址相连，高 8 位数据总线和奇地址相连。因此，8086 CPU 对 8251A 访问时，连续发出两个偶地址，而 8251A 需要的是一个奇地址，一个偶地址，为此，只好利用地址线 $A_1$ 来区分奇地址端口和偶地址端口，$A_1$=0 时，表示选中偶地址，$A_1$=1 时，表示选中奇地址，$A_1$ 的电平变化正好符合 8251A 对奇偶端口选择的要求。于是将地址线 $A_1$ 与 8251A 的 $C/\overline{D}$ 引脚相连即可满足端口地址选择的要求。

CLK：时钟信号，该信号为8251A内部电路提供定时功能。在同步模式，CLK的频率应为收发时钟(RxC和TxC)频率的30倍，在异步模式，CLK的频率应为收发时钟频率的4～5倍。

TxRDY：发送器准备好信号，输出，高电平有效。TxRDY信号是一个状态信号，该信号有效，表示8251A已做好发送准备，CPU可以向8251A发送数据。具体地说，当 $\overline{CTS}$ 为低电平而TxEN为高电平(即允许发送)，一旦发送数据缓冲器为空时，TxRDY信号有效，则CPU可知8251A已做好准备，可向8251A发送数据。而在实际应用中，当8251A和CPU间采用查询方式联络时，该信号可以作为一个查询标志，CPU可以通过状态寄存器中的 $D_0$ 位来检测该信号，了解8251A的当前状态，以决定是否可以向8251A输出一个字符。当采用中断方式联络时，该信号可以作为中断请求信号，请求CPU发送数据。不论是中断方式还是查询方式，CPU向8251A写入一个字符后，TxRDY信号自动复位。

TxE：发送器空信号，输出，高电平有效。该信号有效，表示一个发送操作的完成，发送器中的数据已发送出去，发送移位寄存器为空，再无数据可向外发送。异步模式时，由TxE引脚向外部输出空闲位(高电平)，同步模式时，由于不允许字符间有间隙，所以此时TxE线必须向外输出同步字符。当8251A从CPU接收到一个字符后，TxE便变为低电平。一旦该字符发送出去，TxE又变为高电平。若为半双工模式，则CPU可根据TxE的状态来决定何时切换数据传送方向，将发送状态转为接收状态。

TxRDY与TxE的区别是：TxRDY有效表示发送数据缓冲器已空，而TxE有效，表示发送器中发送移位寄存器已空。显然TxRDY会在TxE之前有效，而TxRDY有效时，TxE不一定有效。在正常连续发送的情况下，TxRDY有可能有效，但TxE一直无效，因为连发时，发送移位寄存器不可能为空。只有CPU无数据可发时，移位寄存器为主，这时TxRDY和TxE才同时有效。

RxRDY：接收器准备好信号，输出，高电平有效。该信号有效，表示8251A已从外设或Modem接收到一个字符，等待CPU取走。因此，在中断方式时，该信号可作为8251A的中断请求信号；在查询方式时，该信号可作为查询标志。当CPU从8251A读取一个字符后，此信号自动变为低电平。下次再接收到一个新字符时，RxRDY又变为有效高电平。

SYNDET/BD：同步检测/中止符检测信号，输入输出双功能。当工作于同步模式时，该引脚为同步检测信号。对于内同步模式，SYNDET为输出信号。当8251A完成同步字符搜索已达到同步时，该信号为高电平，若为双同步时，则在第二个同步字符最后一位的中间，SYNDET输出变为高电平，从而表明已达到同步。当CPU执行一次读操作时，SYNDET变为低电平。对于外同步模式，SYNDET为输入信号，当该引脚由低电平变为高电平(即产生一个正跳变)时，就迫使8251A脱离同步搜索模式，并从下一个 $\overline{RxC}$ 时钟信号的下降沿时开始收集字符。从SYNDET/BD引脚输入的高电平时间应至少维持一个 $\overline{RxC}$ 时钟周期。

在异步模式下，该引脚可作为中止符检测信号线，这时SYNDET/BD为输出信号，当8251A接收到一个全"0"字符(包括起始位、数据位、奇偶校验位、停止位)时，SYNDET引脚输出高电平。中止符检测可作为"状态"信号由CPU读取，以作为异常传送的控制信号。

当 RxD 线上收到一个高电平信号或 8251A 被复位时，中止符检测信号才复位(变为低电平)。

$\overline{RxC}$：接收时钟，由外部输入。$\overline{RxC}$ 的频率决定 8251A 接收数据的速率，当 8251A 工作于异步模式时，$\overline{RxC}$ 时钟频率是数据传送比特率的 1、16 或 64 倍。当 8251A 工作于同步模式时，$\overline{RxC}$ 的时钟频率应等于接收数据的比特率。接收时钟应与对方的发送时钟相同。

$\overline{TxC}$：发送时钟，由外部输入。$\overline{TxC}$ 的频率决定 8251A 的发送速率。在异步模式下，发送时钟 $\overline{TxC}$ 的频率是发送比特率的 1、16 或 64 倍，具体由初始化程序决定。在同步模式下，发送时钟 $\overline{TxC}$ 的频率应等于发送数据的比特率。

收发时钟决定 8251A 的通信速率，它们均由称为比特率发生器的外部时钟源提供。在实际应用中，通常把 $\overline{RxC}$ 和 $\overline{TxC}$ 连在一起，由同一个时钟源(如定时器/计数器 8253)提供所要求的时钟信号。

② 8251A 与外设间的连接信号。

$\overline{DTR}$：数据终端准备就绪信号，输出，低电平有效。$\overline{DTR}$ 又是由 8251A 送往外设(或 Modem)的信号，通知外设(或 Modem)计算机接口(或终端)当前已接通电源并准备就绪。CPU 可以通过控制字($D_1=1$)设置 $\overline{DTR}$ 为 0，使 $\overline{DTR}$ 引脚产生一个有效低电平，用于表示 8251A 准备就绪。

$\overline{DSR}$：数据装置(DCE)准备就绪，输入，低电平有效。$\overline{DSR}$ 是外设(或 Modem)送给 8251A 的，该信号有效，表示外设(或 Modem)已准备好发送数据，当 $\overline{DSR}$ 有效(出现低电平)，会使 8251A 的状态寄存器中的 $D_7=1$，所以，CPU 可以用 IN 指令读取状态寄存器的 $D_7$ 位来检测 $\overline{DSR}$ 信号。$\overline{DSR}$ 信号实际上是对 $\overline{DTR}$ 的回答信号。

$\overline{RTS}$：请求发送信号，输出，低电平有效。该信号由 8251A 送往外设(或 Modem)，可有效通知 Modem 8251A 要求发送数据，CPU 可以通过将控制字中 $D_5$ 位置"1"使 $\overline{RTS}$ 引脚有效，表示 8251A 已准备好发送数据。

$\overline{CTS}$：清除请求发送信号，输入，低电平有效。该信号是外设(或 Modem)发送给 8251A 的，当外设收到 $\overline{RTS}$ 命令，完全做好了发送数据的准备之后，就向 8251A 发回一个低电平信号 $\overline{CTS}$，这是对 $\overline{RTS}$ 信号的回答。当 $\overline{CTS}$ 有效时，8251A 才能执行发送操作。这时，若控制字中 TxEN=1，表示 8251A 的发送缓冲器中已收到 CPU 的一个数据，发送器可发送此串行数据。

TxD：数据发送线，CPU 送往 8251A 的数据总线缓冲器的并行数据变为串行数据后就从 TxD 线上串行发出。

RxD：数据接收线，用来接收外部的串行数据，数据进入 8251A 后变为并行数据。

**2. 8251A 的编程命令**

8251A 是一个可编程串行通信接口芯片，在使用前(即复位后，传送数据之前)必须对它进行初始化编程，以确定它的工作模式、传送速率、数据格式等。对 8251A 初始化编程可使用以下控制命令实现。

(1) 模式选择控制字。

模式选择控制字的作用是用来确定 8251A 的通信模式(同步或异步)和数据格式，并选择控制字写入 8251A 的控制口(奇地址端口)。

8251A 的模式选择控制字包括同步模式字和异步模式字两种，如图 8-15 所示。

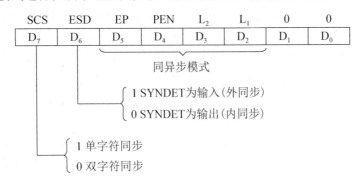

(a) 同步模式

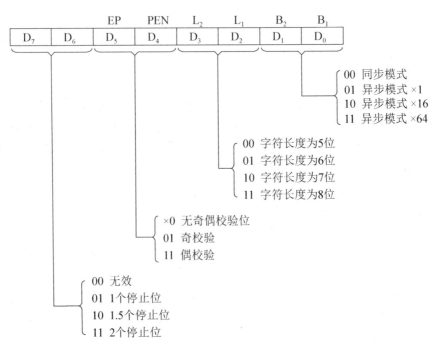

(b) 异步模式

图 8-15　同步模式字和异步模式字

从图中看到，模式字的最低两位($D_1D_0$)用来定义 8251A 的通信模式(或工作模式)，当 $D_1D_0$=00 时为同步模式，当 $D_1D_0$ 不为 00 时工作于异步模式。

若为异步模式，还由 $D_1D_0$ 的不同取值来确定比特率系数(即比特率因子)，此时收发时钟 RxC 和 TxC 频率、比特率和比特率因子两者间有以下关系：

$$收发时钟频率=收发比特率×比特率因子$$
$$收发比特率=收发时钟频率/比特率因子$$

例如，若收发比特率为 9600bps，比特率因子为 16，则收发时钟频率为 9600×16=1.536MHz。$D_3D_2$ 用来定义字符长度(位数)，可以为 5～8 位。

$D_5D_4$：其中 $D_4$ 称为校验允许位，用来定义是否要进行奇偶校验，$D_4=0$ 表示不采用奇偶校验。$D_5$ 称为校验类型位，$D_5=1$ 表示采用偶校验。

$D_5D_4$、$D_3D_2$ 这 4 位在同步和异步模式下定义相同。

$D_7D_6$ 位：这两位在同步模式和异步模式下定义不同，在异步模式下，$D_7$ 用来定义停止位的位数，在同步模式下，$D_7$ 用来定义是单同步还是双同步，$D_7=1$ 表示单同步；$D_6$ 用来定义是内同步还是外同步，$D_6=1$ 表示外同步。

例：在某异步通信系统中，其数据格式定义为：1 位起始位，1 位停止位，8 位数据位，采用偶校验，比特率系数为 16，则其异步模式选择控制字为：01111110=7EH，将其写入 8251A 的程序段如下：

```
MOV  DX, 3F9H      ;8251A 的控制口地址
MOV  AL, 7EH       ;异步模式选择控制字
OUT  DX, AL        ;异步模式字写入控制口
```

如果采用标准 ASCII 码(7 位)，同步通信，单字符外同步，则选择控制字为：11111000=0F8H，将该控制字写入 8251A 的程序段如下：

```
MOV  DX, 3F9H      ;8251A 的控制口地址
MOV  AL, 0F8H      ;同步模式选择控制字
OUT  DX, AL        ;同步模式字写入控制口
```

(2) 操作命令字。

操作命令字是确定 8251A 的数据传送方向是发送还是接收，及一些相配合的工作状态。操作命令字写入 8251A 的控制端口(奇地址端口)。8251A 的操作命令字格式如图 8-16 所示。

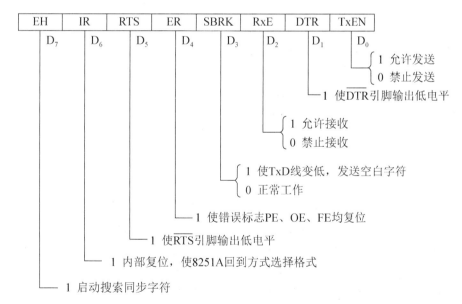

图 8-16　8251A 的操作命令字格式

TxEN：允许/禁止发送位，只有当 TxEN=1 时，才允许发送器通过 TxD 端向外发送数

据，TxEN=0 时，禁止发送，因此该位可作为发送中断屏蔽位。

DTR：数据终端准备好测试位。它与 $\overline{DTR}$ 信号有直接联系。当 DTR 位置"1"时，迫使 $\overline{DTR}$ 引脚输出有效低电平，通知外设 CPU 已准备就绪，可以接收数据。

RxE：允许/禁止接收位，只有当 RxE=1 时，接收器才能接收从 RxD 线上传来的外部串行数据。所以在 CPU 从 8251A 中接收数据前应先使该位置"1"。如果该位为 0，禁止接收，因此该位可作为禁止接收中断屏蔽位。

SBRK：发送空白字符位。正常工作时，SBRK 位保持为 0，当该位为 1 时，迫使 TxD线变为低电平，也就是一直在发送全"0"的空白字符，或叫中止符。

RTS：请求发送测试位，当 RTS 位置"1"时，迫使 $\overline{RTS}$ 引脚输出有效低电平，通知外设可以请求发送数据。

ER：清除错误标志位，8251A 允许设置三个出错标志，它们是奇偶错误标志 PE、溢出错误标志 OE 和帧格式错误标志 FE。当任何一种错误发生时，状态寄存器中的对应位(PE/OE/FE)将置"1"，若 ER 位置"1"，表示将 PF、OF 和 FE 三个错误标志同时清 0，即未发生错误。

IR：内部复位位，若使该位置"1"，则使 8251A 内部复位，迫使 8251A 回到接收模式选择控制字的状态。这时，只有再向 8251A 的控制口发一个新的模式选择控制字，重新对芯片进行初始化编程后，8251A 才能正常工作。所以，内部复位操作应在发送模式字之前，在后面发送操作命令字时不能再使 IR=1，否则 8251A 将又回到初始状态。

EH：该位仅用于内同步模式，称为同步搜索。当该位为 1，表示开始从 RxD 引脚输入的串行信息流中搜索同步字符，若找到同步字符，则使 SYNDET/BD 引脚输出为高电平。对于内同步一旦允许接收(RxE=1)时，必须同时使 EH=1，并且使 ER=1，清除内部错误标志才能开始搜索同步字符。

例：在某异步通信系统中，要求 8251A 内部复位，允许接收，清除错误标志，则操作命令字为：01000000=40H 和 00010101=15H。

将该操作命令字写入控制口的程序段为：

```
MOV  DX, 3F9H        ;8251A 的控制口地址
MOV  AL, 40H         ;使内部复位操作命令字
OUT  DX, AL
MOV  AL, 15H
OUT  DX, AL
```

(3) 状态字。

8251A 执行 CPU 的各种命令，将传送数据时建立的各种工作状态存放在状态寄存器中，状态寄存器中的状态数据称为状态字。当 CPU 需要了解 8251A 当前工作状态，以决定下一步该做什么、怎么做时，可以随时用 IN 指令读取状态寄存器中的内容，以检测 8251A 的当前工作状态。8251A 的状态字格式如图 8-17 所示。

状态字中的 1、2、6、7 位即 RxRDY、TxE、SYNDET/BRKDET 及 DSR 位的意义与8251A 同名引脚的功能相同，只有第 0 位 TxRDY 的意义与同名引脚 TxRDY 意义不同。

TxRDY：表示发送器准备好。注意，该状态位的含义与同名引脚 TxRDY 的含义不同，TxRDY 状态位只要发送器一空，即置为 1，也就是说，状态位 TxRDY=1，只反映当

前发送数据缓冲器已空；而引脚 TxRDY 的置 1 条件是 $\overline{CTS}$ =0，TxEN=1，而且发送数据缓冲器空，即要三个条件同时成立时，引脚 TxRDY 才置1。

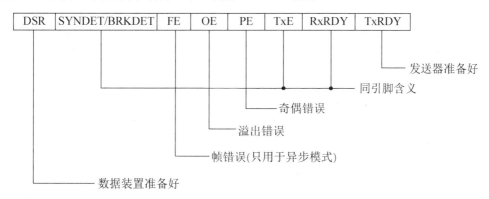

图 8-17　8251A 的状态字格式

RxRDY：表示接收准备好。该位为"1"，表示 8251A 中已接收到一个字符，使输入数据缓冲器满，当前正等待 CPU 取走。

TxE：表示发送器空。该位为 1，表示当前发送移位寄存器 T 已空，发送操作已结束，正等待发送缓冲器送一个字符来。当 8251A 从 CPU 接收一个字符时，TxE 变为 0。

PE：奇/偶校验错标志位。PE=1 表示当前产生了奇/偶校验错误，但它并不中止 8251A 的工作，只是建立一个错误标志。PE 由操作命令控制字中的 ER 位来清 0。

OE：溢出错误标志位。OE=1，表示当前产生了溢出错，即前一个字符 CPU 还未取走，后一个字符又被送入缓冲器，将前一字符覆盖了，OE 置 1 并不中止 8251A 继续接收下一个字符，但上一个字符被覆盖掉了，OE 位由操作命令控制字中的 ER 位清 0。

FE：帧格式错误标志位。FE 只对异步模式有效，若接收端在任一字符的后面未检测到停止位，则 FE 置 1。FE 置 1 不影响 8251A 的工作，由操作命令控制字中的 ER 位来清 0。

SYNDET/BRKDET：同步和间断检测，其值与 SYNDET/BD 引脚电平相同，同步模式下该位为1，表示已检测到同步字符。异步模式下，该位为 1，表示检测到间断字符。

DSR：表示数据装置准备好(数传机就绪)，当该位为 1 时，表示调制解调器与 8251A 已接通，准备好发送数据。这时输入引脚 $\overline{DSR}$ 产生有效的低电平。

下面程序可以检测 8251A 是否准备好。

```
MOV DX, 3F1H        ;状态口地址
LOOP: IN  AL, DX     ;读状态字
AND AL, 01H          ;查状态位D0=1？
JZ  LOOP             ;发送未准备好，则等待
MOV DX, 03F2H        ;8251A 数据口
MOV AL, 0AAH         ;发送字符选 AL
OUT DX, AL           ;发送字符写入 8251A
```

如果要检查接收时是否发生奇偶校验错误，则可用下列程序段实现。

```
MOV DX, 03F1H        ;8251A 的状态口
IN  AL, DX           ;读状态字
```

```
TEST AL, 08H          ;查状态位 PE=1?
JNZ  ERROR            ;若其中有错，则转出错处理程序
```

从上面对 8251A 的模式选择控制字、操作命令字和状态字的讨论可知，对于一个完整的通信过程来说，这三者之间的关系是：模式字只是约定了双方的通信模式(同步/异步)及数据格式(数据位数和停止位数、奇偶校验位、同步字符个数等)、传送速率(比特率系数)等参数，并没有规定数据传送的方向是接收还是发送，故需要操作命令字来控制收发，具体何时才能收发，取决于 8251A 的工作状态，通过检测状态字中某些状态位，以确定下一步的操作，只有当 8251A 处于接收发送准备好状态，才能真正开始传送数据。

### 3. 8251A 的初始化

(1) 8251A 的初始化流程。

8251A 是可编程通用串行接口芯片，使用时必须对其进行初始化，以具体确定通信模式、传送方向、数据格式和传送速率等。确定 8251A 的这些初始化参数，要通过写入模式选择控制字、操作命令字和同步字符来实现。但如前所述，这三者都是通过一个端口地址(奇地址端口)写入的，而它们本身又无特征标志位，那么，8251A 如何来区分它们，并进入相应的内部寄存器呢？为此，在向 8251A 写入这些命令字时需要按照一定的顺序，而且这种顺序不能颠倒或改变，改变了，8251A 则不能正常工作。这种顺序就是 8251A 的初始化流程，如图 8-18 所示。

① 当硬件复位(RESET)或软件复位(操作命令字 $D_6=1$)后，通过奇地址端口对 8251A 进行初始化。

② 按照规定，对 8251A 初始化编程时总是先写入模式选择控制字，即模式字紧跟在复位命令之后，并写入奇地址端口，进入内部的模式字寄存器。

③ 如果模式字定义 8251A 工作于异步模式，则模式字之后紧接着应写入操作命令字，然后才开始传送数据：操作命令字应写入奇地址端口。在数据传递过程中根据实际需要，可 1 次或多次使用操作命令字重新定义操作内容，或利用状态字读取 8251A 的状态，以决定下一步操作。待数据传送结束，必须用操作命令字向 8251A 传送内部复位命令后，8251A 才可重新接收模式选择控制字，改变工作模式，完成其他传送任务。

如果模式选择控制字定义的是同步模式，则应在传送模式选择控制字之后输出一个或两个同步字符，同步字符传送之后，再使用操作命令字，以后的过程与异步模式相同。

(2) 初始化编程举例。

例 1：设 8251A 工作于异步模式，比特率系数为 16，每个字符为 8 位，奇校验，1 个停止位，允许接收，允许发送，并且发送准备就绪，全部错误标志复位，请按上述要求对 8251A 进行初始化，设控制口地址为 0F41H，数据口地址为 0F40H。

根据题意要求，模式选择控制字和操作命令字如下：

模式选择控制字为 01011110B=5EH，操作命令字为 00110111B=37H。

初始化程序如下：

```
MOV  DX, 0F41H        ;8251A 控制口地址
MOV  AL, 5EH          ;模式选择控制字，使 8251A 处于异步模式，比特率系数为 16，8 位数
                       据，1 位起始位，1 位奇校验，1 个停止位
OUT  DX, AL
```

```
MOV  AL, 37H          ;操作命令控制字，允许发送、允许接收、错误标志复位，发送准备就
绪，CPU 执行完上述程序便完成对 8251A 的异步模式初始化
MOV DX, AL
```

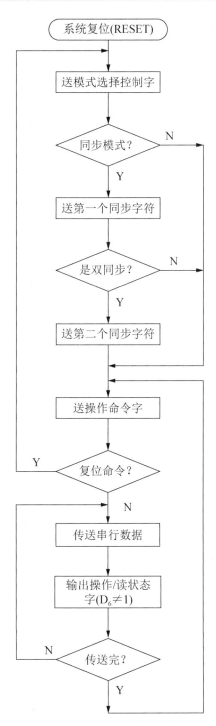

**图 8-18  8251A 初始化流程**

例 2：设 8251A 工作于同步模式，采用内同步，双同步，同步字符为 16H，每个字符 7 位，使用奇校验，允许接收，允许发送，同步检测，全部错误标志复位，控制口地址为 0F41H，数据口地址为 0F40H，请按上述要求对 8251A 进行初始化。

根据题意要求，模式选择控制字和操作命令字如下：

模式选择控制字为 00011000B=18H，操作命令字为 10010101B=95H。

初始化程序如下：

```
MOV  DX, 0F41H      ;8251A 控制口地址
MOV  AL, 18H        ;模式字：双同步、内同步、奇校验，7 位数据值
OUT  DX, AL         ;模式字写入控制口
MOV  AL, 16H        ;同步字符
OUT  DX, AL         ;送入第一个同步字符 (16H)
OUT  DX, AL         ;送入第二个同步字符
MOV  AL, 95H        ;操作命令字，启动搜索同步字符，错误标志复位，允许接收和发送
OUT  DX, AL         ;命令字写入控制口
```

CPU 执行完上述程序便完成对 8251A 的同步模式初始化。

CPU 与终端之间或者 CPU 与 CPU 之间通常都是通过 8251A 进行串行通信，而且在近距离通信时都不需要使用 Modem，这时双方利用 RS-232C 串行口直接连接，连接时最常用的方法是采用最简单的三线(发送线 TxD、接收线 RxD 和地线)传播模式进行通信。用两个实际例子来说明串行接口 8251A 和 RS-232C 的使用方法。

例 3：8086 CPU 利用 8251A 作串行接口实现与 CRT 终端间的串行通信。

如图 8-19 所示，地址锁存器在 ALE 信号有效时，将 CPU 送来的地址锁存。地址译码器对输入的地址进行译码，输出作为 8251A 的片选信号，地址线 $A_0$ 接 C/$\overline{D}$端用于选择 8251A 的数据口或控制口。8253 作为比特率发生器输出频率 76.8kHz，向 8251A 提供规定的收发时钟(TxC 和 RxC)，由于 8251A 的输入、输出信号都是 TTL 电平，而 CRT 终端的信号电平是 RS-232C 电平信号，所以，要通过电平转换电路将 8251A 的输出信号变为 RS-232C 电平，再送给 CRT，同样，也要用电平转换电路将 CRT 终端输出的信号转换为 TTL 电平后，再送给 8251A。

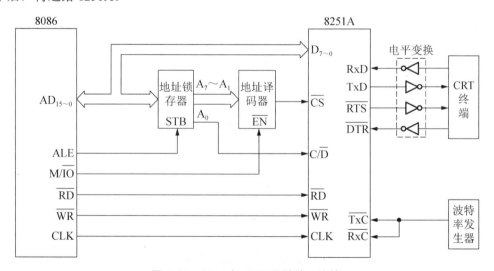

图 8-19  8086 与 CRT 终端接口连接

现要求 8251A 工作于异步模式，数据格式为 1 个停止位，8 位数据位，无校验功能，比特率系数为 16。CPU 用查询模式将显示缓冲区字符"HELLO!"送 CRT 显示。8251A 的控制口地址为 0DAH，数据口地址为 0D8H。

根据题意要求，模式选择控制字为：01111110B=7EH，操作命令字为：00110011B=33H。初始化程序如下：

```
MOV         AL, 'O'
MOV         AH, '!'
PUSH        AX
MOV         AL, 'L'
MOV         AH, 'L'
PUSH        AX
MOV         AL, 'H'
MOV         AH, 'E'
PUSH        AX
            MOV   AL,7EH        ;模式字
            OUT   DX, AL        ;设置模式字
            MOV   AL,33H        ;命令字
            OUT   DX,AL         ;设置命令字
WAIT:       MOV   DX, 0DAH      ;8251A 的状态口
IN          AL, DX             ;读状态字
TEST        AL, 01             ;测试状态字中的 RxRDY 是否为 1
JZ          WAIT               ;如不是未准备就绪，等待
            MOV   CX, 3         ;字符数量
MOV         DX, 0D8H           ;8251A 数据口
DIS:        POP   AX           ;获取显示数据
            OUT   DX, AL        ;输出数据
            MOV   AL, AH
            OUT   DX, AL
            LOOP  DIS           ;循环输出
```

例 4：利用 8251A 串行接口芯片，并通过 RS-232C 标准串行总线连接甲、乙两台 8086 微机，实现双机串行通信，由甲机向乙机传送 256 个字符数据。通信的有关约定如下。

双方采用异步、半双工模式，通信时均认为对方已准备就绪，通信的数据格式为，每个字符 7 个数据位、2 个停止位，采用偶校验，比特率系数为 16。CPU 与 8251A 之间采用查询模式交换数据，8251A 的数据口地址为 3F0H，控制口地址为 3F2H，发送数据存放的数据区首地址为 200H，接收数据的有效首地址为 400H。收/发时钟 RxC 和 TxC 由 8253 的通道提供。输出频率为 153.6kHz，8253 工作于模式 3，输入时钟 CLK，频率为 2MHz，它由 CPU 8MHz 的主时钟经分频后得到。

① 硬件连接：由于双方是近距离通信，因此不需要 Modem，两台微机间(实际是两个 8251A 间)直接通过 RS-232C 标准接口连接即可，且通信双方均为 DTE(数据终端设备)，采用最简单的三线传输模式，只需使用发送线 TxD、接收线 RxD 和地线三根线进行通信。此外，由于 8251A 的输入、输出信号均为 TTL 电平，与 RS-232C 的电平不一致，因此，收、发双方都必须经 RS-232C/TTL 电平转换后才能连接，由于通信时均认为对方已准备就绪，所以可不使用 $\overline{\text{DTS}}$、$\overline{\text{DSR}}$ 和 $\overline{\text{RTS}}$ 信号，仅需使 8251A 的 $\overline{\text{DTS}}$ 有效(接地)即可。根据以上分析，可画出双机通信的串行接口电路，如图 8-20 所示。

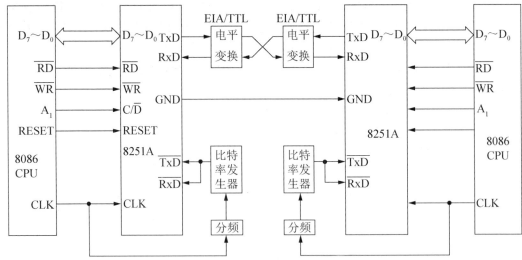

图 8-20　双机通信的串行接口电路

② 软件编程：由题意可知，发送端和接收端的程序应分别编写，发送端的程序包括对 8251A 的初始化和发送控制程序(状态查询和数据传送控制)，接收之前的程序包括对 8251A 的初始化及接收控制程序(状态查询和数据传送控制)。

由于通信双方采用查询模式，且均认为对方已准备就绪，所以在发送数据时，发送端 CPU 只要查询 RxRDY 的状态是否有效，若有效(高电平)，表示发送器空，则 CPU 可用 OUT 指令向 8251A 并行输出一个字节数据；接收端 CPU 在接收数据时，不断查询 RxRDY 的状态是否有效，若查到有效(低电平)，表示接收数据准备好，则 CPU 可用 IN 指令从 8251A 读取一个并行数据字节，传送操作一直进行到全部数据传送完毕为止。

对接收方和发送方的 8251A 初始化时，首先要确定其模式选择控制字和操作命令字。

根据题意要求，模式选择控制字和操作命令字如下：

发送端的模式选择控制字为 11111010B=0FAH，操作命令字为 00010001B=11H。

接收端的模式选择控制字为 11111010B=0FAH，操作命令字为 00010100B=14H。

发送端的发送程序(初始化程序和发送控制程序)如下：

```
START:  MOV  DX, 3F2    ;8251A 的控制口地址
        MOV  AL, 40H    ;内部复位
        OUT  DX, AL
        MOV  AL, 0FAH   ;方式选择控制字, 异步, 7 位数据, 2 位停止位, 采用偶校验,
                         比特率系数 16
        OUT  DX,AL
        MOV  AL,11H     ;操作命令字, 内部复位, 允许发送
        OUT  DX,AL      ;操作命令字, 内部复位, 允许发送
        MOV  DI,200H    ;发送数据 E 首地址
        MOV  CX,FFH     ;发送数据字符个数
NEXT:   MOV  DX,3F2H    ;8251A 控制口地址
        IN   AL,DX      ;读状态
        TEST AL,01H     ;状态位 TxRDY 是否有效
        JZ   NEXT       ;发送未准备好, 继续查询等待
        MOV  DX,3F0H    ;发送准备好, 则送 8251A 数据口地址
```

```
        MOV AL,[DI]          ;从发送区取一字符送 AL
        OUT DX,AL            ;向 8251A 输出一个数据
        INC  DI              ;修改发送区地址指针
        LOOP NEXT            ;数据未发送完,继续发送
        HLT                  ;送完,暂停
```

接收端的接收程序(初始化程序和接收控制程序)如下:

```
START: MOV  DX, 3F2H        ;8251A 控制口地址
       MOV  AL, 50H         ;内部复位,错误标志复位
       OUT  DX, AL
       MOV  AL:0FAH         ;方式选择控制字,同发送端控制字
       OUT  DX, AL
       MOV  SI, 400H        ;接收数据缓冲区首地址
       MOV  CX, 0FFH        ;接收数据个数
NEXT:  MOV  DX, 3F2H        ;8251A 控制口地址
       IN   AL, DX          ;读状态字
       TEST AL, 02H         ;查 RxRDY 是否有效
       JZ   NEXT            ;接收未准备好,继续查询等待
       TEST AL, 38H         ;查是否出错
       JNZ  E1              ;若有错,则转出错处理
       MOV  DX, 3F0H        ;8251A 数据口地址
       IN   AL, DX          ;从 8251A 读入数据
       MOV  [SI], AL        ;将接收的数据送内存缓冲区
       INC  SI              ;修改接收缓冲区地址指针
       LOOP NEXT            ;数据未接收完,继续接收
       HLT                  ;全部接收完毕,暂停
```

如果通信双方既要接收又要发送,无论工作于半双工模式,还是全双工模式,都应同时编制以上发送接收程序,只是全双工时双方可以同时接收数据。双方通信时的比特率必须一致。

# 8.3　并行通信与并行接口芯片

并行接口通信基础.mp4　　　　　　　并行接口芯片 8255A.mp4

## 8.3.1　并行通信和并行接口

计算机系统中信息的最小度量单位一般为字节,每个字节含有 8 个二进制位,如果 CPU 和外部设备进行信息传递,则每次传输一个字节至少需要 8 根数据线,我们把这种一次性传输多个二进制的通信模式称为并行通信模式,采用并行通信模式进行数据通信,具

有传输速度快、信息传输率高的特点。在微机系统内部各部件之间以及主机与大部分外设之间的信息交换都采用并行通信。

CPU 和外部并行设备进行通信时都是通过并行接口实现的，通过并行接口与 CPU 的数据总线相连接，CPU 可以用输入指令或输出指令访问并行接口，并行接口再对外部设备进行并行读写，从而实现 CPU 输入数据或输出数据的锁存与缓冲。并行接口可以是单独输入接口或单独输出接口，也可以是既作为输入又作为输出的接口，这种接口可通过两种方法来实现：①接口内含有两个数据通路，一个通路作为输入通路，一个通路作为输出通路；②接口内有一个双向通路，该通路通过控制既可作为输入通路又可作为输出通路。

### 1. 并行接口的功能

一般而言，一个并行接口具有如下三方面功能。

(1) 与系统总线连接，提供数据的输入与输出功能，这是并行接口最基本的功能。

(2) 与 I/O 设备连接，具有实现和外部 I/O 设备同步的能力，保证有效地进行数据收发。

(3) 具有一定的中断请求与处理功能，使得数据的输入输出可以采用中断的方法来实现，这一功能对于需要采用中断传输的 I/O 设备是必需的。

### 2. 并行接口的内部结构

为了实现并行接口的上述功能，在并行接口电路中应该有数据锁存器和缓冲器，以便于数据的输入和输出，还要有状态和控制命令的寄存器，以便于 CPU 与接口电路之间用应答的模式来交换控制和状态信息，同样也便于并行接口电路与外部设备之间传送信息。接口电路中还要有译码与控制电路以及中断请求触发器、中断屏蔽触发器等，以驱动 CPU 对数据进行处理，保证读写时序的正常，并实现各种控制功能，保证 CPU 正确可靠地与外设交换信息。

并行接口电路按功能划分为四部分：数据寄存器、控制寄存器、状态寄存器和其他控制电路。

### 3. 并行接口的外部信号

并行接口电路的外部信号可分成两部分：与 I/O 设备相连的接口信号和与 CPU 相连的接口信号。

与 I/O 设备相连的接口信号有三种：

(1) 数据信息，用于接口电路与 I/O 设备进行输入或输出数据。

(2) 控制信息，用于接口电路向 I/O 设备提供控制信号。

(3) 状态信息，用于接口电路接收 I/O 设备提供的状态信号。

与 CPU 相连的接口信号有：

(1) 数据线信号，用于实现接口电路与 CPU 的数据交换。

(2) 地址线及地址译码信号，用于选择接口电路以及接口电路内部不同的寄存器。

(3) 读写控制信号，用于确定 CPU 当前对接口电路的操作性质是读还是写。

(4) 中断应答信号，用于实现中断请求和中断响应操作。

在微机系统中最常用的并行接口芯片是 Intel 公司的 8255A。

## 8.3.2　8255A 的内部结构和引脚信号

Intel 8255A 具有 3 个 8 位的数据口(即 PA 端口、PB 端口和 PC 端口)，其中 C 端口还可作为两个 4 位端口来使用，这两个数据口均可用软件设置成输入口或输出口，在与外部设备连接时，通常不需要或只需少量的外部附加电路。8255A 可以通过软件来设置三种不同的工作模式：模式 0、模式 1、模式 2。可适应 CPU 与外设间的多种数据传送模式，如无条件传送模式、异步查询模式和中断模式。

### 1. 8255A 的组成结构

8255A 分为四部分，如图 8-21 所示。

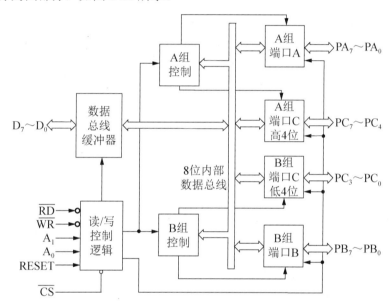

图 8-21　8255A 组成结构图

(1) 数据总线缓冲器。

一个三态 8 位双向缓冲器，用作与系统数据总线相连时的缓冲部件，CPU 通过输入输出指令来实现对缓冲器发送或接收数据。8255A 的控制信息和状态信息也是通过该缓冲器进行传送的。

(2) 8 位端口 PA、PB、PC。

8255A 有三个 8 位端口 PA、PB 和 PC，各端口都可由程序设定为各种不同的工作模式。

PA 端口：有一个 8 位数据输入锁存器和一个 8 位数据输出锁存/缓冲器。

PB 端口：有一个 8 位数据输入缓冲器和一个 8 位数据输入输出锁存/缓冲器。

PC 端口：有一个 8 位数据输入缓冲器和一个 8 位输出锁存/缓冲器。

通常，将 PA 端口与 PB 端口用作输入输出的数据端口，PC 端口用作控制或状态信息端口。在模式选择控制字的控制下，PC 端口可以分为两个 4 位端口，每个端口包含一个 4 位锁存器，可分别同 PA 端口和 PB 端口配合起来用作控制信号(输出)，或作为状态信号(输入)。

(3) A 组和 B 组的控制电路。

A 组控制部件用来控制 PA 端口和 PC 端口的高 4 位($PC_4 \sim PC_7$)，B 组控制部件用来控制 PB 端口和 PC 端口的低 4 位($PC_0 \sim PC_3$)。这两组控制电路根据 CPU 发出的模式选择控制字来控制 8255A 的工作模式，每个控制组都接收来自读写控制逻辑的命令和来自内部数据总线的控制信息，并向与其相连的端口发出适当的控制信号。

(4) 读/写控制逻辑。

用来管理数据信息、控制信息和状态信息的传送，它接收来自 CPU 地址总线的 $A_1$、$A_0$ 地址信号和控制总线的有关信号(如 $\overline{RD}$、$\overline{WR}$、RESET)，向 8255A 的 A、B 两组控制部件发送命令。

### 2. 8255A 的引脚信号

8255A 是 40 引脚的双列直插式封装集成电路，如图 8-22 所示，作为接口电路，8255A 既要与 CPU 相连又要与外设相连，其引脚信号正是为满足这两方面连接要求而设置的。8255A 的引脚信号可分为两部分：一部分是与外设相连的引脚，另一部分是与 CPU 相连的引脚。

(1) 用于同外设相连的信号。

$PA_0 \sim PA_7$：A 端口的外设数据线(双向)。

$PB_0 \sim PB_7$：B 端口的外设数据线(双向)。

$PC_0 \sim PC_7$：C 端口的外设数据线(双向)。

(2) 用于同 CPU 连接的信号。

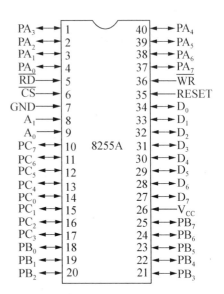

图 8-22　8255A 引脚图

$D_0 \sim D_7$：双向数据线，与系统数据总线相连。CPU 通过数据总线向 8255A 发送命令(控制字)、数据，8255A 也要通过数据总线向 CPU 送回状态信息和数据。

RESET：复位信号，高电平有效。当 RESET 有效时，所有内部寄存器都被清除，并将 8255A 的 A、B、C 三端口设置为输入。屏蔽中断请求，24 条面向外设的信号线 $PA_0 \sim PA_7$、$PB_0 \sim PB_7$、$PC_0 \sim PC_7$ 均为高阻态。上述状态将一直维持到用模式控制字对 8255A 进行设置为止。

$\overline{CS}$：片选信号，低电平有效。该信号由系统地址总线(如 $A_4$、$A_3$)经地址译码器译码产生。只有 $\overline{CS}$ 有效(为低电平)时，CPU 才能对 8255A 进行读/写操作。

$A_0$、$A_1$：端口选择信号，与系统地址总线的低位相连，用来选择 8255A 的内部寄存器：两位地址可形成片内 4 个端口地址，对应于 A、B、C 3 个端口和 1 个控制端口。当 $A_1A_0$=00 时，选中 A 端口；当 $A_1A_0$=01 时，选中 B 端口；当 $A_1A_0$=10 时，选中 C 端口；当 $A_1A_0$=11 时，选中控制端口。

$\overline{RD}$：读命令，低电平有效。CPU 通过执行 IN 指令使读信号有效，将输入数据或状态信息从 8255A 读入到 CPU。

$\overline{WR}$：写命令，低电平有效。CPU 通过执行 OUT 指令来使写信号有效，可以向 8255A 写入控制字或输出数据。

8255A 的 $A_1A_0$ 和 $\overline{RD}$、$\overline{WR}$ 信号的组合所实现的各种基本操作见表 8-4。

表 8-4 8255A 基本操作和端口地址

| $\overline{CS}$ | $A_1$ | $A_0$ | $\overline{RD}$ | $\overline{WR}$ | 操作方向 | 内 容 | 端口地址 |
|---|---|---|---|---|---|---|---|
| 读操作 | | | | | | | |
| 0 | 0 | 0 | 0 | 1 | PA 端口到数据总线再到 CPU | 数据 | 60H |
| 0 | 0 | 1 | 0 | 1 | PB 端口到数据总线再到 CPU | 数据 | 61H |
| 0 | 1 | 0 | 0 | 1 | PC 端口到数据总线再到 CPU | 数据或状态 | 62H |
| 写操作 | | | | | | | |
| 0 | 0 | 0 | 1 | 0 | CPU 到数据总线再到 PA 端口 | 数据 | 60H |
| 0 | 0 | 1 | 1 | 0 | CPU 到数据总线再到 PA 端口 | 数据 | 61H |
| 0 | 1 | 0 | 1 | 0 | CPU 到数据总线再到 PA 端口 | 数据 | 62H |
| 0 | 1 | 1 | 1 | 0 | 数据总线到控制寄存器 | 控制字 | 63H |

8086 CPU 在进行数据传送时，总是将低 8 位数据送往偶地址端口，将高 8 位数据送往奇地址端口；反之，从偶地址端口取得的数据总是通过低 8 位数据总线传送到 CPU，同样从奇地址端口取得的数据总是通过高 8 位数据总线传送到 CPU。为了硬件连接和寻址的方便，8255A 数据线总是与系统数据总线的低 8 位相连，这样，对 CPU 来说，要求 8255A 的 4 个端口地址必须全为偶地址，而对 8255A 来说要求 4 个端口地址应为 00、01、10、11。为了同时满足 CPU 和 8255A 两方面的要求，在 8086 系统中总是将 8255A 的 $A_1$ 与 CPU 地址总线的 $A_2$ 相连，将 $A_0$ 与 CPU 地址总线的 $A_1$ 相连，而 CPU 地址总线的 $A_0$ 固定为 0。

### 8.3.3 8255A 控制字

8255A 有两个控制字：模式选择控制字和 C 端口置位/复位控制字。这两个控制字是各种并行接口电路进行初始化和产生联络控制信号的重要手段。

由于这两个控制字都是写入 8255A 同一个控制端口，为使 8255A 能识别是哪一种控制字，8255A 将控制字中的最高位 $D_7$ 设定为特征位。当 $D_7=0$ 时，表示当前的控制字是 C 端口置位/复位控制字；当 $D_7=1$ 时，表示当前的控制字是模式选择控制字。

#### 1. 模式选择控制字

模式选择控制字的作用是：确定 8255A 三个并行口(A 端口、B 端口、C 端口)的工作模式及端口功能是作输入端口还是作输出端口。模式选择控制字的格式如图 8-23 所示。

(1) 模式选择控制字总是把 A、B、C 三个端口分为两组来设定工作模式。

A 组为 A 端口和 C 端口的高 4 位($PC_7\sim PC_4$)；B 组为 B 端口和 C 端口的低 4 位($PC_3\sim PC_0$)。

(2) 8255A 的 3 种基本工作模式。

模式 0：基本输入输出模式；模式 1：选通输入输出模式；模式 2：双向传输模式。

(3) A 端口可以工作在 3 种模式中的任何一种；B 端口只能工作在模式 0 和模式 1；C 端口除用作数据输入、输出端口(模式 0 时)外，通常是用来配合 A 端口、B 端口工作，为

A 端口、B 端口的输入、输出提供联络控制信号和状态信号。

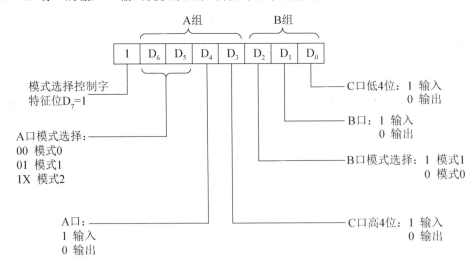

图 8-23　模式选择控制字的格式

(4) 归在同一组内的两个端口可分别作为输入端口或输出端口，并不要求同时为输入端口或输出端口。

(5) $D_7$ 为标志位，$D_7=1$，表示 CPU 当前发送的控制字是模式选择控制字。

在对 8255A 进行初始化时，应向控制寄存器写入模式选择控制字，以确定各端口的工作模式及功能，即作输入端口还是作输出端口。在系统复位时，复位信号 RESET 有效，8255A 被复位，所有的数据端口(A、B、C)均被置为输入输出模式，并且一直保持到 CPU 向 8255A 写入新的模式选择控制字为止。

例：若把 A 端口设定为模式 0，输出，C 端口高 4 位设定为输入；B 端口设定为模式 1，输入，C 端口低 4 位设定为输出，则模式选择控制字应为：10001110=9EH。

若将此控制字内容写入 8255A 的控制寄存器，即实现了对 8255A 工作模式的设定，也就是完成了对 8255A 的初始化。假设控制口地址为 00E6H，初始化的程序段为：

```
MOV  DX, 00E6H    ;8255A 的控制口地址
MOV  AL, 9EH      ;控制字
OUT  DX, AL       ;控制字写入控制端口
```

### 2. C 端口置位/复位控制字

置位/复位控制字的作用是将 C 端口的某一位输出为高电平或低电平，以作为控制位来使用。C 端口置位/复位控制字的格式如图 8-24 所示。

由 C 端口置位/复位控制字定义可知，利用该控制字可将 C 端口的 8 位引脚单独置成高电平或低电平输出，但要注意两点：一个控制字只能完成对 C 端口一位的置位和复位，若要将多位置位和复位，必须使用多个控制字；置位/复位控制字虽然是对 C 端口的某一位进行操作，但必须写入 8255A 的控制口，而不是直接写入 C 端口。

$D_7=0$ 是 C 端口置位/复位控制字的特征值。

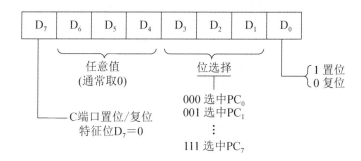

图 8-24　C 端口置位/复位控制字的格式

例 1：若要使 C 端口的 $PC_2$、$PC_5$ 端输出高电平，则置位/复位控制字应为 00000101B=05H 和 00001011B=0BH，将这两个控制字写入 8255A 的控制口即可，设控制口地址为 00E6H，程序段如下：

```
MOV   AL, 05H      ;控制字是PC₂置1
OUT   0E6H, AL     ;写入控制端口
MOV   AL, 0BH      ;控制字是PC₅置1
OUT   0E6H, AL     ;写入控制端口
```

例 2：如何实现从 C 端口的 $PC_7$ 引脚输出一个负脉冲(设 8255A 的端口地址为 00E0H~00E6H)？

为使 $PC_7$ 引脚能输出一个负脉冲，可先使 $PC_7$ 置 1，输出一个高电平，再将 $PC_7$ 清 0，输出一个低电平，延迟一段时间(使负脉冲有一定宽度)，再将 $PC_7$ 置 1，再输出一个高电平，这样从 $PC_7$ 端即可输出一个负脉冲。

程序段如下：

```
MOV   AL, 0FH      ;PC₇置1控制字
MOV   DX, 00E6H    ;控制口地址
OUT   DX, AL       ;写入控制端口
MOV   AL, 0EH      ;PC₇置0控制字
OUT   DX, AL       ;写入控制端口
NOP                ;延迟
MOV   AL, 0FH      ;PC₇置1控制字
OUT   DX, AL       ;写入控制端口
```

综上所述，可以利用置位/复位控制字使 C 端口产生的输出信号作为控制开关通/断的控制信号，如电机的启动停止、继电器的吸合断开等控制信号。

### 3. 8255A 两个控制字的区别

从 8255A 两个控制字的定义可知，这两个控制字虽然都是写入同一个控制端口，但它们实现的功能不同。

(1) 模式选择控制字是对 A、B、C 三个端口的工作模式以及端口功能(作输入口或输出口)进行指定，即进行初始化，所以必须放在程序的开头，控制字的最高位 $D_7$ 必须为 "1"。

(2) 置位/复位控制字只是对 C 端口的输出状态进行控制(对输入无作用)，而且也只能对 C 端口电平进行控制。

(3) 使用置位/复位控制字不破坏(不影响)用模式选择控制字已经建立的三种工作模式，而是对它们进行动态控制的一种支持，所以该控制字可以放在初始化程序以后的任何地方，但控制字的最高位必须为"0"。

实际上 A 端口、B 端口也具有进行按位输出控制的功能，只要将 A 端口或 B 端口的内容读出来，进行字节操作("与"或"或")，将结果再写回原数据端口就可以了。上述做法是以送数据到 A 端口、B 端口的形式实现的，而 C 端口置位/复位控制字是以控制命令的形式写入控制端口来设置的。

### 8.3.4　8255A 的工作模式

由上述模式选择控制字可知，在使用 8255A 时，除了要对每个端口进行功能确定(指定作为输入端口或输出端口)外，还应对输入端口或输出端口确定工作模式，因为同样是输入或输出，若工作模式不同，其引脚信号的定义和工作时序是不同的，在进行接口设计时，其硬件连接和软件编程也是不同的。所以，必须搞清 8255A 各种工作模式的含义、特点和使用场合，8255A 有三种工作模式，不同的端口可以工作在不同的模式下。其中 A 端口可以工作在三种模式中的任意一种；B 端口只能工作于模式 0 和模式 1；C 端口作为数据口只能单独工作于模式 0，其他模式(模式 1、模式 2)时只能分为两个 4 位端口配合 A 端口、B 端口工作，为 A、B 端口提供控制联络信号和状态信号。下面分别介绍 8255A 三种工作模式的定义、特点和使用场合。

#### 1. 模式 0，基本输入输出模式

模式 0 是基本输入输出模式，该模式适用于通信双方不需要联络信号(应答信号)的简单输入输出场合，CPU 可以随时用输出指令将数据写入到指定端口(A 端口、B 端口和 C 端口)或用输入指令直接从指定的端口读取数据，模式 0 的基本功能如下。

(1) 使 8255A 分成彼此独立的两个 8 位端口(A 端口、B 端口)和两个 4 位端口(C 端口的高 4 位端口和低 4 位端口)，这 4 个并行端口的任何一个端口都可用软件被指定为输入端口或输出端口。所以共有 16 种不同的输入输出组合，可适用于各种不同的应用场合。这里应注意，选择模式 0 时 C 端口的两个 4 位端口不能再分解，只能分别作为两个完整的 4 位端口来使用。8255A 模式 0 的端口如图 8-25 所示。

(2) 模式 0 规定输出具有锁存能力，而输入不锁存。因而从任何一个端口读取的数据(即输入数据)是 CPU 执行读操作期间出现在端口引脚上的数据(由于输入不具有锁存功能，必须及时读取)，而 CPU 输出的数据可以保持在各端口的数据输出锁存器中，同时出现在端口的引脚上，直到下次进行输出操作时为止。

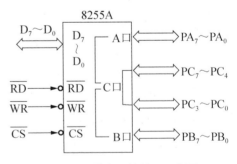

图 8-25　模式 0 的端口示意图

(3) 模式 0 是单向的 I/O 操作，即一次初始化只能指定一个端口作为输入端口或作为输出端口，不能指定同一端口同时具有输入和输出功能。

(4) 在模式 0 下，C 端口虽然可以分为高 4 位和低 4 位两部分，但在 CPU 访问期间，

这两部分不能分别单独进行 4 位读写，必须将端口 C 作为一个整体进行读写。若 C 端口高 4 位和低 4 位同为输入或输出，则对 C 端口的读写与 A 端口、B 端口相同；若 C 端口的两部分不同，即一部分为 4 位输入，一部分为 4 位输出，这时访问 C 端口需要采用适当的屏蔽措施，屏蔽掉另外 4 位内容，见表 8-5。

表 8-5  端口 C 的两个部分功能设定不同时输入输出的处理方式

| CPU 操作 | 高四位(A 组) | 低四位(B 组) | 输入输出数据 |
| --- | --- | --- | --- |
| IN | 输入 | 输出 | 需要屏蔽低 4 位 |
| IN | 输出 | 输入 | 需要屏蔽高 4 位 |
| IN | 输入 | 输入 | 整体读入 |
| OUT | 输入 | 输出 | 输出数据放在低 4 位 |
| OUT | 输出 | 输入 | 输出数据放在高 4 位 |
| OUT | 输出 | 输出 | 整体输出 |

(5) 模式 0 的使用场合有两个：①同步传送；②查询传送。

在同步传送时，可以在 8255A 和外设之间建立相同的时序信号进行管理，双方可以同时动作，CPU 不需要查询外设状态，这种情况操作最简单，因此，A、B、C 三个端口可以实现三路数据传递。

模式 0 除可用于收发双方无须联络(应答)信号的同步传送场合，也可以用于查询模式。即收发双方传送前需要先进行联络，满足一定条件后才能进行传送，传送完还应有应答信号。这种情况下将 A 端口、B 端口作为数据端口，而所需要的联络控制信号可由 C 端口来产生，将 C 端口的高 4 位或低 4 位设为输出，作为控制信号，或者设为输入，作为外设状态信号。

例：要求 A 端口、B 端口工作于模式 0，A 端口、B 端口和 C 端口的低 4 位为输入，C 端口的高 4 位为输出，则控制字为 10010011B=93H，将该控制字写入控制端口(控制端口地址设为 0E6H)，程序代码如下：

```
MOV    AL, 93H
MOV    DX, 0E6H
OUT    DX, AL
```

### 2. 模式 1，选通输入输出模式

模式 1 的最大特点是不管是输入操作还是输出操作，都必须通过专门的应答信号来实现。这时将 A、B 端口作为数据端口，而用 C 端口的部分引脚作为 A 端口、B 端口的联络控制信号，C 端口的哪部分作为 A 端口的应答信号，哪部分作为 B 端口的应答信号是固定的，且这种固定的对应关系是不可通过程序改变的，除非改变工作模式。

(1) 模式 1 的基本特点。

① 模式 1 时，只有 A 端口、B 端口作为数据口，两个端口均可设定为输入口或输出口，数据的输入、输出都被锁定。

② 当 A 端口为输入口或输出口，C 端口用 $PC_3$、$PC_4$、$PC_5$ 配合 A 端口工作；当 B 端

口作输入端口或输出端口，C 端口用 $PC_0$、$PC_1$、$PC_2$ 配合 B 端口工作。C 端口剩余的位还可以工作于模式 0，作输入或输出。

如果 A、B 端口都工作于模式 1，则 C 端口就用 $PC_0 \sim PC_5$ 配合 A、B 端口工作。

③ CPU 与外设间可以用查询模式、中断模式进行数据输入、输出传送。传送中所需要的联络信号由 C 端口的相应引脚提供，C 端口除提供输入、输出传送所需的应答信号外，还在内部建立了有关的状态，可供 CPU 读出查询。

模式 1 时，C 端口对输入和输出操作所分配的专门控制信号和状态信号是不同的，PA 端口和 PB 端口使用的信号也不相同。因此，必须分输入和输出两种情况来讨论。

(2) 模式 1 输入时，C 端口用作应答信号的引脚定义。

端口 A 和端口 B 工作于模式 1 并作输入端口时，C 端口为配合 A 端口的联络信号和控制字，如图 8-26 所示。

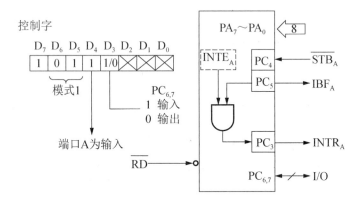

图 8-26　C 端口为配合 A 端口的联络信号和控制字

① 当端口 A 工作于模式 1 并作输入端口时，端口 C 分配 $PC_3$、$PC_4$、$PC_5$ 三位作为 A 端口和外设 CPU 间的应答信号，各位引脚的具体定义如下：

$PC_4$ 定义为 $\overline{STB}_A$，作为选通信号的输入端，低电平有效。它由外设产生并送到 8255A 的 $PC_4$ 引脚作为输入数据选通信号。当该信号有效时，将外设(输入设备)放在 $PA_7 \sim PA_0$ 引脚上的输入数据锁存到 8255A 内的数据输入锁存器中，即 8255A 接收到外设送来的 8 位输入数。

$PC_5$ 定义为 $IBF_A$，是输入缓冲器"满"信号，高电平有效。这是 8255A 送给外设的状态信号。当该信号有效时，表示输入设备送来的数据已传送到 8255A 的输入缓冲器中，即缓冲已满，8255A 不能再接收别的数据。此信号一般作为 CPU 查询用。$IBF_A$ 是由 $\overline{STB}_A$ 信号置位的，由读信号 $\overline{RD}$ 的后沿(即上升沿)将其复位，复位后表示输入缓冲器已空，又允许外设将下一个新的数据送入 8255A。

$PC_3$ 定义为 $INTR_A$。$INTR_A$ 是中断申请信号，高电平有效。它是由 8255A 送往 CPU 的中断申请信号。只有当 $\overline{STB}_A$、$IBF_A$ 和 INTE 三信号均为高电平时，$INTR_A$ 才被置为有效高电平。也就是说，当选通信号结束，即已将输入设备提供的一个数据送到输入缓冲器中，输入缓冲器满信号 $IBF_A$ 已变为有效高电平，并且中断是允许的(INTE=1)情况下，8255A 才能向 CPU 发出中断申请信号 $INTR_A$。CPU 响应中断后，在服务程序中可用 IN 指令读取输入缓冲器中的数据；由读信号 $\overline{RD}$ 的下降沿将 $INTR_A$ 信号复位为低电平。

INTE 称为中断允许信号，是专门用来控制 8255A 是否可以向 CPU 发中断申请信号而设置的，实际是在 A 组控制逻辑电路中设置的一个中断允许触发器，该触发器对外没有引脚，只有用软件对 C 端口对应位置 1 或清 0 才能实现。所以，INTE 是一个内部信号，当 $INTE_A=1$ 时，表示允许 A 端口发中断信号，$INTE_A=0$，表示禁止 A 端口中断(即被屏蔽)。$INTE_A$ 的置 1 和清 0 是通过 C 端口按位置 1 置 0 控制字使 $PC_4$ 清 0 来实现的。用置位/复位命令使 $PC_4$ 置 1 或置 0 的操作完全是 8255A 的内部操作，并不影响 $PC_4$ 引脚的逻辑状态，或者说，$PC_4$ 引脚上出现高电平或低电平并不改变中断允许触发器的状态。同样，在 B 组控制逻辑电路中，也设置了一个这样的中断允许触发器 $INTE_B$，其功能和置 1 置 0 操作，与上述 A 端口的情况一样，只是对 $INTE_B$ 的置 1 置 0，是通过对 C 端口的 $PC_2$ 置 1 置 0 来实现的。

② 当端口 B 工作于模式 1 并作输入端口时，C 端口分配 $PC_0$、$PC_1$ 和 $PC_2$ 这三位来配合 B 端口工作，为 B 端口提供联络控制信号，C 端口为配合 B 端口的联络信号和控制字，如图 8-27 所示。

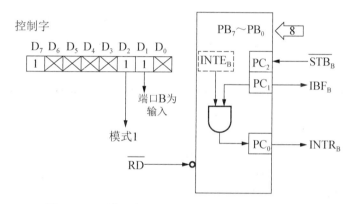

图 8-27　C 端口为配合 B 端口的联络信号和控制字

$PC_0$、$PC_1$ 和 $PC_2$ 定义如下。

$PC_2$ 定义为 $\overline{STB}_B$。$\overline{STB}_B$ 是 B 端口的数据输入选通信号，其含义同 $\overline{STB}_A$。

$PC_1$ 定义为 $IBF_B$。$IBF_B$ 是 B 端口的输入缓冲器"满"信号，其含义同 $IBF_A$。

$PC_0$ 定义为 $INTR_B$。$INTR_B$ 是 B 端口的中断申请信号，其含义同 $INTR_A$，$INTR_B$ 受 $INTE_B$ 控制，而 $INTE_B$ 的含义与 $INTE_A$ 相同。

如果 A 端口和 B 端口都工作于模式 1，并作为输入口，则 C 端口要用 6 位配合其工作，C 端口剩下的两位 $PC_6$、$PC_7$ 还可作为数据口设置为输入或输出用。

(3) 模式 1 输入的工作时序。

模式 1 输入的工作时序如图 8-28 所示，参数见表 8-6；在分析时序时，应着重注意三点：一是对操作过程和所涉及的部件要清楚；二是对操作中涉及的信号及这些信号的发出者和接收者应清楚；三是各信号间的大致先后时序关系要清楚。

由时序图可知，在模式 1 下，一次输入过程是从外设把数据放到端口数据线 $PA_7\sim$ $PA_0$(或 $PB_7\sim PB_0$)引脚上，并发出 $\overline{STB}_A$(或 $\overline{STB}_B$)信号开始的，其工作过程如下。

① 当外设准备好数据并放到端口数据线($PA_7\sim PA_0$ 或 $PB_7\sim PB_0$)上时，随即发选通信号，并把数据锁入 8255A 内的输入数据锁存器中，选通信号的宽度至少为 500ns。

② $\overline{\text{STB}}$ 有效后(下降沿后)，经 $t_{\text{STB}}$ 时间(约 300ns)，数据已锁存到 8255A 的输入锁存器/缓冲器，输入缓冲器满信号 IBF 有效，该信号送给外设作为对 $\overline{\text{STB}}$ 信号的响应，禁止输入新数据。若 CPU 用查询模式输入数据，则 IBF 可作为 CPU 的查询标志用。

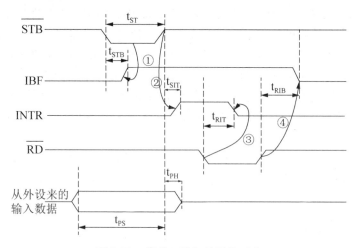

图 8-28　模式 1 输入的工作时序

表 8-6　模式 1 输入的参数表

| 参　数 | 说　明 | 8255A | |
| --- | --- | --- | --- |
| | | 最小时间 | 最大时间 |
| $t_{\text{ST}}$ | 选通脉冲 $\overline{\text{STB}}$ 的宽度 | 500ns | |
| $t_{\text{STB}}$ | $\overline{\text{STB}}$ 有效到 IBF 有效之间的时间 | | 300ns |
| $t_{\text{SIT}}$ | $\overline{\text{STB}}$ =1 到中断请求 INTR 有效之间的时间 | | 300ns |
| $t_{\text{PH}}$ | 数据保持时间 | 180ns | |
| $t_{\text{PS}}$ | 数据有效到 $\overline{\text{STB}}$ 无效之间的时间 | 0 | |
| $t_{\text{RIT}}$ | $\overline{\text{RD}}$有效到中断请求信号撤销之间的时间 | | 400ns |
| $t_{\text{RIB}}$ | $\overline{\text{RD}}$为 1 到 IBF 为 0 之间的时间 | | 300ns |

③ 若允许发中断申请，则在 $\overline{\text{STB}}$ 结束的上升沿之后经 $t_{\text{SIT}}$ 时间(约 300ns)使 INTR 有效，向 CPU 发出中断请求。CPU 响应中断后，在中断服务程序中执行输入指令，由 CPU 发出 $\overline{\text{RD}}$ 信号，从 8255A 内的输入锁存器/缓冲器中读取数据。若 CPU 采用查询模式，则通过查询状态字中 INTR 或 IBF 位是否置位来判断有无数据可供读取。

④ 读信号($\overline{\text{RD}}$)下降沿后，经 $t_{\text{RIT}}$ 时间(约 400ns)将 INTR 信号撤销。

⑤ 读信号结束上升沿后，经 $t_{\text{RIB}}$ 时间(约 300ns)使 IBF 变为无效的低电平，以此来通知外设，CPU 取走数据，输入缓冲器已空，可再输入新的数据。所以，外设必须等待 IBF 引脚出现低电平信号后，才能再把下一个数据送到端口数据线($PA_0 \sim PA_7$ 或 $PB_0 \sim PB_7$)上。

⑥ 由输入时序图可以看出：

$\overline{\text{STB}}$ 信号有 3 个作用：一是把输入端口数据线($PA_0 \sim PA_7$ 或 $PB_0 \sim PB_7$)上的数据锁入 8255A；二是在其下降沿时使 IBF 有效；三是在其上升沿后使 INTR 有效(在 $\text{INTE}_B = 1$

时)。$\overline{STB}$ 信号由外设提供，不受 CPU 控制，该信号不能太窄，不小于 500ns，当然也不能太宽，更不能是电平信号，因为只有当 $\overline{STB}$ 结束由低变高时，才能发中断申请信号，若 $\overline{STB}$ 始终保持低电平，就永远不能发出中断申请信号 INTR。

IBF 信号受外设和 CPU 的共同控制，外设发来 $\overline{STB}$ 有效负脉冲时使 IBF 变为有效高电平，CPU 执行输入指令发 $\overline{RD}$ 信号，读取数据，当 $\overline{RD}$ 信号结束后又使 IBF 变为无效低电平，若 CPU 不取走数据，则 IBF 始终保持高电平。

INTR 信号同时受 CPU、外设和 8255A 内部的控制，只有当 $\overline{STB}$ =1(由低变高)，INTE=1、IBF=1 三信号同时成立时，INTR 才会有效，否则无效。而 INTR 变为无效是受 CPU 发来 $\overline{RD}$ 信号控制的。只有当 CPU 执行输入指令，从 8255A 输入锁存器读取数据时，INTR 才会变为无效。

(4) 模式 1 输出时，C 端口用作应答信号的引脚定义。

模式 1 输出时，A 端口、B 端口作为数据输出端口，C 端口也有固定的 6 个引脚作为联络控制信号，具体引脚分配和控制字如图 8-29 所示。

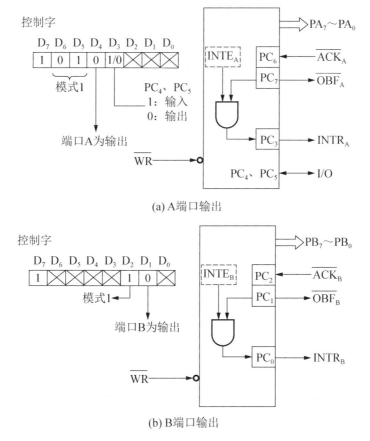

(a) A端口输出

(b) B端口输出

图 8-29 模式 1 输出时 C 端口的控制及状态信号

$PC_7$ 定义为 $\overline{OBF}_A$：它是 A 端口输出缓冲器"满"信号，输入低电平有效。$\overline{OBF}_A$ 是 8255A 通过 $PC_7$ 引脚送给外设的。当 $\overline{OBF}_A$ 有效(低电平)时，表示 CPU 已经向指定的端口(A 端口)写入数据，即数据已经写入到 A 端口的输出锁存器中，并已出现在端口数据线

$PA_7 \sim PA_0$ 上。$\overline{OBF}_A$ 是在 CPU 执行输出指令发出 $\overline{WR}$ 信号上升沿时使 $\overline{OBF}_A$ 有效(置成低电平)的,用来通知外设取走数据。

$INTE_A$ 中断允许信号。该信号的含义与 A 端口、B 端口工作在模式 1 的输入状态相同。

INTE=1 使端口处于中断允许状态,INTE=0 使端口处于中断禁止(屏蔽)状态。使用时,INTE 也是由软件来置 1 置 0。若将 $PC_6$ 置 1,则端口 A 的 INTE 为 1;若 $PC_6$ 清 0,则端口 A 的 INTE 为 0。对 B 端口的控制是用 $PC_2$ 置 1 清 0 来实现的。

B 端口模式 1 输出时,C 端口用 $PC_0$、$PC_1$、$PC_2$ 来作联络控制信号,定义如下:

$PC_1$ 定义为 $\overline{OBF}_B$,输出锁存器满信号,其含义同 A 端口的 $\overline{OBF}_A$。

$PC_2$ 定义为 $\overline{ACK}_B$:与 B 端口相连的外设响应信号,其含义与 A 端口的 $\overline{ACK}_A$ 信号相同。

$PC_0$ 定义为 $INTR_B$:中断申请信号,其含义同 A 端口。

(5) 模式 1 输出时的工作时序。

模式 1 输出时的工作时序如图 8-30 所示。

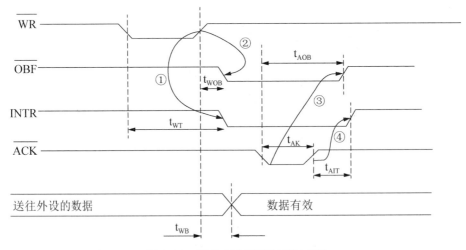

图 8-30　模式 1 输出时的工作时序

8255A 工作在模式 1 的输出端口,一般采用中断模式与 CPU 相联系,数据传送过程中各信号的交接过程如下。

① 当 8255A 向 CPU 发出中断申请请求输出数据时,CPU 响应中断后执行中断服务程序,执行 OUT 指令向 8255A 输出数据并发出写信号 $\overline{WR}$,写信号 $\overline{WR}$ 的上升沿有两个作用:一个作用是清 INTR 中断申请信号,表示 CPU 已经响应中断;另一个作用使 OBF 有效,通知外设读取数据。

② 外设从 8255A 中读取完数据后,便向 8255A 发一个应答信号 ACK,表示已经收到数据。ACK 信号有两个作用:一个作用是使 OBF 无效,表示数据已经被读取完毕,当前输出缓冲器已空;另一个作用是使 INTR 有效,8255A 向 CPU 发出中断申请,从而可开始一个新的输出过程。若 CPU 输入响应中断,则转入中断服务程序,CPU 执行 OUT 指令,向 8255A 输出一个数据。

(6) 模式 1 输入和输出的组合。

在模式 1 时,A 端口和 B 端口作为输入口或输出口是可以任意组合的,如将 A 端口定义为模式 1 输出,B 端口定义为模式 1 输入,则此时 8255A 的控制字格式和联络控制信号引脚定义如图 8-31(a)所示,这时由 $PC_0 \sim PC_3$、$PC_6 \sim PC_7$ 作控制信号,C 端口剩下的两个引脚 $PC_4$ 和 $PC_5$ 还可定义为数据输入口或输出口,具体作输入还是作输出可由控制字中 $D_3$ 位决定。当 $D_3 = 1$ 时,$PC_4$、$PC_5$ 为输入;$D_3 = 0$ 时,$PC_4$、$PC_5$ 为输出。

又如,将 A 端口定义为模式 1 输入,B 端口定义为模式 1 输出,则此时 8255A 的控制字格式和联络控制信号引脚定义如图 8-31(b)所示,这时由 C 端口的 $PC_0 \sim PC_5$ 作联络控制信号,C 端口剩下的两位 $PC_6$ 和 $PC_7$ 仍可作数据输入输出用。当控制字 $D_3 = 1$ 时,$PC_6$、$PC_7$ 作输入,$D_3 = 0$ 时,$PC_6$、$PC_7$ 作输出。

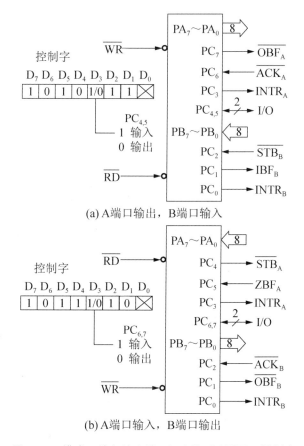

(a) A端口输出,B端口输入

(b) A端口输入,B端口输出

图 8-31 模式 1 输入输出端口组合的引脚配置及控制字

由图 8-31 可知,模式 1 下 A 端口和 B 端口进行输入、输出组合设定时,C 端口中低 4 位都作控制信号,而高 4 位中总有两位($PC_4$、$PC_5$ 或 $PC_6$、$PC_7$)空着,仍可将其设为输入或输出。不过应注意,这两位只能同时作为输入或输出,不能再分解使用。

(7) 模式 1 的输入和输出状态字。

8255A 是一个多功能芯片,不仅可工作于查询模式,也可工作于中断模式。8255A 提供了很多内部机制方便用户的应用设计,这些内部机制对用户来说是透明的。

当 8255 工作在模式 1 和模式 2 时，C 端口在 I/O 操作的过程中，根据不同情况产生或接收与外设间的联络控制信号，建立内部状态，这时用 IN 指令读取 C 端口的内容，便可以获得 A 端口和 B 端口的状态，8255A 的状态字为查询方式提供了查询标志，如 IBF、OBF。编程人员可以据此来对外设的状态进行测试和检查，并相应地改变程序流程。不过要指出的是，从 C 端口读出的状态字与 C 口的引脚状态没有关系，例如，当模式 1 输入时，$PC_4$ 和 $PC_2$ 引脚上的状态由外设发来的选通信号 $\overline{STB}_A$ 和 $\overline{STB}_B$ 确定，而从状态字读出的 $D_4$、$D_2$ 位的内容分别对应 A 端口、B 端口的中断允许触发器状态 $INTE_A$ 和 $INTE_B$。当模式 1 输出时，$PC_6$ 和 $PC_2$ 引脚上的状态由外设发出的响应信号 $\overline{ACK}_A$ 和 $\overline{ACK}_B$ 确定，而从状态字读出的 $D_6$、$D_2$ 位的内容分别对应 A 端口、B 端口的中断允许触发器状态 $INTE_A$ 和 $INTE_B$。

8255A 工作于模式 1 时的两个状态字如下。

模式 1 的输入状态字：

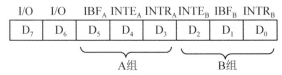

模式 1 的输出状态字：

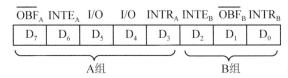

针对模式 1，A 端口和 B 端口工作状态的四种组合状态对应有四种控制字：

① A 端口和 B 端口同时为输入；

② A 端口和 B 端口同时为输出；

③ A 端口为输入，B 端口为输出；

④ A 端口为输出，B 端口为输入。

从状态字可知：

① 状态字的组合与由编程设定的端口为输入或输出的组合是相对应的。输入和输出操作不同，所形成的状态字不同，使用时应根据相应的状态位来确定。

② 由于 8255A 本身不能直接提供中断向量，因此，当 8225A 采用中断模式时，只能通过 CPU 读取状态字来判别 $INTR_A$ 和 $INTR_B$，以确定是哪个口(A 端口还是 B 端口)提出的中断，以实现查询中断，因此，在状态字中设置了 INTR 作为查询标志。也就是说，8255A 实现的中断是查询中断，而不是向量中断。若需要采用向量中断，则需借助中断控制器 8259A 来提供中断向量。

③ 状态字中的 INTR 位是一个控制标志，控制 8255A 能否提出中断申请，因此它不是 I/O 操作过程中自动产生的状态，而是由程序通过 C 端口置位/复位命令来设置或清除的。

例：若要允许端口 A 在输入时发中断请求，则内部中断允许触发器 $INTE_A$ 必须设置为 1，即应用 C 端口置位/复位控制字将 $PC_4$ 置 1，若要禁止 A 端口发中断请求，则必须将 $PC_4$ 清为 0，即使 $INTE_A=0$，可用下列程序段实现：

```
        MOV   AL,09         ;PC₄=1，允许A端口发中断申请
        OUT   063H,AL
        MOV   AL,08         ;PC₄=0，禁止A端口发中断申请
        OUT   063H,AL
```

(8) 模式1的使用场合及接口方法。

由上述模式1可知，如果外设(或被控对象)能为8255A提供选通信号或数据接收应答信号，则可使8255A的A端口和B端口工作于模式1，模式1可以采用查询模式，也可以采用中断模式完成CPU与外设间的数据传送。

在硬件连接上，工作于模式1时，首先应根据实际要求确定好A端口和B端口是作输入口还是作输出口，这样，C端口的哪些引脚将与外设的相应控制线和状态线相连即可确定。如果是采用查询模式，则中断请求线可以空着不连。如果采用中断模式，则还要把中断请求线连到CPU或中断控制器8259A上。

若CPU采用查询模式，则输入时查询C端口的IBF状态位，输出时查询OBF状态位或INTR状态位。

### 3. 模式2，双向传输模式

模式2是双向传输模式，只适用于A端口。所谓双向传输，就是A端口既作输入端口，又作输出端口。CPU与外设交换数据时可在8位端口数据线$PA_0 \sim PA_7$进行，既可以通过A端口把输入数据传送给CPU，又可以通过A端口把输出数据传送到外设，而且输入、输出数据均能够进行锁存，但输入和输出过程不能同时进行。

(1) 模式2的基本特点。

① C端口用5位($PC_3 \sim PC_7$)作为专用联络控制信号自动配合A端口进行工作。

② A端口与CPU交换数据既可采用查询模式，也可采用中断模式。

③ 模式2下为双向传送设置的联络信号、时序关系、状态字，基本上是模式1下输入和输出两种操作时的组合。只有中断申请信号INTR，既可作输入的中断申请，又可作输出的中断申请。模式2下A端口联络控制信号的引脚定义和模式控制字格式如图8-32所示。

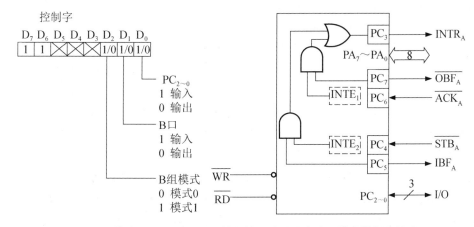

图8-32 模式2下A端口联络控制信号的引脚定义和模式控制字格式

(2) 模式 2 下联络控制信号的定义。

① INTE$_1$ 和 INTE$_2$：分别为端口 A 输出和输入时的中断允许信号，其含义与模式 1 相同，都必须通过软件来设置。可用 C 端口置位/复位命令对 PC$_6$ 置 1，使 INTE$_1$ 为 1，开放输出中断，对 PC$_6$ 清 0，使 INTE$_1$ 为 0，则屏蔽输出中断；对 PC$_4$ 置 1，使 INTE$_2$ 为 1，开放输入中断，对 PC$_4$ 清 0，使 INTE$_2$ 为 0，则屏蔽输入中断。

② INTR$_A$：中断申请信号，高电平有效。不管是输入操作还是输出操作，每当一个操作完成，8255A 都要通过该引脚向 CPU 发中断申请信号，以进行下一个输入或输出操作。由于模式 2 时输入或输出操作引起的中断申请信号都是从同一个引脚(PC$_3$)发出的，因此，CPU 响应中断时，必须通过查询 $\overline{\text{IBF}_A}$ 和 $\overline{\text{OBF}_A}$ 的状态，才能确定是输入操作还是输出操作引起的中断。

③ $\overline{\text{OBF}_A}$：输出缓冲器满信号，低电平有效。该信号是 8255A 送给外设的选通信号，该信号有效时，表示 CPU 已将一个输出数据写入到 8255A 的 A 端口中，通知外设可以将数据取走。

④ $\overline{\text{ACK}_A}$：外设对 $\overline{\text{OBF}_A}$ 的应答信号，低电平有效。该信号有效，将开启 8255A 端口 A 的输出缓冲器，送出数据到 PA$_0$～PA$_7$ 引脚。当该信号无效时，输出缓冲器处于高阻状态。当 CPU 将输出数据写入端口 A 且 $\overline{\text{OBF}_A}$ 有效后，输出数据并不会出现在端口数据线 PA$_0$～PA$_7$ 上，只有当外设接收到 $\overline{\text{OBF}_A}$ 信号，且发回 $\overline{\text{ACK}_A}$ 应答信号后，才能使端口 A 的三态输出缓冲器打开，输出锁存器中的数据被传送到 PA$_0$～PA$_7$ 上。当 $\overline{\text{ACK}_A}$ 信号无效时，A 端口三态输出缓冲器处于高阻态。

⑤ $\overline{\text{STB}_A}$：输入选通信号，低电平有效。该信号是外设送给 8255A 的输入数据选通信号，该信号有效时，表示将外设送到 8255A 的数据已锁入输入锁存器。

⑥ IBF$_A$：输入缓冲器满信号，高电平有效。该信号是 8255A 送往 CPU 的状态信号，该信号有效时，表示外设已有一个新的数据传送到 8255A 的输入锁存器中，等待 CPU 读取。IBF$_A$ 也可以作为 CPU 的查询标志信号。

(3) 模式 2 输入输出的工作时序。

模式 2 输入输出的工作时序如图 8-33 所示，该时序实际上是模式 1 的输入时序和输出时序的组合，图中画出的是一个数据的输出和输入过程的时序，其实，输入输出的次序以及输入输出数据的个数是可以任意的。

从时序图中可以看出，输出时序是由 CPU 响应中断并执行输出指令发出 $\overline{\text{WR}_A}$ 信号开始的，CPU 用 OUT 指令向 8255A 端口 A 写入一个数据时，$\overline{\text{WR}_A}$ 信号有效。它一方面使中断申请信号 INTR$_A$ 变低，撤销中断请求。另一方面 $\overline{\text{WR}_A}$ 的后沿使 $\overline{\text{OBF}_A}$ 信号变低(有效)。$\overline{\text{OBF}_A}$ 信号送往外设，外设收到 $\overline{\text{OBF}_A}$ 信号后，发出 $\overline{\text{ACK}_A}$ 应答信号，$\overline{\text{ACK}_A}$ 信号使 8255A 端口 A 的输出锁存器打开，使输出数据出现在 PA$_0$～PA$_7$ 引脚上。$\overline{\text{ACK}_A}$ 信号同时还使信号 $\overline{\text{OBF}_A}$ 高电平变为无效，从而可以开始下一个数据的传送过程(输入或输出)。

输入时序是从外设发来的输入选通信号 $\overline{\text{STB}_A}$ 时开始的，当外设向 8255A 送数据时，选通信号 $\overline{\text{STB}_A}$ 也一起到来，$\overline{\text{STB}_A}$ 信号将输入数据锁存入 8255A 的输入锁存器中，从而使输入缓冲器满信号 $\overline{\text{STB}_A}$ 变为高电平(有效)，当选通信号 $\overline{\text{STB}_A}$ 结束(上升沿)时，使中断申请信号 INTR$_A$ 有效。CPU 响应中断执行 IN 指令时，$\overline{\text{RD}}$ 信号有效，将数据从 8255A 读到 CPU 中，于是输入缓冲器满信号 $\overline{IBF_A}$ 又变为低电平(无效)，输入过程结束。

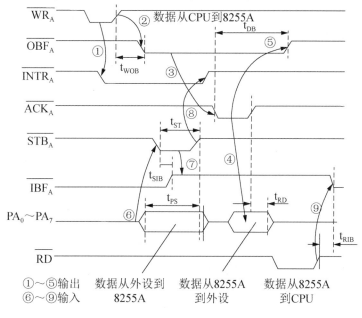

**图 8-33 模式 2 的时序图**

从图 8-33 中的模式控制字可知，当 A 端口工作于模式 2 时，B 端口工作于模式 0 或模式 1，且既可以作为输入口也可以作为输出口。当 B 端口工作于模式 0 时，C 端口剩余的 3 位 $PC_0 \sim PC_2$ 仍可作输入或输出使用；B 端口工作于模式 1 时，C 端口用 $PC_0 \sim PC_2$ 配合其工作，对应关系和引脚含义与上面的模式 1 相同。

(4) 模式 2 的使用场合。

模式 2 是一种双向数据传输工作模式，因此，适用于连接既可输入数据，又可输出并且输入和输出操作不会同时进行的并行外部设备。将该外设与 8255A 的端口 A 相连，并使它工作于模式 2，即可进行数据的输入输出传输。计算机系统的软盘驱动器就是在 8255A 的这一工作模式下进行数据的读写操作的。

## 8.3.5 8255A 的应用

8255A 是一个多功能芯片，应用广泛，下面举几个实际例子，说明 8255A 在读取开关量、LED 显示、打印机接口、键盘接口及双机通信等方面的基本使用方法。

### 1. 模式 0 的应用

模式 0 主要用于一些通信双方不需要联络控制信号的场合，如读取开关量、LED 显示、非编码键盘、打印机接口等。

例 1：在 8086 微机系统中有一片 8255A，其端口 A 的 $PA_0 \sim PA_7$ 分别与 8 个开关 $K_0 \sim K_7$ 相连，$PB_0 \sim PB_7$ 接 8 个发光二极管 $LED_0 \sim LED_7$。A 端口、B 端口均工作于模式 0，如图 8-34 所示。要求通过编程，将开关 $K_0 \sim K_7$ 的状态送入 $LED_0 \sim LED_7$ 循环显示。

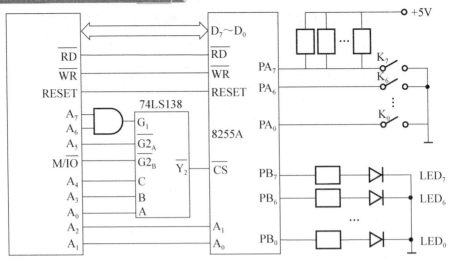

图 8-34　8255A 的 A 端口、B 端口工作于模式 0 的硬件图

硬件电路分析：由图可知，8255A 的数据线 $D_0 \sim D_7$ 与 8086 的低 8 位数据总线相连。因此，8255A 的 4 个端口地址都为偶地址，$A_0$ 总是为 0。$A_1$、$A_2$ 用来选择片内的 4 个端口，由图中地址译码器 74LS138 的输入、输出及控制端口连接可知：$A_7A_6A_5=110$，$A_4A_3A_1=010$(因为从 $\overline{Y_2}$ 输出)，$\overline{Y_2}=0$ 时，选中 8255A，于是可得图中 8255A 的 4 个端口地址为：A 端口 C8H、B 端口 CAH、C 端口 CCH、控制口 CEH。

8255A 的编程：对 8255A 的编程有两项工作，首先是确定模式选择控制字对 8255A 初始化，其次是编写控制读 A 端口内容(开关状态)送 B 端口显示的控制程序段。因此，在对 8255A 具体编程前，应先确定 A 端口、B 端口的工作模式，现均确定为模式 0，且 A 端口为输入口，B 端口为输出口，C 端口未用。

在设置控制字时可将 C 端口相应的位置 0，于是就得到 8255A 的模式控制字，并对 8255A 进行初始化，然后编程判断 A 端口的状态，再由 AL 送到 B 端口的 8 个发光二极管显示。由于 LED 的工作频率不能太高，为了显示稳定，每进行一次读、写操作后要延迟一段时间再送开关状态并显示。此外，图中 LED 是共阴极接法，B 端口的某一位为 1，则对应的 LED 发光，反之则灭，对应于开关状态就是开关打开，使对应的 LED 熄灭。

根据上述描述，8255A 的初始化编程如下：

```
MOV AL,        90H        ;8255A 的控制字
MOV DX,        0CEH
OUT DX,        AL         ;控制字写入控制器
DISPLAY:MOV DX,0C8H       ;从 A 端口输入开关状态
IN  AL,        DX
MOV DX,        0CAH
OUT DX,        AL         ;将开关状态送 B 端口 LED 上显示
MOV CX,        200H       ;表示延时常数
               DELAY: DEC CX
JNZ DELAY
               JMP  DISPLAY
```

例 2：如图 8-35 所示为含有 8255A 的七段数码显示电路，CPU 把要显示的数字的七

段码(字形码)从 8255A 的端口 A 输出，经反相驱动器驱动后送数码显示器，点亮相应的段，即可显示该数字的字形。要显示 7，应使 a、b、c 段亮，其余段不亮，通过编程使 $PA_0 \sim PA_7$ 中的 $PA_0=0$、$PA_1=0$、$PA_2=0$，再经反相后使 a、b、c 亮，其余段不亮，于是显示数字 7，其他数字的显示方法相同。实现通过两个数码管显示数字"21"，假设两个数码管的地址分别为 10H 和 20H，程序段如下。

```
MOV     AL,90H          ;8255A 的控制字
MOV     DX,0CEH
OUT     DX,AL           ;控制字写入控制器
P1: MOV  AL,79H          ;数字"1"的显示代码值
    OUT  0C8H,AL
    MOV  AL,0FEH
    OUT  20H,AL          ;选中第一位数码管 LED1
    CALL DELAY           ;延时 1ms
    MOV  AL,0FFH         ;关第一位数码管 LED1
    OUT  20H,AL
    MOV  AL,24H          ;数字"2"的显示代码值
    OUT  10H,AL
    MOV  AL,0FDH
    OUT  20H,AL          ;选中第二位数码管 LED2
    CALL DELAY           ;延时 1ms
    MOV  AL, 0FFH        ;关第二位数码管 LED2
    OUT  20H,AL
    JMP  P1
```

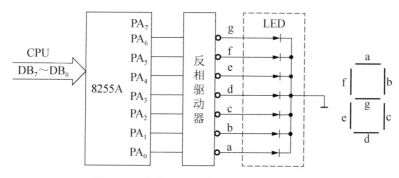

图 8-35 含有 8255A 的七段数码显示电路

在这里，延时 1 毫秒的时间量很重要。因为如果延时的时间量较大，比如 1 秒，显示的效果是每个数码管在轮流显示，一个数码管显示时，则可以用肉眼明显观察到另一个数码管处于不显示状态；如果延时时间较短，比如 1 微秒，则每一个数码管不能得到稳定的显示效果，肉眼所看到的是闪烁现象。

对于多于两个的数码管显示，可以采用相同的动态显示方法来实现。

### 2. 模式 1 的应用

例：某数据输入设备通过 8255A 的端口 A 向 CPU 输入数据，如图 8-36 所示。设 A 端口工作

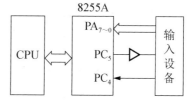

图 8-36 通过 8255A 向 CPU 输入数据

于模式 1，输入，C 端口的 PC$_4$、PC$_5$ 自动作 $\overline{STB}$ 和 IBF 信号，即当 PC$_5$ 为低电平时(IBF 有效)，表示 A 端口输入缓冲器为"空"，外设可以输入数据。数据输入设备准备好数据后，经 PC$_4$ 向 8255A 发出选通脉冲 $\overline{STB}$，将数据送入 8255A 的 A 端口输入锁存器，此时 IBF 则由低电平变为高电平，表示输入缓冲器满。CPU 通过查询 C 端口状态，确认 IBF(PC$_5$)为高电平后，则执行 IN 指令(使 $\overline{RD}$ 有效)从 A 端口取走数据，同时 $\overline{RD}$ 信号也使 IBF 变为低电平，表示 A 端口已空，通知外设可以输入下一个数据。重复执行上述过程，可以连续输入多个数据。现要求用程序查询模式由 A 端口输入 500 个字节数据，存入首地址为 0400H 开始的内存单元中。设 8255A 的端口地址：A 端口为 3F8F，C 端口为 3FCH，控制口为 3FEH。

CPU 用程序查询方式由 A 端口输入数据的编程如下。

首先对 8255A 初始化，设 A 端口工作于模式 1，输入。B 端口及 C 端口除 PC$_4$、PC$_5$ 外的其他位均未使用，故控制字中相关的位应填 0，于是得到 8255A 的控制字为 1011000H=B0H。

8255A 初始化：

```
    MOV   DX,03FEH      ;8255A 的控制器地址
    MOV   AL ,B0H       ;控制字
    OUT   DX,AL         ;控制字写入控制口
    MOV   DI,0400H      ;接收数据内存首地址送 DI
    MOV   CX,1F4H       ;接收字节数
```

8255A 程序查询输入：

```
    MOV   DX,03FCH      ;C 端口地址
P1:IN  AL,DX            ;读 C 端口的状态字
    TEST  AL,20H        ;测 PC5 的状态 (IBF)
    JZ    P1            ;IBF=0 说明 A 端口输入缓冲器为空，则 CPU 等待
    MOV   DX,3F8H
    IN    AL,DX         ;IBF=1，则由 A 端口读入输入数据
    MOV   [DI],AL       ;将数据写入 DI 所指示的单元中
    INC   DI            ;修改地址
    DEC   CX            ;字节数减 1
    JZ    P2            ;输入完，转暂停
    MOV   DX,03FEH      ;指向 C 端口为继续查询做准备
    JMP   P1            ;字节数未完，继续查询输入
P2:HLT
```

### 3. 8255A 在键盘接口电路中的应用

键盘是计算机系统和其他实时控制系统中广泛使用的一种基本输入设备。按键实际上就是一个开关，对大多数键盘而言，为了减少与计算机间的连线、简化结构，按键被排成行和列的矩阵形式，称为矩阵键盘。矩阵键盘根据识别码和键盘扫描实现模式的不同又分为两类：编码键盘和非编码键盘。编码键盘主要是用硬件来实现键的识别和扫描，它功能强、可靠，但硬件复杂，一般微机系统使用编码键盘。非编码键盘主要是用软件方法来识别键和译码，本节主要说明非编码键盘的基本工作原理、接口方法及键盘控制程序的编制方法。

非编码键盘如同一组开关，组成行和列的矩阵，其全部工作，如按键的识别、键码的获取、防止串键(同时按下一个以上的键)和消抖动等都由软件完成，因此，它所需要的硬件少、价格便宜，一般在单片机、单板机和智能仪器仪表等控制系统中广泛使用。

(1) 非编码键盘的工作原理。

键盘输入信息的过程：

① CPU 检查是否有键按下。

② 扫描检查各行和列，找到被按键的键号(或键位置码——行列值)。

③ 将键号转换成计算机能识别的代码并转入相应的键盘处理程序。

识别键盘上哪个键被按下的过程称为键盘扫描，下面以如图 8-37 所示的 4×4 矩阵键盘为例，说明键盘的扫描过程和接口原理。

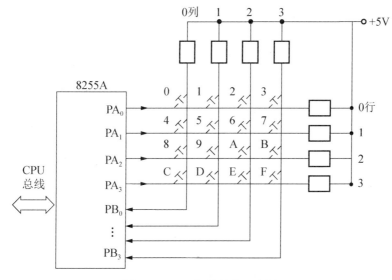

图 8-37　4×4 矩阵键盘示意图

图 8-37 中用并行接口 8255A 作为微机与键盘间的接口，采用逐行扫描法识别键。将键盘中的各行与 A 端口 $PA_0 \sim PA_3$ 相连，A 端口为输出口；将各列与 B 端口的 $PB_0 \sim PB_3$ 相连，B 端口为输入口。

键盘扫描(识别键)的过程如下。

① 识别是否有键被按下：方法是使 $PA_0 \sim PA_3$ 输出全 0，读 B 端口(列值)$PB_0 \sim PB_3$，$PB_0 \sim PB_3$ 只要有一位为 0，就说明有键按下。因为由于上拉电阻接+5V 的作用，无键按下时，列线被置成高电平。当某键按下，该键所在行线和列线接通，所以，当行线为低电平时，对应的列线也为低电平。

② 消抖动：抖动就是键按下时由于手工操作，键的闭合和断开之间会跳几下才能稳定到闭合位置，这称为抖动。抖动问题不解决会引起对闭合键的错误识别，所以，当判别出有键按下时应消除抖动。消抖动的常用方法是在检测到有键按下时，延迟一段时间(通常为20ms)，再检查该键是否仍被按着，若是，才真正认为有键按下，而不是干扰。

③ 确定是哪个键被按下：即确定被按下键的行列号。若采用逐行扫描方法，其过程是：从 0 行开始，逐行输出(即 A 端口逐位输出)，每扫描一行，就读列线输出值(B 端

口)，并从 0 列开始逐列检查找出该行中为 0 的列，若无，说明该行无键按下，则顺序扫描下一行，并检查各列；若找到某列线为 0，则该列与当前被扫描行的交叉坐标上的键为被按下键。从 0 行 0 列开始，顺序地将按键编号，按上述扫描方法就可以找到按键的键号(0、1、…、N 中某一个)。

④ 根据找到的键号，转去执行该键功能的子程序。

(2) 键盘扫描程序。

上述的键盘扫描过程是由键盘扫描程序来实现的，键盘扫描程序包括对 8255A 的初始化，检查是否有键被按下，是否消抖动，是哪个键按下等。设 8255A 的端口地址为：A 端口为 80H，B 端口为 81H，控制口为 83H。

键盘扫描程序如下(按行扫描法)。

8255A 的初始化：

```
        MOV   AL,82H        ;8255A 方式控制字，方式 0，A 端口输出，B 端口输入
        OUT   83H,AL        ;控制字写入控制口
        MOV   AL,00H
        OUT   80H,AL        ;使各行线为低电平(0)，即 A 端口输出全 0
P1:     IN    AL,81H        ;读列线(B 端口)数据
        AND   AL,0FH        ;屏蔽无关位
        CMP   AL ,0FH       ;列线中是否有 0
        JZ    P1            ;无 0，等待按键
                            ;有键按下，延时 20ms，消抖动
        MOV   CX,16EAH
P2:     LOOP  P2
                            ;再查列线，看键是否还按着：
        IN    AL,081H
        AND   AL,0FH
        CMP   AL,0FH
        JZ    P1            ;已松开等待按键
                            ;键仍被按着，则检测是哪个键被按下：
START:  MOV   BL,4
        MOV   BH,4
        MOV   AL,0FEH       ;先把 0 行为 0 的行扫描代码(即 11111110)送 AL
        MOV   CH,0FFH       ;起始键号为 FFH("-1"的补码)
L1:     OUT   80H,AL        ;行扫描代码送 A 端口，扫描一行
        ROL   AL            ;修改扫描码，为扫描下一行做准备
        MOV   AH,AL         ;保存修改后的扫描码
        IN    AL,81H        ;读列线(B 端口)值
        AND   AL,0FB        ;屏蔽 B 端口无关位
        CMP   AL,0FH        ;查是否有列线为 0
        JNE   L2            ;有，转去找该列线
        ADD   CH,BH         ;无，修改键号指向该行末列键号
        MOV   AL,AH         ;取回扫描码
        DEC   BL            ;行值减 1
        JNZ   L1            ;行末查完转下一行
        JMP   START         ;重新开始扫描键盘
L2:     INC   CH            ;键号加 1，指向本行首列键号
        RCR   AL            ;右移一位
```

```
        JC    L2          ;该列非 0，检查下一列
        MOV   AL,CH       ;是，键号送 AL
        CMP   AL,0        ;是 0 号键被按下吗
        JZ    K0          ;是，转 0 号键处理子程序
        CMP   AL,1        ;是 1 号键被按下吗
        JZ    K1          ;是，转 1 号键处理子程序
        .
        .
        CMP   AL,0FH      ;是 F 键被按下吗
        JZ    KF          ;是，转 F 键处理子程序
```

# 8.4  模拟信号的输入与输出

8.1 节中介绍过计算机内部使用数字信号进行数据处理，外部使用模拟信号。因此，在和外部数据进行交互时，需要有专门的芯片把对应的模拟数据转换为数字数据(也称为数/模转换，A/D 转换，Analog to Digit)，同时，也需要把计算机内部的数字数据转化为外部设备所需要的模拟数据(也称为模/数转换，D/A 转换，Digit to Analog)。

模拟信号的输入
与输出.mp4

## 8.4.1  概述

数/模(D/A)和模/数(A/D)转换技术主要用于计算机控制和测量仪表中，在工业控制和参数测量时，经常遇到有关的参量是一些连续变化的物理量，比如：温度、速度、流量、压力等。这些量有一个共同的特点，即它们都是连续变化的，这样的物理量称为模拟量。用计算机处理这些模拟量时，一般先利用光电元件、压敏元件、热敏元件等把它们变成模拟电流和模拟电压，然后再将模拟电流或模拟电压变为数字量。为了把模拟电流或模拟电压变为数字量，一般分两步进行。先对模拟电流或电压进行采样，得到与此电流或电压相对应的离散的脉冲序列，然后用模/数转换器将离散脉冲变为离散的数字信号，这样就完成了模拟量到数字量的转换。这两个步骤就是本章要讲述的采样保持和 A/D 转换技术。

对于控制过程来说，最终目的是要根据当时现场情况进行控制，所以，计算机还应把发出的控制信号送到执行部件。由于计算机输出的是数字量，为此，需要通过数/模(D/A)转换器把它们变成模拟电流或模拟电压，这中间就涉及本章要讲解的 D/A 转换技术。可见，D/A 转换是 A/D 转换的逆过程。这两个互逆的转换过程通常出现在一个控制系统中。如图 8-38 所示，在 A/D 转换器前面加了一个运算放大器，这是因为传感器一般不能提供足够的模拟信号幅度。同样，D/A 转换器的输出信号通常也不足以驱动执行部件，所以，要在 D/A 转换器之后加入一级功率放大器。如果在闭环实时控制系统中，去掉执行部件和 D/A 转换及功放环节，那么就成了一个将现场模拟信号变为数字信号，并送计算机进行处理的系统，这种系统实际上就是一个测量系统。如果只有计算机、D/A 转换器、功放级和执行部件，那么就会成为一个程序控制系统。

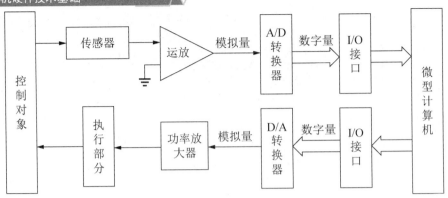

图 8-38　含 A/D 和 D/A 转换环节的控制系统框图

在计算机应用，特别是在自动化领域中，常采用微型计算机进行实时控制和数据处理。采用微型计算机构成一个数据采集系统或过程控制系统时，所要采集的外部信号或被控对象的参数往往是一些在时间和数值上都连续变化的模拟量(也称离散量)，如温度、压力、流量、速度、位移、光亮度、电压、电流等。但是，计算机只能接收和处理不连续的数字量，因此，必须把外部模拟量转换为数字量，以便计算机接收处理。计算机的处理结果仍然是数字量，而大多数被控对象的执行机构均不能直接接收数字量信号，所以，还必须将计算机处理后输出的数字信号再转换为模拟信号(必要时还要进行功率放大)，才能控制和驱动执行机构，达到控制的目的。

将模拟量转换为数字量的过程称为模数(A/D)转换，完成这一转换的器件称为模拟转换器(简称 ADC)；将数字量转换为模拟量的过程称为数模转换，完成这一转换的器件称为数/模转换器(简称 DAC)。

从图 8-38 中可以看到 A/D 转换器和 D/A 转换器在控制系统中的重要地位和作用。它是计算机与模拟信号连接的关键部件，在其他许多系统中，如通信、图像处理等，A/D、D/A 转换器也具有同样的地位和作用。

图 8-38 中，A/D 转换器前加一个运算放大器，是因为将非电量转换为电量(电流或电压)的传感器一般不能提供足够幅度的模拟量信号，所以，需要经运算放大器放大后再送入 A/D 转换器。同样由于 D/A 转换器的输出，模拟信号通常也不足以直接驱动执行部件。所以，要在 D/A 转换器和执行部件之间加入功率放大器，以便驱动执行部件动作。

该系统属于实时闭环控制系统，可以分成两部分，一部分是将现场模拟信号转变为数字信号并送入计算机进行处理的测量系统(或称数据采集系统)，包括传感器、运算放大器、A/D 转换器、I/O 接口和计算机；另一部分是由计算机、I/O 接口、D/A 转换器、功放和执行部件构成的程序控制系统。实际应用中，这两部分都可以独立存在。

## 8.4.2　A/D 转换器

### 1. 模数转换基本原理

A/D 转换器是用来通过一定的电路将模拟量转变为数字量。模拟量可以是电压、电流等电信号，也可以是压力、温度、湿度、位移、声音等非电信号。但在 A/D 转换前，输入到 A/D 转换器的输入信号必须经各种传感器把各种物理量转换成电压信号。A/D 转换后，输出的数字信号可以有 8 位、10 位、12 位和 16 位等。

实现 A/D 转换的方法很多，常用的有逐次逼近法、双积分法及电压频率转换法等。

(1) 逐次逼近法。

采用逐次逼近法的 A/D 转换器由比较器、A/D 转换器、缓冲寄存器、逐次逼近寄存器及控制逻辑电路组成，如图 8-39 所示。其基本原理是从高位到低位逐位试探比较，好像用天平称物体，从重到轻逐级减少砝码进行试探。

逐次逼近法的转换过程是：初始化时，将逐次逼近寄存器各位清 0；转换开始时，先将逐次逼近寄存器最高位置 1，送入 A/D 转换器，经 A/D 转换后生成的模拟量送入比较器，称为 $V_o$，与送入比较器的待转换的模拟量 $V_i$ 进行比较，若 $V_o<V_i$，该位 1 被保留，否则被清除。然后再将逐次逼近寄存器次高位置为 1，将寄存器中新的数字量送 A/D 转换器。输出的 $V_o$ 再与 $V_i$ 比较，若 $V_o<V_i$，该位 1 也被保留，否则被清除。重复此过程，直至逼近寄存器置最低位。转换结束后，将逐次逼近寄存器中的数字量送入缓冲寄存器，得到数字量的输出。逐次逼近的操作过程是在一个控制电路的控制下进行的。

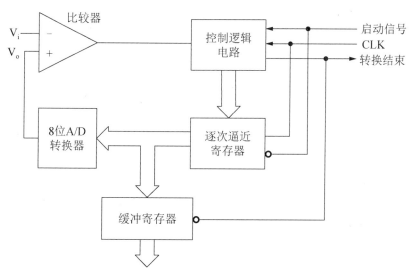

图 8-39 逐次逼近法 A/D 转换器

(2) 双积分法。

采用双积分法的 A/D 转换器由电子开关、积分器、比较器、控制逻辑和计数器部件组成，如图 8-40 所示。其基本原理是将输入电压变换成与其平均值成正比的时间间隔，再把此时间间隔转换成数字量，属于间接转换。

双积分法的转换过程是：先将电子开关接通待转换的模拟量 $V_i$，采样输入到积分器，积分器从零开始进行固定时间 T 的正向积分，时间 T 到后，开关再接通与 $V_i$ 极性相反的基准电压 $V_{REF}$，将 $V_{REF}$ 输入到积分器，进行反相积分，直到输出 $V_i$ 为 0V 时，停止积分。$V_i$ 越大，积分器输出电压越大，反相积分时间越长。计数器在反相积分时间内所计的数值就是输入模拟电压 $V_i$ 所对应的数字量，实现了 A/D 转换。典型的双积分 A/D 转换芯片 7135，与 CPU 定时器和计数器配合起来完成 A/D 转换功能。

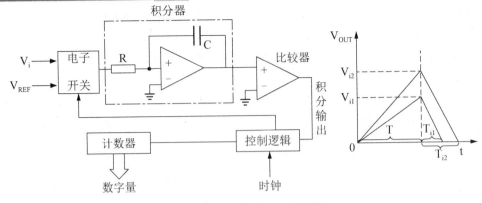

图 8-40 双积分法 A/D 转换器

(3) 电压频率转换法。

电压频率转换法的 A/D 转换器，由计数器、控制门及一个具有恒定时间的时钟门控制信号组成，其工作原理是把输入的模拟电压转换成与模拟电压成正比的脉冲信号。

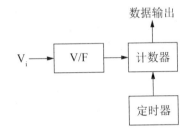

电压频率转换法的过程是：当模拟电压 $V_i$ 加到 V/F 的输入端，便产生频率 F 与 V 成正比的脉冲。在一定时间内对该脉冲信号进行计数。时间到时，统计到计数器的计数值正比于输入电压 $V_i$，从而完成 A/D

图 8-41 电压频率转换法 A/D 转换器

转换，如图 8-41 所示。典型的 V/F 转换芯片 LM331 可以与微机的定时器和计数器配合起来完成 A/D 转换。

**2. 应用时应注意的问题**

在系统中用到 A/D 转换时，第一要考虑模拟量的变化速度与 A/D 转换器的转换速度，为此引入采样保持电路；第二需考虑多个模拟量输入时的转换通道，为此引入多路转换模拟开关；第三需考虑数据输出线与系统总线的连接，为此引入三态门的概念。

(1) 采样保持电路。

如果 A/D 转换器的转换速度比模拟信号电压变化速度高很多倍，那么模拟信号可以直接加到 A/D 转换器上。如果模拟信号变化快于 A/D 转换器的转换速度，为了保证转换精度，就要在 A/D 转换之前加上采样保持电路，使得 A/D 转换期间保持输入的模拟信号不变。

采样保持电路有两种工作状态，一种是采样状态，另一种是保持状态。在采样状态下，输出随输入变化；在保持状态下，输出保持不变。

(2) 多路转换模拟开关。

在实际工程中，有时要求用一片 A/D 转换芯片同时测量温度、压力、风速、流量等多种参数；有时要求用一片 A/D 转换芯片完成对不同测量点同一参数的采集，有时又要用一片 A/D 转换芯片完成对多个对象的控制，这就需要解决多个回路与 A/D、D/A 转换器之间的切换问题。有两种开关，一种是用独立的多路转换模拟开关轮流切换各回路与 A/D、D/A 之间的通路，实现多路输入、一路输出的模拟开关电路，完成用一片 A/D 转换器采集多路模拟信息的需求；另一种是一路输入、多路输出，用一片 A/D 转换器控制多个对象，这两种电路都有专用的集成电路芯片，如 AD5501、AD5503 即为多路输入、一路输出的多路开关。CD4051、CD4052 是可以进行双向切换的多路开关，既可以作为多路输入、一路输出的模拟开关，也可以作为一路输入、多路输出的模拟开关。还有一种是带有转换开关的 A/D、D/A 转换器。如 ADC 0809 就是带有 8 路模拟信号输入、一路输出转换开关的 A/D 转换器。

(3) 三态门。

A/D 转换器的数据输出是否能直接与 CPU 数据总线相连，要看数据输出端是否具有可控的三态输出。有的 A/D 转换器带有三态输出门，当 A/D 转换结束，CPU 执行一条输入指令，用读信号打开三态门，将数据从 A/D 转换器中取出，读入 CPU。有的 A/D 转换器不带三态输出门，需外接三态门电路实现 A/D 转换器和 CPU 之间的数据传输。

### 3. A/D 转换主要技术指标

(1) 转换精度。

转换精度可用分辨率和转换误差来描述。

(2) 转换时间。

转换时间是 A/D 转换器完成一次转换所需的时间。

转换时间是编程时必须考虑的参数。若 CPU 采用无条件传送模式输入 A/D 转换后的数据，从启动 A/D 芯片转换开始，到 A/D 芯片转换结束，需要一定的时间，此时间为延时等待时间，实现延时等待的一段延时程序，要放在启动转换程序之后，此延时等待时间必须大于或等于 A/D 转换时间。

① 分辨率。

分辨率是指 A/D 转换器能分辨的最小模拟输入量。通常用能转换成的数字量的位数来表示，如 8 位、10 位、12 位、16 位等。位数越高，分辨率越高。例如，对于 8 位 A/D 转换器，当输入电压满刻度为 5V 时，其输出数字量的变化范围为 0～255，转换电路对输入模拟电压的分辨能力为 5V/255=19.5mV。

② 转换误差。

转换误差是指与数字输出量所对应的模拟输入量的实际值与理论值之间的差值。A/D 转换电路中与每一个数字量对应的模拟输入量并非是单一数值，而是一个范围。例如，对满刻度输入电压为 5V 的 8 位 A/D 转换器，数字量的最小有效位 (LSB)w=5V/FFH=19.5mV。假设理论上输入模拟量 A 将产生数字量 D，如果输入模拟量 A±w/2 所产生的数字量仍是 D，则称此转换器的转换误差为 ±1/2LSB。当模拟电压 A±w/4 也产生同一数字量 D，则其转换误差为 ±1/4LSB。

另外，转换精度还取决于以下因素。

非线性误差。指在整个变换量程范围内，数字量所对应的模拟输入信号的实际值与理论值之差的最大值，常用多少 LSB 表示。

电源波动误差。由于 D/A 转换器中包括运算放大器，有的还利用外接电源产生参考电压，因此，供电电源的变化会直接影响 A/D 转换器的精度。

另外，温度漂移误差、零点漂移误差和参考电源误差等，也是影响转换精度的因素。

(3) 量程。

量程是指所能转换的输入电压范围，如 $0\sim5V$，$-5\sim+5V$，$0\sim10V$ 等。

### 4. ADC0809 的结构及引脚

ADC0809 模数转换器是美国国家半导体公司生产的 CMOS 组件，是具有 8 路输入的单片模数转换器件，它采用逐次逼近式 A/D 转换原理，可直接接到微机系统总线上。不需另加 I/O 接口芯片。由于多路开关的地址输入能够进行锁存和译码，其三态门输出也可以锁存，所以方便与微机连接。这种器件使用时不再需要进行调零和满量程调整。

(1) ADC0809 芯片的结构。

ADC0809 模数转换器结构如图 8-42 所示。

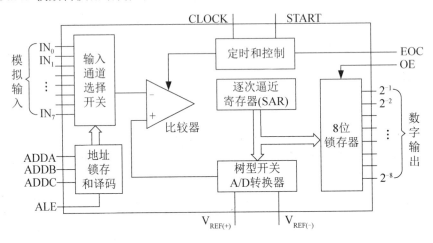

图 8-42　ADC0809 模数转换器内部结构

ADC0809 由两大部分组成，第一部分为 8 路模拟开关，通过 C、B、A 端口控制和地址锁存允许 ALE，可使其中一个输入通道被选中，其 8 路模拟输入通道的选择见表 8-7；第二部分为一个逐次逼近型 A/D 转换器，它由比较器、定时和控制逻辑、8 位输出锁存器以及 A/D 转换电路组成。定时和控制逻辑用来控制逐次逼近 A/D 转换器的转换过程。经过 8 次比较后，A/D 输出的数字量与输入模拟量所对应数字量相等，该数字量被送到输出锁存器中，同时发出转换结束信号 EoC(高电平有效)，表示转换已结束。此时，CPU 只需发出输出允许命令 OE(为高电平)即可读取数据。ADC0809 是 CMOS 单片型逐次逼近式 A/D 转换器，需要外接参考电源和时钟($10kHz\sim1.2MHz$)，在时钟为 $640kHz$ 时，一次变换时间为 $100\mu s$，且随时钟降低，转换时间加长，地址信号加入后，利用 ALE 加一个正跳变脉冲，将 ADDA~ADDC 的地址信号锁存于内部地址寄存器中，对应着的模拟电压输入和内部转换电路接通。为了启动转换，必须在 START 端加一个负跳变信号，此后 A/D 转换开始。当 EoC 为低电平时，表示正在转换中，当 EoC 由低变高时，表示转换结束。此时，只要在此端加一个高电平，即可开启三态输出锁存器，从数据线读数据。

如图 8-43 所示，ADC0809 的引脚信号也可分为两部分，一部分与外设相连，另一部分与 CPU 相连。

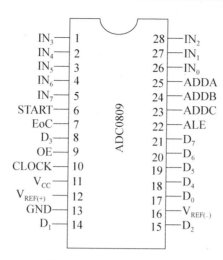

图 8-43 ADC0809 的引脚

与外设相连的信号如下。

$IN_0 \sim IN_7$: 8 个模拟量输入端。

ADDA、ADDB、ADDC: 通道选择信号, C 为最高位, A 为最低位, 用来控制通道选择开关。通过对 ADDA、ADDB、ADDC 三个地址选择端的译码, 控制通道选择开关, 接通某一路的模拟信号, 采集并保持该路模拟信号, 输入到 ADC 0809 比较器的输入端。其与模拟输入通道的关系见表 8-7。

表 8-7 ADDA、ADDB、ADDC 与模拟输入通道的关系

| ADDC | ADDB | ADDA | 模拟输入通道 |
| --- | --- | --- | --- |
| 0 | 0 | 0 | $IN_0$ |
| 0 | 0 | 1 | $IN_1$ |
| 0 | 1 | 0 | $IN_2$ |
| 0 | 1 | 1 | $IN_3$ |
| 1 | 0 | 0 | $IN_4$ |
| 1 | 0 | 1 | $IN_5$ |
| 1 | 1 | 0 | $IN_6$ |
| 1 | 1 | 1 | $IN_7$ |

与 CPU 相连的信号如下。

START: 启动 A/D 转换。当 START 为高电平时, 开始 A/D 转换。

EoC: 转换结束信号。当 A/D 转换完毕后, 发出一个正脉冲, 表示 A/D 转换结束, 此信号可用作 A/D 转换是否结束的检测信号或中断申请信号(但一般需要加一个反相器)。

OE: 输出允许信号。当此信号被选中时, 允许从 A/D 转换器锁存器中读取数字量, 此信号即为 ADC0809 片选信号, 高电平有效。

ALE: 地址锁存允许, 高电平有效。当 ALE 为高电平时, 允许 C、B、A 所选的通道工作, 并把该通道的模拟量接入 A/D 转换器。

$D_0 \sim D_7$：数字量输出端。

除此以外，ADC0809 还有 4 根引脚。

CLOCK：实时时钟，可通过外接 RC 电路改变时钟频率。最高工作频率为 640kHz，此时的转换时间典型值为 100μs。

$V_{REF(+)}V_{REF(-)}$：参考电压输入端，用来提供 A/D 转换器芯片内部转换所需的标准电平。一般 $V_{REF(+)}$ 接+5V，$V_{REF(-)}$ 接 0V。

$V_{CC}$：电源电压端，+5V。

GND：接地端。

(2) ADC0809 的主要特性。

① 具有 8 路模拟量输入。

② 转换时间为 100μs。

③ 模拟输入电压范围为 0~+5V。

④ 低功耗，约 15mW。

(3) ADC0809 的接口设计和编程。

对 ADC0809 的控制过程是：第一步，确定 ADDA、ADDB、ADDC 三位地址，决定选择哪一路模拟信号；第二步，使 ALE 端接收一正脉冲信号，使该路模拟信号经选择开关达到比较器的输入端；第三步，使 START 端接收一正脉冲信号，START 的上升沿将逐次逼近寄存器复位，下降沿启动 A/D 转换；第四步 EoC 输出信号变低，指示转换正在进行。

A/D 转换结束，EoC 变为高电平，指示 A/D 转换结束。此时，数据已保存到 8 位锁存器中。EoC 信号可作为中断申请信号，通知 CPU 转换结束，可以读入经 A/D 转换后的数据。中断服务程序所要做的是使 OE 信号变为高电平，打开 ADC0809 三态输出，由 ADC0809 输出的数字量传送到 CPU。EoC 信号也可作为查询信号，查询 EoC 端是否变为高电平状态，若为低电平状态就等待，若为高电平状态，则使 OE 信号变为高电平，打开 ADC0809 三态门输出数据。

ADC 0809 的接口设计需考虑如下问题。

ADDA、ADDB、ADDC 三端可直接连接到 CPU 地址总线 $A_0$、$A_1$、$A_2$ 三端。但这样占用的 I/O 端口地址多。每一个模拟输入端对应一个端口地址，8 个模拟输入端占用 8 个端口地址，占用太多的外设资源，因而一般 ADDA、ADDB、ADDC 分别接在数据总线的 $D_0$、$D_1$、$D_2$ 端，通过数据线输出一个控制字作为模拟通道选择的控制信号。

ALE 信号为启动 ADC0809 选择开关的控制信号，该控制信号可以和启动转换信号 START 同时有效。

ADC0809 芯片只占用一个 I/O 端口地址，启动转换和输出数据均用此端口地址，用 $\overline{IOR}$、$\overline{IOW}$ 信号来区分是启动转换还是输出数据。

(4) ADC0809 实际应用。

① 中断方式转换数据。

用中断方式读取 A/D 转换数据，该硬件连接如图 8-44 所示。

由于 ADC0809 片内带有三态锁存缓冲器，故其数字输出线直接与系统数据总线相连。转换结束后只要执行 IN 指令，控制 OE 端为高电平，即可读入转换后的数字量。CPU 执行 OUT 指令即可产生启动信号，使 START 端产生正脉冲，可与读取数据占用同一端口地址，设为 200H。ADC0809 有 8 个模拟输入通道，本例中仅使用 $IN_0$ 通道，所以通道地址 ADDC、ADDB、ADDA 均接低电平即可实现只选 $IN_0$ 通道。由于采用中断方式，转换结束信号 EoC 应连接中断控制器的中断申请输入端，当转换结束时，EoC 由低电平变为高电平，向 CPU 提出中断申请，在中断服务程序中读取转换结果并送内存单元。

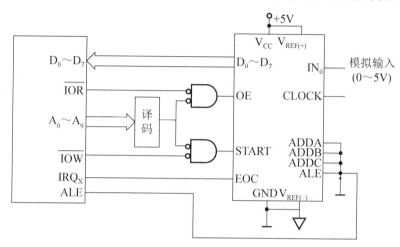

图 8-44 ADC0809 中断方式连接图

采用中断方式，主程序主要完成启动 A/D 转换、设置中断服务的工作环境。启动转换后，主程序即可做其他的事。当转换结束时，ADC0809 输出 EoC 信号送至 8259A 产生中断申请。CPU 响应中断后，转入中断服务程序的执行。中断服务程序的主要任务就是读取转换结果，并将数据送入缓冲区。

主程序如下：

```
DATA SEGMENT
    BUFFER DB 0

DATA ENDS
CODE SEGMENT
ASSUME CS:CODE,DS:DATA
START:                          ;设置中断向量等工作
    STI                         ;开中断
    MOV DX, 200H                ;ADC0809 端口地址
    OUT DX, AL                  ;启动 A/D 转换
    ...                         ;此后则可做其他工作，等待转换结束的中断申请
    END START
```

中断服务子程序：

```
EXCAHNG  PROC
    STI
    PUSH  AX
    PUSH  DX
    PUSH  DS
    MOV   AX, DATA
    MOV   DS, AX
```

```
        MOV   DX, 200H
        IN    AL, DX
        MOV   BUFFER, AL
        CALL  OTHER          ;其他工作
        MOV   AL, 20H        ;发 EoI 中断结束命令
        OUT   20H, AL
        POP   DS
        POP   DX
        POP   AX
IRET                         ;中断返回
EXCHANGE ENDP
```

② 通过查询方式读取转换数据。

ADC0809 转换器通过并行接口 8255A 与 CPU 的连接方法：ADC0809 芯片内部有三态锁存缓冲器，可以直接与系统数据总线相连，但为了使时序和控制便于与 CPU 配合提高可靠性，实际中常将 ADC0809 通过并行接口 8255A 来与 CPU 连接。如图 8-45 所示。

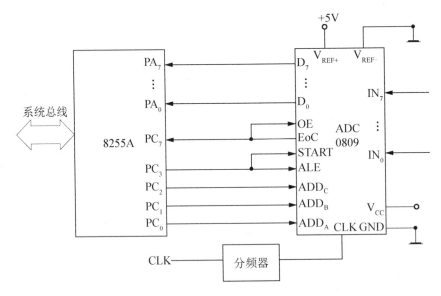

**图 8-45　ADC0809 与 8255A 的连接图**

图 8-45 中，ADC0809 的数据输出线 $D_0 \sim D_7$ 与 8255A 的 A 端口相连，将 A 端口设置为方式 0 输入。用 C 端口来产生控制信号，实现对 ADC0809 的控制，并将 C 端口高 4 位设置为输入，低 4 位设置为输出。ADC0809 的 START 端和 ALE 端相连后接 $PC_3$，由 CPU 控制 $PC_3$ 向 ADC0809 发启动信号和地址锁存信号，$PC_0 \sim PC_2$ 与 ADDC、ADDB、ADDA 相连产生通道选择代码。工作时钟由系统时钟 CLK 经分频后提供。转换结束信号 EoC 和输出允许信号 OE 相连后与 $PC_7$ 相接，这样，CPU 通过查询 $PC_7$ 的状态即可控制数据的读入过程。根据 ADC0809 的工作时序，在启动脉冲结束后，如果查询到 EoC 为低电平，表示转换已开始。继续查询 EoC，一旦发现 EoC 变为高电平，说明转换已结束，同时由于输出允许端 OE 与 EoC 相连，当 EoC 变高时，OE 也变高，从而使 ADC0809 的输出缓冲器打开，输出数据出现在 8255A 的 A 端口上，这时可用 IN 指令读入 CPU。

设系统分配给 8255A 的端口地址为 220H~223H，并使 ES 和 DS 具有相同的段基址。将 ADC0809 的 8 路输入模拟量转换成的 8 个数字量存放在以 ES 为段基址，偏移地址为 DATA-BUF 开始的存储单元中，并用查询方式完成对 ADC0809 的 8 个模拟通道的一次性数据采集，查询程序如下：

```
ADC0809  PROC NEAR
         MOV   DX,223H       ;8255A 控制端口地址
         MOV   AL,88H        ;8255A 初始化命令字，A、B、C 端口均为方式 0
         OUT   DX,AL         ;A 端口输入，C 端口高 4 位输入，低 4 位输出
         MOV   CX,8          ;数据个数
         CLD                 ;清方向标志
         MOV   BL,00H        ;模拟输入通道号，从 IN₀ 开始
         LEA   SI,DATA-BUF   ;缓冲区偏移地址
NEXT: MOV   DX,222H          ;C 端口地址
         MOV   AL,BL         ;通道号送 AL
         OUT   DX,AL         ;输出通道号
         MOV   DX,223H       ;C 端口置位/复位控制字
         MOV   AL,07H        ;使 PC3 置"1"
         OUT   DX,AL         ;发出启动开始信号(产生启动信号的上开沿)
         NOP                 ;延时，使启动信号有一定宽度
         NOP
         NOP
         MOV   AL,06H        ;使 PC3 复位
         OUT   DX,AL         ;使启动信号恢复为低电平
         MOV   DX,222H       ;C 端口地址
CONVERT:IN    AL,DX         ;读 C 端口内容
         TEST  AL,80H        ;查 PC7，即查 EOC 是否为高
         JNZ   CONVERT       ;PC7=1，说明 ADC0809 还未开始转换，等待
DOING:  IN    AL,DX         ;PC7=0，已开始转换
         TEST  AL,80H        ;再查询 PC7
         JZ    DOING         ;PC7=0 转换还未结束，等待
         MOV   DX,220H       ;PC7=1 转换结束，DX 指向 A 端口
         IN    AL,DX         ;从 A 端口读入转换数据
         STOS  DATA-BUF      ;存入 ES 段的数据缓冲区
         INC   BL            ;指向下一个模拟输入通道
         LOOP  NEXT          ;未完成 8 路转换，则继续循环
         RET                 ;已完成 8 路转换，返回
ADC0809 ENDP
```

## 8.4.3  D/A 转换器

### 1. 数模转换基本原理

D/A 转换器是把输入的数字量转换为与该数字量成正比的模拟量器件，其输入是数字量，输出是模拟量。输出的二进制数字由一位一位的数位组成，因此每一位都有一个确定位权。为了把一个数字量转换为模拟量，应将每一位的代码按其数值转换为对应的模拟量，然后再根据迭加原理，把每一位对应的模拟量相加，这样，得到的总模拟量便对应于给定的数字量。

（1）权电阻网络 D/A 转换原理。

权电阻网络可以说明二进制数字量到模拟量的转换原理，如图 8-46 所示。

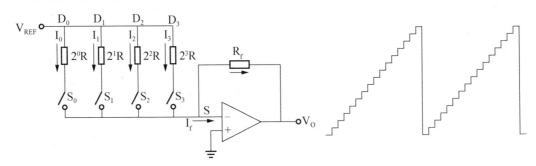

图 8-46　权电阻网络 D/A 转换

图 8-46 中，$D_0 \sim D_3$ 为 4 位二进制输入数字量，$2^0R \sim 2^3R$ 为加权电阻，$S_0 \sim S_3$ 是 4 个数字量 $D_0 \sim D_3$ 控制的电子模拟开关。当某位 $D_i = 1$ 时，相应的开关 $S_i$ 闭合，接通加权电阻，将产生电流 $I_i$ 流向求和放大器；当 $D_i = 0$ 时开关接地，此时支路电流为零。求和放大器是一个接成负反馈的运算放大器。当同相输入端(+)的电位高于反相输入端(-)的电位时，$V_O$ 为正；当同相输入端(+)的电位低于反相输入端(-)的电位时，$V_O$ 为负。由于运算放大器具有输入阻抗高、放大倍数大的特点，因此流入反相输入端的电流几乎为 0 时，反相输入端的电压也近似为 0，与同相输入端的电位近似相等，故称 S 点为虚地点。$V_{REF}$ 为具有足够精度的基准电压源，为权电阻支路提供电流，各支路中电流的大小与权电阻值成反比关系。

根据相加点 S 为虚地点的特点，流入相加点 S 的总电流为：

$$I_f = D_0 \times I_0 + D_1 \times I_1 + D_2 \times I_2 + D_3 \times I_3$$

$$= D_0 \times \frac{V_{REF}}{2^3R} + D_1 \times \frac{V_{REF}}{2^2R} + D_2 \times \frac{V_{REF}}{2^1R} + D_3 \times \frac{V_{REF}}{2^0R}$$

$$= \frac{V_{REF}}{2^3R}(D_0 \times 2^0 + D_1 \times 2^1 + D_2 \times 2^2 + D_3 \times 2^3)$$

取反馈电阻 $R_f = R/2$，则可以得到输出电压：

$$V_O = -R_f \times I_f$$

$$= -\frac{V_{REF}}{2^4}(D_0 \times 2^0 + D_1 \times 2^1 + D_2 \times 2^2 + D_3 \times 2^3)$$

由此可知流过 $R_f$ 的电流 $I_f$ 与输入的二进制数字量 $D_0 \sim D_3$ 有直接关系，而运算放大器的输出 $V_O$ 也同样受 $D_0 \sim D_3$ 控制。当输入的二进制数字量 $D_0 \sim D_3$ 从 0000 变化到 1111 时，D/A 转换器的输出电压可得到 16 个不同电压值，如图 8-46 所示。由于二进制数字量经 D/A 转换器产生模拟电压需要一定的转换时间，所以，输出电压波形上会出现一个小台阶。转换时间越少台阶越窄，密度越高，也就是说，D/A 转换器的位数越多，则任意两个相邻的数字量形成的电压台阶之间的高度差就越小，而输出电压波形与实际的模拟信号就越接近。一般多采用 8 位二进制数字量作为数字信号的输入。

上述权电阻网络的 D/A 转换器虽然简单、直观，但也有明显缺点：当位数较多时，权电阻的离散性较大，从最高位权电阻到最低位权电阻的阻值变化范围特别大，例如，当转换位数为 10 位时，最高位和最低位的阻值范围将为 1024～1，这在工艺上实现起来很困难，而对这些电阻的精度要求又很高，因为它们直接影响转换的精确度。所以，这种权电阻网络结构的 D/A 转换器并不实用。

(2) T 型电阻网络 D/A 转换原理。

在集成电路中，由于集成高精度的大电阻是困难的，通常都采用 T 型电阻网络代替权电阻网，如图 8-47 所示，每个支路由一个 $S_i$ 开关、一个 R 电阻和一个 2R 电阻构成，整个网络只需要 R 和 2R 两种电阻，这样，电阻的特性相似，精度较高。这里同样是用数字位控制开关，$D_i$ =1 使开关 $S_i$ 接至右，$D_i$ =0 使开关 $S_i$ 接至左。假设由基准电压源 $V_{REF}$ 提供的总电流为 I，则有 I = $V_{REF}$/R，考虑运算放大器虚地的特点，则流入各开关支路(从右到左)的电流分别为 I/2、I/4、I/8 和 I/16，于是可得流入虚地点的总电流为：

$$I_f = \frac{V_{REF}}{R}\left(\frac{D_0}{2^4} + \frac{D_1}{2^3} + \frac{D_2}{2^2} + \frac{D_3}{2^1}\right)$$

$$= \frac{V_{REF}}{2^4 R}(D_0 \times 2^0 + D_1 \times 2^1 + D_2 \times 2^2 + D_3 \times 2^3)$$

取反馈电阻 $R_f$=R，则可以得到输出电压：

$$V_O = -R_f \times I_f$$

$$= -\frac{V_{REF}}{2^4}(D_0 \times 2^0 + D_1 \times 2^1 + D_2 \times 2^2 + D_3 \times 2^3)$$

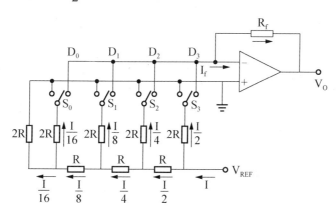

图 8-47　T 型电阻网络 D/A 转换

由于 T 型电阻网络中只有两种电阻(R 和 2R)，电阻精度可以做得较高，也易于集成化，目前 D/A 转换器芯片一般都采用 T 型电阻网络。

由 D/A 转换器工作原理可知，把一个数字量转换为模拟电压，可分两步来实现，①先将数字量(D)转换为模拟电流(I)，由具有电阻网络结构的 D/A 转换器完成；②将模拟电流变为模拟电压 $V_O$ 输出，由运算放大器完成。

**2. 主要性能参数**

描述 D/A 转换器性能的参数很多，下面只介绍几个常用参数，正确理解这些参数，对于设计接口电路时正确选择器件是非常重要和有益的。

(1) 分辨率。

分辨率是指 D/A 转换器所能产生的最小模拟量增量，即数字量最低有效位所对应的模拟值。该参数反映了 D/A 转换器对模拟量的分辨能力。分辨率可用多种方式来表示，例如：可将数字量最低位增 1 所引起的模拟增量和最大输入量的比值称为分辨率，也称为最小模拟量的变化量与满量程信号值之比。

如，一个 8 位的 D/A 转换器，其分辨率为 $1/(2^8-1)=1/255$。

分辨率也可用百分比表示，如，对于 8 位 D/A 转换器，分辨率为 1/255=0.392%。若假定该转换器的满量程电压为 5V，则能分辨的电压为 5/256=19.6mV，显然转换器位数越多，分辨率越高，因此常用 D/A 转换器的位数来表示分辨率，如 8 位、12 位或 16 位等。

(2) 转换精度。

转换精度是用来衡量 D/A 转换器在将数字量转换为模拟量时，所得模拟量的精确程度。它表明实际的输出模拟值与理论值之间的偏差。精度又分为绝对精度和相对精度。绝对精度是指在输入给定的数字量时，在输出端实测的模拟量与理论输出值之间的偏差，它与参考电源和权电阻的精度有关。相对精度是指当满量程值校准后，任何数字输入的模拟输出值与理论值的误差，也就是 D/A 转换器的线性度。精度一般是以满量程值 $V_{fs}$ 的百分数或最低有效位几分之几表示。LSB 是指最低一位数字量所产生的模拟值变化。

应注意的是：精度和分辨率是两个截然不同的参数，分辨率取决于 D/A 转换器的位数，而精度取决于构成 D/A 转换器各个部件的制作精度和稳定性。

(3) 线性度：线性度是指 D/A 转换器实际转换特性(各数字输入位所对应的各模拟输出值之间的连线)与理想转换特性(起点、终点连线)之间的误差。通常用误差的最大值来表示。

(4) 建立时间：建立时间也称稳定时间，是指从二进制数字量输入到建立稳定的模拟量输出所需要的时间。电流型 D/A 转换器建立时间较短，最短的仅几 ns，或<100ns，电压型 D/A 转换器(即输出模拟量为电压)，建立时间较长，要取决于运算放大器的响应时间。

(5) D/A 转换器的数据输入缓冲能力：D/A 转换器内是否带有三态输入缓冲器或锁存器来保存输入的数字量，对于不能长时间在数据总线上保持数据的微机系统来说十分重要。当 D/A 转换器本身不具有数据锁存功能时，应在外部考虑设置数据缓冲器或锁存器。

(6) 输入数字量：输入数字量包括输入数字量的码制、数据格式、宽度和逻辑电平等，多数 D/A 转换器(特别是单极性输出转换器)只能接收二进制码。

### 3. 8 位 D/A 转换器 DAC 0832

DAC0832 是 8 位数/模转换芯片。数据的输入方式有双缓冲、单缓冲和直接输入。用于要求几个模拟量同时输出的情况。DAC0832 具有以下特点：

(1) 与 TTL 电平兼容。

(2) 分辨率为 8 位。

(3) 建立时间为 1μs。

(4) 功耗为 20mW。

(5) 电流输出型 D/A 转换器。

DAC0832 具有双缓冲功能，即输入数据可分别经过两个寄存器保存。第一个寄存器称为 8 位输入寄存器，数据输入端可直接连接到数据总线上，第二个寄存器为 8 位 DAC 寄存器，如图 8-48 所示。而 ADC0832 的引脚图，如图 8-49 所示。

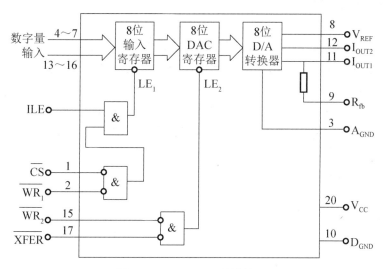

图 8-48　DAC0832 的结构框

$D_0 \sim D_7$：8 位数据输入端。

ILE：输入锁存允许信号，高电平有效。此信号用来控制 8 位输入寄存器的数据是否能被锁存。

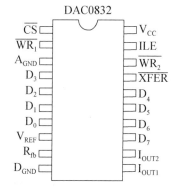

图 8-49　DAC0832 引脚图

$\overline{CS}$：片选信号，低电平有效。此信号与 ILE 信号一起用于控制 $\overline{WR_1}$ 信号。

$WR_1$：写信号 1，低电平有效。在 ILE 和 $\overline{CS}$ 有效的情况下，该信号用于控制将输入数据锁存于输入寄存器中。

ILE、$\overline{CS}$、$WR_1$：是 8 位输入寄存器工作时的三个控制信号。

$WR_2$：写信号 2，低电平有效。在 $\overline{XFER}$ 有效的情况下，此信号用于控制将输入寄存器中的数字传送到 8 位 DAC 寄存器中。

$\overline{XFER}$：传送控制信号，低电平有效。此信号和 $\overline{WR_2}$ 控制信号决定 8 位 DAC 寄存器是否工作。

8 位 D/A 转换器接收被 8 位 DAC 寄存器锁存的数据，并把该数据转换成相对应的模拟量，输出信号端如下。

$I_{OUT1}$：DAC 电流输出 1，它是逻辑电平为 1 的各位输出电流之和。

$I_{OUT2}$：DAC 电流输出 2，它是逻辑电平为 0 的各位输出电流之和。

为保证转换电压的范围、保证电流输出信号转换成电压输出信号、保证 DAC0832 的正常工作，应具有以下几个引线端。

$R_{fb}$：反馈电阻引脚，该电阻被制作在芯片内，用作运算放大器的反馈电阻。

$V_{REF}$：基准电压输入引脚。一般在 -10 ~ +10V 范围内，由外电路提供。

$V_{CC}$：逻辑电源。一般在 +5 ~ +15V 范围内。最佳为 +15V。

$A_{GND}$：模拟地。芯片模拟电路接地点。

$D_{GND}$：数字地。芯片数字电路接地点。

DAC0832 的工作过程是：

(1) CPU 执行输出指令，输出 8 位数据给 DAC0832。

(2) 在 CPU 执行输出指令的同时，使 ILE、$WR_1$、$\overline{CS}$ 三个控制信号端都有效，8 位数据锁存在 8 位输入寄存器中。

(3) 当 $WR_2$、$\overline{XFER}$ 两个控制信号端都有效时，8 位数据再次被锁存到 8 位 DAC 寄存器，这时 8 位 D/A 转换器开始工作，8 位数据转换为相对应的模拟电流，从 $I_{OUT1}$ 和 $I_{OUT2}$ 输出。

针对使用两个寄存器的使用方法，DAC0832 形成了三种工作方式，分别为双缓冲方式、单缓冲方式和直通方式。

(1) 双缓冲方式：数据通过两个寄存器锁存后送入 D/A 转换电路，执行两次写操作才能完成一次 D/A 转换。这种方式特别适用于同时输出多个模拟量的场合。三片 DAC0832 组成的系统如图 8-50 所示。

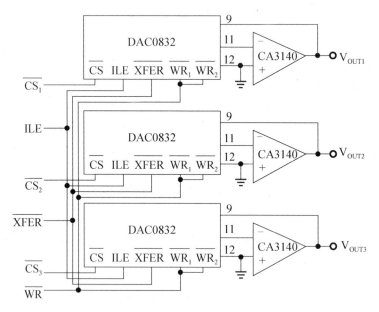

图 8-50　三片 DAC0832 组成的系统

(2) 单缓冲方式：两个寄存器中的一个处于直通状态，输入数据只经过一级缓冲即被送入 D/A 转换器电路。在这种方式下，只需执行一次写操作，即可完成 D/A 转换，可以提高 DAC 的数据吞吐量。

(3) 直通方式：两个寄存器都处于直通状态，即 ILE、$\overline{CS}$、$WR_1$、$WR_2$ 和 $\overline{XFER}$ 都处于有效电平状态，数据直接送入 D/A 转换器电路进行 D/A 转换。这种方式可用于一些不采用微机的控制系统中。

### 4. DAC0832 的接口设计及编程

例 1：采用单缓冲模式，通过 DAC0832 输出产生三角波，三角波最高电压为+5V，最低电压为 0V。

(1) 电路设计所要考虑的问题。

① 从 CPU 送来的数据能否被保存。

DAC0832 内部有两级锁存寄存器，从 CPU 送来的数据能被保存，不用外加锁存器可直接与 CPU 数据总线相连。

② 两级输入寄存器如何工作。

按题意，采用单缓冲模式，即经一级输入寄存器锁存。假设采用第一级锁存，第二级直通，那么第二级的控制端 $WR_2$ 和 $\overline{XFER}$ 应处于有效电平状态，使第二级锁存寄存器一直处于打开状态。第一级寄存器具有锁存功能的条件是，ILE、$WR_1$ 和 $\overline{CS}$ 都要满足有效电平。为减少控制线条数，可使 ILE 一直处于高电平状态，如图 8-51 所示。

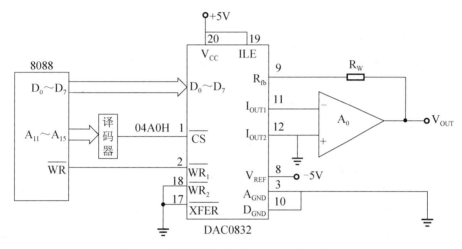

图 8-51 采用单缓冲模式产生三角波连接电路

③ 输出电压极性。

按题意，输出波形变化范围为 0~-5V，属单极性电压输出。

(2) 软件设计所要考虑的问题。

① 单缓冲模式下仅需一条输出指令即可。图中 $\overline{CS}$ 端与译码器电路的输出端相连，其地址数既是选中该 DAC0832 芯片的片选信号，也是第一级寄存器打开的控制信号。另外，由于 CPU 的控制信号 $\overline{WR}$ 与 DAC0832 的写信号 $WR_1$ 相连，当执行 OUT 指令时，CPU 的 $WR_1$ 写信号有效，与 $\overline{CS}$ 信号一起打开第一级寄存器，输入数据被锁存。假设 DAC0832 地址为 04A0H，输出电压为 0V，程序如下：

```
MOV    AL,00H        ;设置输出电压值
MOV    DX,04A0H      ;DA0832 片选地址
OUT    DX,AL         ;输出数据，使 DAC0832 输出端得到 0V 模拟电压输出
```

② 按题意，产生三角波电压范围为 0~+5V，那么所对应输出数据为 00H~FFH。所以三角波上升部分，从 00H 起依次加 1，直到 FFH。三角波下降部分从 FFH 起依次减 1，直到 00H。

程序如下：

```
MOV    AL, 00H       ;设置输出电压初始值
MOV    DX, 04A0H     ;DAC0832 芯片地址送 DX
```

```
P1:    OUT   DX,AL
INC    AL               ;提高输出电压
CMP    AL,0FFH
JNZ    P1
P2:    OUT   DX,AL
DEC    AL               ;降低输出电压
CMP    AL,00H
JNZ    P2
JMP    P1
```

例 2：采用直通方式，利用 DAC0832 芯片产生锯齿波，锯齿波的最大电压为 5V，最小电压为 0V。

分析：

(1) 由于采用直通模式，即 DAC0832 的 8 位输入寄存器、8 位 DAC 寄存器一直处于直通状态，因此要求控制端 ILE 接高电平，$\overline{CS}$、$WR_1$、$WR_2$ 和 $\overline{XFER}$ 接地。

(2) 由于采用直通模式，CPU 输出的数据可直接到达 DAC0832 的 8 位 D/A 转换器进行转换。这种情况下，如果还是把 DAC0832 D/A 转换器的数据输入端直接连在 CPU 数据总线上，会造成 CPU 数据总线上只能有 D/A 转换所需的数据流，数据总线上的任何数据都会导致 D/A 进行变换和输出，这在实际工程中是不可能的。因而 DAC0832 D/A 转换器的数据输入端不能直接连在 CPU 数据总线上。来自 CPU 数据总线上的数据必须经锁存后才能传送到 DAC0832 D/A 转换器的输入端。本题采用将 DAC0832 数据输入端连接到 8255A 的 A 端口，通过 8255A 的 A 端口将来自 CPU 的数据锁存，如图 8-52 所示。

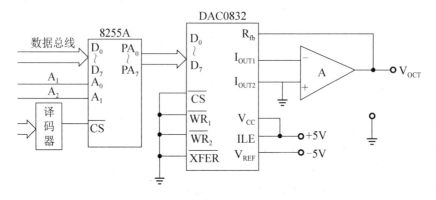

图 8-52　采用直通方式产生锯齿波

(3) 波形范围为 0～5V，单极性输出。

(4) 锯齿波上升部分，采用数据值加 1 的方法，使输出数据由 00H 逐渐变化到 FFH。下降时由 FFH 逐渐变化到 00H，不用采用重新赋 00H 的方法，FFH 加 1 自动变为 00H。

设 8255A 芯片各口地址分别为 04A0H、04A2H、04A4H、04A6H。

程序如下：

```
MOV    DX,    04A6H    ;8255A 控制口地址送 DX
MOV    AL,    80H      ;设置 8255A 工作模式控制字
OUT    DX,    AL
MOV    DX,    04A0H
```

```
MOV AL,    00H
P1:OUT  DX, AL          ;写数据到8255A的A端口，从0开始写入
INC     AL
JMP  P1
```

# 本 章 小 结

(1) 计算机与外部通信有串行通信与并行通信两种方式。利用两个常见芯片 8251A 与 8255A，可编程实现数据的串行通信与并行通信。

(2) 计算机与外部通信有模拟信号和数字信号两种信号，计算机内部能够处理的信号为数字信号，因此在实际通信过程中会涉及模拟信号的输入与输出，以及数模转换等问题。

# 复习思考题

**一、单项选择题**

1. 一个 USB 接口(理论上)可连接_____个外设。接口内部为 USB 设备提供电源。

   A. 32　　　　　　　　B. 5　　　　　　　　C. 127　　　　　　　　D. 120

2. USB 2.0 数据传输率为_____。

   A. 12Mbps　　　　　B. 180Mbps　　　　C. 12Mbps　　　　　D. 480Mbps

3. 常用鼠标接口为 PS/2 接口和_____。

   A. PS/1 接口　　　　B. 并行接口　　　　C. 串行接口　　　　D. USB 接口

4. 信息只用一条传输线，且采用脉冲传输的方式称为_____。

   A. 串行传输　　　　B. 并行传输　　　　C. 并串行传输　　　　D. 分时传输

5. 同步通信之所以比异步通信具有较高的传输频率，是因为_____。

   A. 同步通信不需要应答信号且同步通信方式的总线长度较短

   B. 同步通信用一个公共的时钟信号进行同步

   C. 同步通信中，各部件存取时间比较接近

   D. 以上因素的总和

6. 对串行接口，其主要功能为_____。

   A. 仅串行数据到并行数据的转换

   B. 仅并行数据到串行数据的转换

   C. 输入时将并行数据转换为串行数据，输出时将串行数据转换为并行数据

   D. 输出时将并行数据转换为串行数据，输入时将串行数据转换为并行数据

7. 串行接口每秒钟传送的信息位数量，称为_____。

   A. 比特率　　　　B. 波特率　　　　C. 速率　　　　D. 串行口速度

8. 8251A 的操作命令字的作用是_____。

   A. 决定 8251A 的数据传送格式　　　　B. 决定 8251A 的实际操作

   C. 决定数据传送方向　　　　　　　　D. 决定 8251A 何时收/发数据

9. 8251A 的方式控制字(即模式字)的作用是_____。

    A. 决定 8251 的数据格式            B. 决定 8251 的数据格式和传送方向

    C. 决定 8251 何时收发                 D. 以上都不对

10. 8255 的_____一般用作控制或状态信息传输。

    A. 端口 A        B. 端口 B        C. 端口 C        D. 以上均可

11. 8255A 的 PB 口有_____种工作方式。

    A. 1           B. 2           C. 3           D. 4

12. 8 位 D/A 转换器的分辨率能给出满量程电压的_____。

    A. 1/8         B. 1/16       C. 1/32       D. 1/256

## 二、简答题

1. 叙述串行口同步传输过程。

2. 同步通信和异步通信对时钟要求有什么异同？

3. 同步通信和异步通信对控制信息有什么异同？

4. 8251A 中的波特率指什么？

5. 什么是 8251A 中的帧同步？什么是 8251A 中的位同步？

6. 请叙述并行接口输入输出工作过程。

7. 并行通信有什么优缺点？

8. 根据 PC 总线的特点，给并行接口设计一个译码器，并行口占用的 I/O 端口地址为 4F0～4F3H。

9. 什么是调制和解调？

全书复习思考题与答案请扫下面二维码。

复习思考题与答案.docx

# 参考文献与链接

## 参考文献

[1] 万晓冬等. 计算机硬件技术基础[M]. 北京：国防工业出版社，2017.

[2] 纪禄平等. 计算机组成原理——面向实践能力培养[M]. 4 版. 北京：电子工业出版社，2017.

[3] 布赖恩特. 深入理解计算机系统(修订版)[M]. 龚奕利译. 北京：中国电力出版社，2004.

[4] 周明德. 微型计算机系统原理及应用[M]. 4 版. 北京：清华大学出版社，2002.

[5] 郑学坚. 微型计算机原理及应用[M]. 3 版. 北京：清华大学出版社，2012.

[6] 阎石. 数字电子技术基础[M]. 6 版. 北京：高等教育出版社，2016.

[7] 康华光. 电子技术基础：数字部分[M]. 6 版. 北京：高等教育出版社，2014.

[8] 焦素敏. 数字电子技术基础[M]. 2 版. 北京：人民邮电出版社，2012.

[9] 毛晓波. 单机片原理及接口技术[M]. 北京：机械工业出版社，2015.

[10] 王晓虹等. 微机原理、汇编与接口技术教程[M]. 北京：清华大学出版社，2016.

[11] 王惠中等. 微机原理及应用[M]. 北京：机械工业出版社，2016.

[12] 余春暄等. 80x86/Pentium 微机原理及接口技术[M]. 3 版. 北京：机械工业出版社，2015.

[13] 基普·欧文. 汇编语言：基于 x86 处理器[M]. 7 版. 贺莲等译. 北京：机械工业出版社，2016.

[14] 丹尼尔·卡斯沃姆. 现代 x86 汇编语言程序设计[M]. 张银奎等译. 北京：机械工业出版社，2016.

[15] 李忠等. x86 汇编语言：从实模式到保护模式[M]. 北京：电子工业出版社，2013.

[16] 钱晓捷. 16/32 位微机原理、汇编语言及接口技术教程[M]. 北京：机械工业出版社，2011.

[17] 艾伦·克莱门茨. 计算机存储与外设[M]. 沈立等译. 北京：机械工业出版社，2017.

[18] 陈红卫. 微型计算机基本原理与接口技术[M]. 3 版. 北京：科学出版社，2016.

[19] 李群芳等. 单片微型计算机与接口技术[M]. 5 版. 北京：电子工业出版社，2015.

[20] 顾晖. 微机原理与接口技术——基于 8086 和 Proteus 仿真[M]. 2 版. 北京：电子工业出版社，2015.

[21] 吴宁等. 微型计算机原理与接口技术[M]. 4 版. 北京：清华大学出版社，2016.

[22] 张凡等. 微机原理与接口技术[M]. 2 版. 北京：清华大学出版社，2010.

[23] 杨学昭，王东云. 单片机原理接口技术及应用(含 C51)[M]. 西安：西安电子科技大学出版社，2009.

[24] 王成端. 微机接口技术[M]. 3 版. 北京：高等教育出版社，2009.

## 参考链接

[1] 电子计算机——维基百科 http://zh.wikipedia.org/wiki/电子计算机

[2] Computer History Museum http://www.computerhistory.org/

[3] 制造网(CAD 技术) http://www.idnovo.com.cn/

[4] CAD 家园 http://bbs.xdcad.net/

[5] 开源中国社区(计算机辅助设计 CAD/CAM) http://www.oschina.net/project/tag/241/cad

[6] 补码 http://zh.wikipedia.org/wiki/补码

[7] 逻辑运算相关文献 http://xuewen.cnki.net/R2006061900001005.html

[8] 逻辑门 http://zh.wikipedia.org/wiki/逻辑门

[9] 触发器 http://zh.wikipedia.org/wiki/触发器

[10] Intel 8086  http://zh.wikipedia.org/wiki/Intel_8086

[11] Intel x86 处理器  https://zh.wikipedia.org/wiki/Category:Intel_x86 处理器

[12] Intel 8086/8088  http://www.cpu-collection.de/?tn=1&l0=cl&l1=8086/88

[13] 寄存器  http://zh.wikipedia.org/wiki/寄存器

[14] 8086 工作模式  https://baike.baidu.com/item/8086 工作模式

[15] CPU 的工作过程 https://software.intel.com/zh-cn/articles/book-Processor-Architecture_CPU_work_process

[16] 中央处理器  http://zh.wikipedia.org/wiki/中央处理器

[17] How Microprocessors Work  https://computer.howstuffworks.com/microprocessor2.htm

[18] 指令周期  http://zh.wikipedia.org/wiki/指令周期

[19] 精简指令集 RISC  http://zh.wikipedia.org/wiki/RISC

[20] 复杂指令集 CISC  http://zh.wikipedia.org/wiki/复杂指令集

[21] RISC CPU 设计 http://wiki.cnki.com.cn/HotWord/3481800.htm

[22] 汇编语言 http://zh.wikipedia.org/wiki/汇编语言

[23] 汇编网 http://www.asmedu.net/

[24] 汇编语言程序设计 http://www.feiesoft.com/asm/

[25] 汇编程序设计 http://blog.chinaunix.net/uid-20289992-id-1746620.html

[26] 存储设备 http://zh.wikipedia.org/wiki/存储器

[27] 内存寻址 http://wiki.cnki.com.cn/HotWord/5831729.htm

[28] 真实模式  http://zh.wikipedia.org/wiki/真实模式

[29] 保护模式 http://zh.wikipedia.org/wiki/保护模式

[30] DDR SDRAM https://www.design-reuse.com/articles/13805/the-love-hate-relationship-with-ddr-sdram-controllers.html

[31] Direct Memory Access (DMA) and Interrupt Handling http://www.eventhelix.com/RealtimeMantra/FaultHandling/dma_interrupt_handling.htm

[32] 直接存储器访问  http://zh.wikipedia.org/wiki/直接记忆体存取

[33] 总线 https://zh.wikipedia.org/wiki/总线

[34] Expansion card https://en.wikipedia.org/wiki/Expansion_card

[35] 定时器/计数器  http://wiki.cnki.com.cn/HotWord/982355.htm

[36] 555 定时器  http://zh.wikipedia.org/wiki/555 计时器

[37] 总线技术、接口技术论坛 http://bbs.elecfans.com/zhuti_drive_1.html

[38] 电子工程世界 http://www.eeworld.com.cn/

[39] 21IC 中国电子网 http://www.21ic.com/

[40] CSDN 硬件、嵌入式论坛 http://bbs.csdn.net/forums/Embedded